低渗透松软煤层开采技术

朱建明　左建平　史红邈　解鹏雁
陈绍杰　李绍臣　李春元　吴培林　　著

中国矿业大学出版社

·徐州·

内 容 提 要

本书针对山西潞安集团王庄煤矿多年来在低渗透高瓦斯松软煤层超长综放工作面开采中遇到的技术难题，采用现场观测、室内试验、理论分析和数值模拟计算相结合的研究方法，总结和提出了低渗透煤层瓦斯涌出规律、松软煤层巷道围岩变形机理及支护技术、低渗透煤层超长工作面瓦斯抽采技术及相关技术和措施。低渗透煤层采用高压注水、低位高抽巷道瓦斯抽采技术、松软煤层巷道 O 形支护，可以有效控制围岩松软而带来的底鼓或侧帮变形破坏。本书对于低渗透松软煤层等类似工程条件下的煤层安全、高效生产具有十分重要的理论指导意义和工程应用价值。

本书是一部系统解决松软低渗透超长综放工作面生产过程中出现的难题的著作，研究内容丰富，实践性强，可供采矿、地质、安全等相关专业的工程技术人员、科研人员和高校师生参考使用。

图书在版编目（C I P）数据

低渗透松软煤层开采技术 / 朱建明等著. —徐州：
中国矿业大学出版社，2021.9
ISBN 978 - 7 - 5646 - 5130 - 5

Ⅰ.①低…　Ⅱ.①朱…　Ⅲ.①软煤层－煤矿开采－研
究　Ⅳ.①TD82

中国版本图书馆 CIP 数据核字(2021)第 191917 号

书　　名	低渗透松软煤层开采技术
著　　者	朱建明　左建平　史红邈　解鹏雁
	陈绍杰　李绍臣　李春元　吴培林
责任编辑	杨　洋
出版发行	中国矿业大学出版社有限责任公司
	（江苏省徐州市解放南路　邮编 221008）
营销热线	（0516）83884103　83885105
出版服务	（0516）83995789　83884920
网　　址	http://www.cumtp.com　E-mail：cumtpvip@cumtp.com
印　　刷	江苏凤凰数码印务有限公司
开　　本	787 mm×1092 mm　1/16　印张 13.5　字数 335 千字
版次印次	2021 年 9 月第 1 版　2021 年 9 月第 1 次印刷
定　　价	48.00 元

（图书出现印装质量问题，本社负责调换）

前　言

　　我国高瓦斯浓度矿井中大多数煤层属于低渗透煤层，而开采低渗透煤层一直是高瓦斯浓度矿井开采的主要难点。目前针对低渗透煤层的开采主要采用保护层开采、水力化增透、注气驱替、爆破增透、卸压抽采等技术措施，取得了较好的效果。但是针对单一低渗透煤层（如潞安矿区单一低渗透 3# 煤层）一般无法实施保护层开采，经常出现瓦斯抽采技术难度大、有效抽采半径小、抽采瓦斯流量低、衰减快、抽采率低下、抽采达标时间长、抽采成本高等难题。

　　本书以山西潞安集团王庄煤矿为工程研究背景，以低渗透煤层瓦斯涌出规律、松软煤层巷道围岩变形机理及支护技术、低渗透煤层超长工作面瓦斯抽采技术以及超长工作面安全、高效开采等方面遇到的技术难题为出发点，采用现场调查、室内试验、理论分析、数值模拟计算以及方案实施效果观测等综合手段，解决了低渗透煤层高压注水、低位高抽巷道瓦斯抽采、松软煤层巷道支护等生产技术问题，使王庄煤矿低渗透煤层超长工作面能够安全、高效生产。

　　在撰写本书过程中得到了中国矿业大学柏建彪教授的指导和帮助，其认真地审阅了本书的初稿，安徽理工大学孟祥瑞教授对于本书的部分研究工作提供了帮助和指导，在此一并表示衷心感谢。并对研究生任瑞乐、李晓、洪紫杰等付出的辛勤劳动表示由衷的谢意。此外，本书的研究工作还得到了王庄煤矿等单位科研人员的支持和帮助，并参考了相关的项目研究报告以及文献资料，在此谨向这些科研人员和文献作者表示衷心的感谢。

　　低渗透松软煤层安全、高效开采技术研究一直是采矿工程中的研究热点和难点，由于作者水平有限，书中难免存在不妥之处，敬请读者批评指正。希望本书的出版能够起到抛砖引玉的作用，为实现我国低渗透煤层的安全、高效开采作出贡献。

作者

2021 年 7 月 20 日

目　　录

1　绪　　论

1.1　研究背景及意义

我国大多数煤层属于低渗透煤层,主要采用煤层增透技术来提高瓦斯抽采率,如保护层开采、水力化增透、注气驱替、爆破增透等,取得了较好的效果。潞安矿区 3# 煤层厚约 6.9 m,煤的渗透率较低(0.9～1.141 mD),硬度小(坚固性系数普遍小于1),属于典型的单一的低渗透松软厚煤层。上述单一的低渗透煤层因无法实施保护层开采,仍存在瓦斯抽采技术难度大、有效抽采半径小、抽采瓦斯流量低、衰减速度快、抽采率低下、抽采达标时间长、抽采成本高、巷道维护困难等难题。而已有工程实践表明:利用抽采钻孔注水,相邻钻孔的瓦斯浓度和流量显著提高。因此,对低渗透煤层进行开采,可预先高压注水或注水与抽采钻孔间隔布置,驱替瓦斯并提高区域煤层的渗透性,从而促进瓦斯的抽采。对于低渗透煤层开采,考虑到瓦斯抽采和通风问题,往往工作面布置在 300 m 以下,推进距离为 2 000 m 左右。而对于像潞安矿区这样单一的低渗透松软厚煤层,采用超长推进长度(3 000 m 以上),工作面面长一般在 300 m 以上,布置这样的开采工作面并不多见,因此上述低渗透松软煤层实现安全、高效开采主要存在以下困难:

　　① 低渗透高瓦斯浓度工作面瓦斯渗透规律;

　　② 超长推进距离工作面掘进以及掘进中的通风和存在的安全隐患;

　　③ 松软煤层超长布置巷道变形机理及其维护技术;

　　④ 低渗透煤层工作面瓦斯抽采设计;

　　⑤ 低渗透煤层工作面安全、高效开采的安全生产管理技术。

1.2　国内外研究现状

1.2.1　低渗透煤层瓦斯抽采技术研究

经过几十年的研究和实践,我国煤矿瓦斯防治理论、技术及装备得到了长足发展,为煤矿的安全生产提供了保障。瓦斯抽采是煤矿防治瓦斯灾害的重要技术措施,可以降低煤层瓦斯含量和瓦斯压力,进而减少煤层瓦斯涌出量和降低瓦斯突出危险,从根本上消除瓦斯灾害。其中煤层瓦斯抽采技术及装备一直是研究热点之一,包括钻机装备、封孔工艺技术、煤层增透技术、抽采参数优化等,试验发展了地面井瓦斯抽采、井下穿层钻孔抽采和顺层钻孔抽采等技术。目前低渗透煤层的瓦斯抽采,主要是通过煤层增透来提高瓦斯抽采率,如采用保护层开采、水力化增透(水力压裂、水射流等)、注气驱替、爆破增透等技术,在一定范围内取得了较好的应用效果。但是针对王庄煤矿单一的低渗透松软煤层,无法实施保护层开采,仍存在瓦斯抽采技术难度大、有效抽采半径小、抽采瓦斯流量低、衰减速度快、抽采率低下、抽采达标时间长、抽采成本高等难题,因此,目前适合该矿低渗透煤层的瓦斯抽采技术主要包括水力化增透抽采技术、爆破增透抽采技术、注气/注水驱替抽采技术和卸压瓦斯抽采技术。

(1)水力化增透抽采技术

水力化增透抽采技术是以高压水作为动力,使储层内原生裂隙扩大,延伸或者人为形成新的孔洞、槽缝、裂隙等,达到储层卸压和增透目的。目前形成的水力化煤层增透抽采技术主要有水力压裂和高压水射流(包括水力割缝、水力冲孔、水力疏松等)两种形式,不但在理论上取得了不同程度的突破,而且在工程实践中也取得了一定成功。

(2)水力压裂增透抽采技术

水力压裂增透抽采技术最早是在天然气和石油工业中发展并应用的。1947年美国堪萨斯州雨果顿气田首次成功实施了水力压裂增产作业,拉开了对水力压裂增透抽采技术研究的序幕。苏联自20世纪60年代在卡拉干达和顿巴斯两个矿区15个矿井井田开展水力压裂试验,取得了较好的压裂增透效果。我国20世纪50年代开始进行水力压裂研究,1973年大庆油田开始采用水力压裂作为油田增产、增注的一项重要技术。90年代,煤层水力压裂增透抽采技术获得了重大突破,极大地推动了煤层气产业发展。随着煤矿井下瓦斯灾害越发严重,水力压裂增透技术被引入煤矿井下用于瓦斯治理。

我国先后在阳泉一矿、白沙红卫矿、抚顺北龙凤矿及焦作中马矿开展了井下水力压裂治理瓦斯试验,取得了一定的效果,但受制于技术及装备,该技术未得到推广应用。近年来,随着对水力压裂增透机理研究的深入、压裂设备的改进和压裂工艺的完善,井下水力压裂增透抽采技术在许多矿井中应用,为高瓦斯浓度和矿井低渗透性煤层瓦斯治理提供了一条有效途径。

目前国内学者对井下水力压裂理论、技术及装备进行了较深入的研究。申晋等[1]建立了用于模拟低渗透煤岩体水力压裂裂纹断裂扩展及固液耦合作用的数学模型,分析了水力压裂中裂缝宽度及裂缝扩展与注水压力的关系。张国华等[2]在分析煤层结构与应力场特点的基础上采用叠加法建立水力压裂钻孔起裂方程,并进行了算例分析。杜春志等[3]分析了水力压裂中原级裂隙和空间壁面裂隙的扩展力学条件,并利用有限元软件模拟了高压水作用下煤层裂隙的扩展和延伸过程。吕有厂[4]根据第一强度理论确定了煤体破裂条件,得到了压裂孔起裂临界压力值公式。林柏泉等[5]分析了水力压裂过程中裂隙起裂及扩展的动态变化特征,并建立了煤体埋深、瓦斯压力和水力破裂压力三者耦合模型。冯彦军等[6]根据最大拉应力准则,分析了任意方向钻孔裂缝起裂压力和起裂方向,得到了起裂压力随钻孔方位角和钻孔倾斜角的变化规律。宋晨鹏等[7]建立压裂裂缝与煤岩交界面二维模型,采用理论分析与数值模拟相结合的方法分析了煤岩交界面的破坏机理及压裂裂缝扩展规律。同时,郭启文等[8]在充分借鉴油气领域成熟技术和先进成果的基础上,研发了符合煤矿井下现场要求的高压力、大流量压裂泵组及远程监测监控技术,形成了成套水力压裂关键技术和设备。富向[9]试验研究了定向多段点式水力压裂增透技术,通过数值模拟揭示了煤体破坏、裂纹的萌生、发展直至贯通整个过程,该技术能显著提高瓦斯抽采量,且实现了井下压裂设备小型化。李全贵等[10]针对煤矿井下实施水力压裂措施后增透方向不确定容易导致应力集中的问题,提出了定向孔定向水力压裂技术,现场试验表明,应用该技术可使煤巷掘进速度提高 60%。徐幼平等[11]分析了定向水力压裂过程中煤体的裂隙发展及分布规律,并利用 RFPA2D-Flow 软件模拟了压裂的起裂、扩展和延伸过程,对定向压裂与非定向压裂的效果进行了比较。王耀锋等[12]研究了定向水力压穿的机理,阐述了导向槽定向水力压穿增透技术及工艺。张明杰等[13]提出了一种多点控制水力压裂方法,分析了多点控制水力压裂煤体破裂过程,并结合现场实际确定了压裂设备型号及压裂工艺参数。赵振保[14]针对低渗透、高硬度的难注水煤层,提出了变频脉冲式注水技术,注水系统包括压力调节、双动式增压器、换向控制和压力表等。李波等[15]在潘三矿现场进行试验,试验表明,高压脉动水锤水力压裂技术可有效提高煤层透气性且增透作用较为持久。林柏泉等[16]、翟成等[17]开展了高压脉动水力压裂卸压增透技术的研究与应用,在铁法集团大兴煤矿和晋煤集团成庄煤矿取得较好的现场试验效果。

(3) 水射流增透抽采技术

水射流是将液态水通过升压装置达到高压状态再从直径很小的喷嘴(0.05～0.25 mm)中喷射出来形成的高速射流束(约 1 000 m/s)。20 世纪 30 年代,水射流技术首次应用于采矿业。随着水射流理论、技术及设备的迅速发展,已经在石油、化工、采矿、冶金等领域广泛应用,相继出现了脉冲射流、空化射流、磨料射流等新型射流。

根据水射流理论与技术,相关学者在煤矿瓦斯抽采领域开展了水力割缝、水力冲孔、水力掏槽等增透技术的研究。如冯增朝等[18]通过实验室试验证明了割缝能提高瓦斯的排放量,割缝后初期瓦斯排放速度急增,为普通钻孔的 2.0～2.5 倍,割缝较普通钻孔的瓦斯排放量提高 25%。王婕等[19]利用岩石破裂分析软件模拟了割缝排放低透气性煤层内瓦斯的过程,验证了割缝是提高低渗透煤层瓦斯抽采率的有效方式。林柏泉等[20]采用 FLAC 软件模拟分析了割缝钻孔内煤层瓦斯运移规律,研究了割缝卸压钻孔的影响范围和影响因素,为水力割缝钻孔布置提供了理论依据。李晓红等[21]通过理论分析和数值模拟研究了高压脉冲水射流作用下煤体的动态损伤特性及裂隙场的动态演化规律,提出了高压脉冲水射流割缝强化瓦斯抽采技术。唐建新等[22]设计了应用于抽放钻孔中切割煤体的高压水射流装置,并在现场对喷嘴和射流器进行了试验。水力冲孔技术是利用高压水的冲击能力,使煤层破碎卸压,裂隙增加,提高煤层透气性系数,促进煤层瓦斯抽采和排放。刘明举等[23]、王兆丰等[24]开展了水力冲孔技术在低渗透突出煤层中的工程应用,取得了较好的防突效果。朱建安等[25]针对水力冲孔技术可能引起的强烈喷孔现象,研制了一种新型的三通防喷装置。水力掏槽技术是利用水射流连续破碎煤体形成槽洞,槽洞四周煤体充分卸压排放瓦斯。魏国营等[26]在焦作矿区煤巷掘进工作面开展了水力掏槽工程试验,取得了较好的防突效果。刘锡明等[27]分析了水力掏槽技术的理论基础,形成的槽洞空间增大了卸压带范围,水射流的"水楔"作用促进煤层裂隙发展,进一步为瓦斯解吸、排放提供了通道。王耀锋[28]提出了三维旋转水射流扩孔与压裂增透技术,三维旋转水射流增透装备主要由旋转射流喷嘴、多功能水射流喷头、螺旋辅助排渣高压钻杆、回转式高压旋转接头、煤层注水泵等组成。通过三维旋转水射流冲割煤体使钻孔周围的煤体形成层理弱面,利用层理弱面和控制钻孔施工形成的卸压圈控制水力压裂方向,将扩孔钻孔与控制钻孔之间的煤体压穿,钻孔控制范围内煤体卸压增加煤层透气性,进而提高瓦斯抽采效率。

（4）深孔爆破增透抽采技术

深孔爆破是利用低爆速炸药在炮孔内引爆来冲击煤体的增透技术。自 20 世纪 50 年代以来,国内外学者采用深孔爆破技术提高煤层瓦斯抽放效率,并发展形成了预裂爆破、定向爆破（聚能爆破）等技术。

林柏泉[29]通过相似模拟试验得出了爆破后煤体周围应力分布状态及其孔洞分布。郑福良[30]对含瓦斯煤体爆破裂隙发展规律及范围进行了分析,得出了含瓦斯煤体存在次生裂隙区,从而增大裂隙区范围的结论。石必明等[31]研究了煤与瓦斯耦合作用爆生裂隙形成机理,得出了爆破过程中煤体裂隙形成的条件及孔间距确定依据。蔡峰等[32]采用数值模拟方法研究了深孔爆破过程中动压冲击震裂、应力波传播与叠加以及爆生气体驱动裂纹扩展的整个过程,分析了爆破孔间距对爆生裂纹和爆破增透效果的影响。龚敏等[33]采用三维数值模拟方法进行了煤层预裂爆破机制研究,煤层深孔爆破应力波传播和介质破坏特点与岩石爆破存在显著差异,煤层爆破时应力波衰减较岩石快,煤层的压碎破坏发生在爆炸初期,实际工程应用中宜采用单点或多点起爆。曹树刚等[34]从煤的微观结构试验和现场检测两个方面证明了深孔预裂爆破有利于煤层瓦斯抽放,并定量描述了深孔控制爆破对煤体孔隙结构和新生裂隙分布范围的影响。褚怀保等[35]在岩石爆破理论基础上分析了煤体爆破作用特点与原理,确定了以下内容:煤体爆破损伤断裂准则;瓦斯对煤体爆破具有积极作用;煤体爆破是爆炸应力波、爆生气体和瓦斯气体共同作用的结果。

由于深孔爆破产生的能量大部分被消耗在钻孔周围破碎圈,断裂带的扩展范围较小,且压碎煤体容易堵塞裂缝,相关学者研究了聚能爆破等定向爆破技术。聚能爆破是指采用聚能装药结构,通过发挥聚能效应使爆炸能量沿特定方向聚集,实现定向致裂的一种技术。刘文革等[36]通过理论计算获得了轴对称聚能药管参数及煤的裂隙长度,钢管内模拟试验证明轴对称聚能药管具有较好的聚能效应,有利于实现定向预裂爆破。郭德勇等[37]在研究深孔聚能爆破致裂机理基础上,进一步分析了爆破影响半径与装药不耦合系数的关系,并对聚能爆破参数进行了研究,为优化煤层聚能爆破技术提供了依据。商登莹等[38]在设计爆破钻孔、装药及封孔工艺的基础上,在松树镇煤矿现场应用了深孔聚能爆破技术,爆破后平均瓦斯浓度大幅增加,且装药长度越长,爆破增透效果越明显。穆朝民等[39]对定向聚能爆破控制裂纹演化方向的理论和方法进行了研究,聚能爆破通过气楔联合作用达到控制裂纹演化方向和长度的目的。刘健等[40]通过模拟试验认为定向聚能爆破的爆炸能量主要集中在聚能方向,能够在聚能方向侵彻煤体形成较大的裂缝,定向爆破的聚能效应导致试样的应力状态在聚能方向发生显著变化。

（5）水压爆破增透抽采技术

水压爆破增透抽采技术是在不耦合装药条件下,以水作为药卷与装药孔间的耦合介质,在爆炸瞬间传递爆炸压力和能量,使煤岩体破碎的一种爆破技术,其最早应用于城市拆除作业中。张英华等[41]研究了穿层孔水压爆破技术并开展了现场试验,研究结果表明:水压爆破能显著提高煤层透气性,爆破前、后钻孔的自然流量提高 3 倍以上。王耀锋等[42]基于前人的研究成果,详细阐述了水射流和水力压裂技术发展,综述了国内水力化煤层增透技术的发展进程。周超等[43]研究了炸药在水中爆炸时煤体的应力变化、裂隙扩展等过程,水压爆轰产物在一定范围内使围岩和煤层应力发生改变,并向前方煤体和巷道两帮转移,能够减小突出势能,同时提高煤层透气性。蒲文龙等[44]提出了聚能水压爆破增透技术,可控制爆炸能量积聚的方向,并提高爆炸能量的利用率,进而提高低渗透煤层瓦斯抽采率。赵文豪等[45]提出了预置导向缝定向水压爆破增透新技术,利用爆破孔内导向缝和爆破孔周围的观测孔的共同定向作用对爆破孔进行定向水压爆破,爆破孔与观测孔之间的煤体压穿形成贯穿裂缝。夏彬伟等[46]结合刻槽爆破裂缝导向性和水压爆破高效性,提出了缝槽水压爆破技术,可实现在低药量条件下高效利用爆炸能量,定向制造大面积二维平面裂缝。蔡永乐等[47]研究认为煤体在水压爆破作用下首先塑性压缩破坏,然后脆性拉伸破裂,形成大范围裂隙区,最后应力波衰减为地震波,引起煤体质点产生弹性振动,形成爆破松动区。

(6) 气动爆破增透抽采技术

气动爆破是一种无炸药的物理爆破方法,利用机械装备或物理变化产生高压气体,通过手动或电动操作装置,高压气体瞬间释放,其冲击效应对周围介质膨胀做功,起初该技术主要应用于采煤领域。高坤等[48]在实验室开展了典型煤样的高压空气爆裂试验,试验结果表明气爆后煤的渗透率增大。曾范永等[49]根据试验结果认为爆破孔深度、位置和气爆压力也是影响煤层渗透率变化的重要因素,气爆后部分煤体的渗透率甚至增大了 10 倍,增透效果明显。李守国等[50]进行了不同压力下气爆致裂煤体模拟计算,计算结果表明随着冲击压力增大,致裂煤体裂隙范围增大。王海东[51]模拟了爆生气体对煤层裂纹扩展的影响,爆生气体在深孔爆炸致裂过程中起主要驱动作用,增透效果随着爆生气体衰减速度的降低而显著增加。周西华等[52]以液态 CO_2 为气爆介质,分析了其爆破机理,单孔爆破有效影响半径随着地应力的增大近似线性减小,有控制孔时的多孔爆破影响范围明显大于无控制孔时。孙可明等[53]揭示了超临界 CO_2 致裂煤体粉碎区和裂隙区的破坏规律,得到了气爆过程中的爆破压力分布,气爆裂隙扩展范围和密集程度与超临界二氧化碳气爆压力正相关。曹运兴等[54]应用气相压裂增透技术(CO_2 气爆)在潞安集团高河矿、李村矿、五阳矿等开展了现场工业性试验,取得了较好的低渗透煤层预裂增透效果。谢和平等[55]提出了采用变频气动致裂(基于气体扩散性和低压变频抽压交替力学作用)实现单一煤层增透的技术构想。

(7) 静态爆破增透抽采技术

静态爆破技术是利用静态爆破剂(主要成分为 CaO)与水混合后发生化学反应生成 $Ca(OH)_2$,体积膨胀致裂的一种技术,具有无明火、无震动、安全性高等优点。杨仁树等[56]试验研究了静态膨胀剂膨胀作用下含切槽孔模型材料的动态断裂力学行为,获得了裂纹扩展速度和加速度的变化规律,为工程应用提供理论指导。李忠辉等[57]基于静态爆破技术和合适钻孔布置压裂煤体,增加煤体瓦斯运移通道和提高煤层透气性,实现石门安全揭煤。张超等[58]提出采用深孔定向静态破碎技术来压裂煤体以增加煤层透气性,认为定向静态破碎可使产生的能量最大限度定向传递,致使裂隙密度和长度显著增大,从而实现煤层纵横交错的裂隙网。翟成等[59]基于提高瓦斯抽采效果研究了静态爆破布孔及致裂效果,提出多孔布置与导向孔协同布置的网络化布孔可以使破碎效果最大化。谢雄刚等[60]将静态爆破技术应用于压裂突出煤层,根据现场实测认为随着膨胀孔内静态膨胀剂水化反应的进行,邻近膨胀孔的抽放孔内壁产生逐渐增大的静态膨胀力并达到峰值,随后静态膨胀力逐渐减小并最终消失。李瑞超等[61]基于钙基材料配置新型静态爆破剂,采用正交试验确定最佳配比,获得了较好的压裂效果。张嘉勇等[62]通过数值模拟计算认为静态爆破使用的破碎材料产生的膨胀压力可达 $45 \sim 65$ MPa,在孔径为 100 mm 的膨胀钻孔作用下,膨胀致裂半径达 1.3 m。周云涛等[63]采用等效方法将钻孔在平面上简化为岩体裂纹,提出了静态爆破断裂力学模型,获得了钻孔裂纹尖端的应力强度因子表达式,可为静态控制爆破设计提供理论依据。王金贵等[64]研究认为静爆致裂过程分为微裂、膨胀压传递及劈裂三个阶段,可采用微震幅值、尾波发育及频谱特征评估煤层静爆致裂增透进程,通过微震事件数评价煤层致裂增透效果。戴星航等[65]提出了测量静态破碎剂膨胀压的轴向输出法,并设计了测试系统和核心钢筒组件,根据试验结果认为轴向输出法能够可靠、准确测得静态破碎剂膨胀压力。

(8) 注气驱替抽采技术

气体驱替煤层气的概念起源于减少温室气体排放的 CO_2 煤层封存技术。20 世纪末,美国在圣胡安盆地将 CO_2 注入煤层以提高煤层气采收率(CO_2-ECBM)的试验取得成功,煤层气采收率达 95%。之后,日本、欧盟等也开展了不同规模的气体驱替试验工作。我国于 2004 年在山西沁水盆地进行了注入 CO_2 驱替煤层气的首次试验研究。

Y. B. Zhou[66]提出了在煤体中注入 CO_2 与注入碱相结合的技术,并针对传统技术 CO_2 注入的不足进行了研究。S. Dey 等[67-68]分析了煤与水的接触角表现出滞后,其中高阶煤的影响更为显著,通常用表面活性剂降低注入水的表面张力以改善煤的润湿性。Y. B. Zhou 等[69-70]建立了理论渗透率模型,并分析了煤中氮气和二氧化碳之间的差异,在室内试验和现场工程中,煤的渗透率在注入二氧化碳过程中降低。

国内相关学者也总结提出了注气驱替煤层气(瓦斯)机理:一是注入气体与瓦斯展开竞争吸附和降低瓦斯分压,可置换解吸 CH_4;二是注入气体能够增加煤层裂隙内的气体流动能量;三是注入气体能够提高煤体渗透性等。

郑爱玲等[71]建立了注气驱替煤层气的完整的三维拟稳态非平衡吸附数学模型和数值模型,并开发了注气驱替煤层气的计算机程序,有效指导注气增产技术的实践应用。陈新忠等[72]研究温度场对注气驱替煤层气过程的影响,认为煤层温度升高可以促进煤层气解吸,加速煤层气产出,对深部高瓦斯浓度矿井开采时施行先抽后采具有重要的借鉴意义。吴金涛等[73]考虑注气驱替煤层气中多组分气体渗流、吸附/解吸、扩散及孔隙率和渗透率应力敏感性等多物理量的耦合,采用数值模拟方法分析了煤层注气的深层次机理。方志明等[74]针对我国煤层渗透率普遍较低和瓦斯抽采率低等现状,通过理论分析、数值模拟和现场试验研究了实施混合气体驱替煤层气技术的可行性,建议采用富含 N_2 的混合气体驱替煤层气。杨宏民等[75]首次将注气置换甲烷技术应用于阳泉矿区突出煤层井下瓦斯灾害治理,巷帮顺层钻孔高压注气试验表明注气后纯瓦斯流量增加 4.54~24.57 倍,取得了显著的促抽瓦斯消突效果。王兆丰等[76]采用 Comsol 软件对抽采钻孔在不同注气时间和注气压力下的瓦斯流动进行了数值模拟研究,发现注气有效影响半径随着注气时间和注气压力增大而增大,可为现场注气提供技术指导。林海飞等[77]分析了注入空气对瓦斯抽采钻孔增流、驱替瓦斯、增透煤层的多重效应,认为掘进工作面采用注气驱替瓦斯技术能够强化抽采瓦斯,从而实现低透气性突出煤层巷道安全、快速掘进。

(9) 注水驱替抽采技术

煤层注水是用水预先湿润煤体,在开采煤层前,通过钻孔向煤体注入压力水,使其渗入煤体裂隙,增加煤层水分。该技术于 1890 年在德国的萨尔煤田首次应用,从 20 世纪 50 年代开始在世界各主要采煤国家开始推广应用。20 世纪 60 年代,我国在借鉴苏联经验的基础上,在阳泉市和北票市等地矿区开展了煤层注水现场试验,取得了较好的效果。

煤层注水方式主要有短孔注水、深孔注水和长孔注水。按注水压力来分主要有高压注水、中压注水、低压注水和常压渗透。王惠宾等[78]通过试验认为添加润湿剂能显著改善煤层注水效果,湿润剂的最佳浓度为煤最大吸液量所对应的浓度,湿润剂的选择以增液指数为指标。王青松等[79]开发了基于 VC 环境的煤层注水参数设计系统,能够高效指导现场煤层注水管理。于岩斌等[80]针对难注水煤层,提出了混合注水和高压预裂波动式注水,并对表面活性剂的抑尘性能、配方和现场应用进行了深入研究。吴金刚等[81]针对松软、低透气性、底板起伏大煤层注水效果差等问题,提出了高位钻场煤层注水防尘技术。金龙哲等[82]提出了在煤层注水钻孔中添加具有降低矿井水表面张力和防止水分蒸发双重功效的粘尘棒以提高注水效果的新方法,该技术简单易行,在淮北矿业集团各矿开展了现场试验,取得了较好的煤层润湿效果。胡斌等[83]提出了解决低渗透性、高硬度难注水煤层的变频脉冲式煤层注水技术,利用脉动水锤作用能够以较低的注水压力使煤体获得较高的有效孔隙率。刘奎等[84]针对高瓦斯浓度矿井大风量掘进工作面,提出了分段式封孔注水新方法,并研发了相应的注水封孔器,取得了较好的防尘和防突效果。吴智博等[85]针对孤岛工作面特殊地质条件,采用螺旋钻杆辅以压风的排渣方式,不同地点采用不同的封孔方式,采用低压多孔小流量的注水工艺能够改善注水效果。董跃文等[86]在现场开展了工作面前方超前支承压力范围注水试验,超前支承压力影响区是煤层注水速率增大的区域,注水效果较稳压区好。聂文等[87]针对高地压低孔隙率煤层注水难题,提出采用添加渗透剂和高压预裂波动式的注水方式,取得了较好的效果。聂百胜等[88]探讨了磁化水的性质、磁场作用机理及磁技术在煤层注水中的应用,磁化水能够降低水的表面张力,提高水在煤体中的渗透性。谢丹等[89]提出了脉冲注磁化水技术,能够有效地增大煤层注水的湿润半径,增加煤体水分。马德翔等[90]采用自制的加压注水模拟试验装置,开展了不同煤样在不同水压条件下的压力吸水试验,获得了不同煤样的吸水方向性和注水压力参数。

煤层注水渗流问题对煤层注水促抽瓦斯技术参数的确定至关重要。目前关于煤层注水渗流规律的研究主要有两类观点:一是没有考虑注水过程中的瓦斯作用;二是考虑注水过程中的水驱气(瓦斯)渗流理论。

1.2.2 巷道底鼓机理的研究现状

1.2.2.1 国外学者对巷道底鼓破坏的研究现状

流变引起的巷道底鼓作为深部地下工程特别是采矿工程巷道围岩的主要变形和破坏形式之一,长期以来一直是巷道围岩稳定性控制方面的一个难题。

秦巴列维奇提出:底鼓现象的力学本质可以表示为由两个压模传给由松散土体构成的底板的荷重作用下压出的现象,并且通过极限平衡理论计算出了底板岩层作用在巷道支架上的作用力[91]。M. Л. 兹包尔什奇克等[92]从能量的角度考虑,认为巷道底板岩层突然鼓起是底板中塑性岩层对下部岩层移动的阻力以及底板岩层暴露的面积与周长的比值急剧变化所造成的岩层储存的弹性能量释放的结果。Г. Г. 利特维斯基[93]研究巷道底鼓机理时,通过对比巷道周边的应力图和岩层强度来确定巷道围岩的稳定段、极限段和不稳定段,进而提出了判别岩层破坏的局部性准则。И. Л. 切尔尼亚克[94]采用数理统计分析了大量的实测数据,继而得到了预测巷道底鼓的经验公式。

M. 奥顿哥特[95]通过相似模拟试验模拟了巷道底鼓的全过程,从而得到了巷道围岩破坏的全过程:首先,巷道两帮岩体在垂直应力作用下破坏;然后,巷道顶、底板在水平应力的作用下向巷道内鼓出,其中直接底板岩层首先发生破坏;最后,下面各岩层逐步破坏。奥顿哥特通过大量相似模型试验得出了底板岩层的最大破坏深度与巷道的宽度成比例的结论。

K. Haram[96]将底板岩层看作两端固支的岩梁,分析了底板岩层的应力状态和稳定性。

另外,A. Afrouz 等[97]和 Y. P. chugh 等[98]对巷道底板的承载能力进行研究,认为流变导致巷道底鼓的诸多因素中,以下3个因素起主要作用:① 底板为松软岩层;② 巷道围岩中存在较高的围岩应力;③ 水理作用。

M. Gysel[99]运用膨胀理论计算出了圆形巷道的膨胀位移和膨胀应力,得出了围岩膨胀对巷道变形的影响机理。

A. H. Wilson[100-101]认为底板岩层剪切破坏后形成的塑性区的变形和位移是巷道产生底鼓的主要原因。

D. J. Rockaway[102]通过对巷道底鼓现象的研究,发现底板表面以下至少6 m厚岩层的性能是底鼓主要决定因素。

1.2.2.2 国内学者对巷道底鼓破坏的研究现状

姜耀东等[103]采用现场观察、数值模拟和相似模拟试验等方法,根据巷道的底鼓基本特征将巷道底鼓分为四种类型——挤压流动型底鼓、挠曲褶皱型底鼓、剪切错动型底鼓、遇水膨胀型底鼓。其中,挤压流动型底鼓主要是围岩流变破坏所导致的。

马念杰等[104-106]通过对回采巷道底板的受力变形分析认为回采巷道位移分为两个阶段。第一阶段:不受采动影响时,巷道底板浅部岩层缓慢向上运动,与一般基本巷道围岩位移有相同的规律;第二阶段:随着采煤工作面的推进,通过煤帮作用在巷道底板上的应力迅速增大,致使底板表面附近浅部围岩发生严重塑性流变破坏,出现强烈底鼓。

王卫军等[107-108]通过分析工作面超前支撑压力和巷道底鼓之间的关系,认为巷道底鼓是由于巷道底板在支撑压力的影响下受拉应变作用产生离层,进而在水平压力的作用下压曲形成的。

潘一山[109]采用有限单元法和相似模拟试验研究了巷道底鼓的时间效应和软岩遇水膨胀引起围岩流变而产生的底鼓。

1.2.2.3 国内外巷道底鼓控制技术的研究现状

国内外学者在治理底鼓方面进行了大量的研究,提出了许多底鼓防治技术。传统的卧底方法是将鼓出的岩石直接清除掉,以确保巷道的横截面面积。采用该方法治理底鼓较被动,工程量大,费用高,且不利于巷道顶板和两帮的稳定,巷道底鼓严重时甚至需要进行2～3次的治理。

预防底鼓的方法概括起来主要有:巷道的合理布置、加固法、卸压法、联合支护法和巷道中水的控制等。

(1)巷道的合理布置[110-113]

在设计及布置巷道过程中,巷道轴向与构造应力所形成的夹角不同,水平应力在巷道底板岩层中的集中程度也存在很大差异。因此,在构造应力影响较强烈的区域,通过调整巷道轴向与构造应力之间的夹角来减小构造应力对巷道底板稳定性的影响。

(2) 加固法

该方法在底鼓治理中应用较广泛。通过加固底板围岩使其强度或支护能力得到提高,主要包括底板锚杆、底板注浆、封闭支架、砌碹、混凝土反拱及加固巷道帮和角等。其中提高底板围岩强度的方法主要有:底板注浆、底板施加锚杆以及加固巷道帮和角。提高底板围岩支护能力的方法主要包括封闭支架、砌碹、混凝土反拱。

① 底板施加锚杆。底板施加锚杆主要有两个作用:一是将底板不稳定岩层与稳定岩层锚固在一起,形成一个整体;二是锚杆使底板层状岩层锚固成一个组合梁,既可以减少下部岩层裂隙的张开与新裂隙的产生,又可以约束下部岩层的鼓起[114-118]。底板锚杆的锚固效果不仅与锚杆的布置形式、参数及安装质量等有关,而且还与底板和围岩应力状态有关。二十世纪五六十年代,德国的 M.奥顿哥特通过相似材料模型试验研究了底板锚杆治理底鼓的效果。其研究认为:对于强度较低的岩层,底板锚杆很难起到减少巷道顶、底板移近量的作用,虽然增大锚杆的布置密度可以减少底鼓量,但却增加了顶板的下沉量。日本内田早月等也通过相似材料模型试验对底板锚杆的布置形式、参数与支护效果的关系进行了研究,研究认为:布置底板锚杆可以约束底板岩层的变形与破坏,但却很难阻止两帮围岩的变形与破坏,因此,只对底板进行控制而忽略两帮,这并不是理想的底鼓治理方法。巷道采用全断面布置锚杆会使其作用得到充分发挥,适用于底板含有一定厚度软弱岩层的巷道。苏联"矿工深井"矿采用聚酯锚杆对深井围岩采准巷道的底鼓进行了试验研究[119-121],研究表明:钻孔中注入复合化学浆液后,部分浆液渗入岩层裂隙内部,一方面形成被化合物包裹的固结体,另一方面使得锚杆的锚固作用增强,在二者的共同作用下岩层的变形和破坏得到了有效控制。国内学者在邢台市、徐州市等矿区的井下进行了大批施打底板锚杆控制底鼓的试验,试验效果较显著。

② 底板注浆。底板注浆一般用于加固破碎的底板岩层。底板岩层注浆后,浆液渗透到岩层裂隙内,提高了破碎岩石间的黏聚力,且被加固区域的岩石的弯曲位移、扩容等显著减小,从而有效提高岩层的抗底鼓能力。常用浆液有:聚氨酯、水泥浆、高水材料等。底板注浆的影响因素较多,如底板岩层的破碎度、底板岩层的岩性、注浆压力、注浆材料等。石红星等[122]通过现场试验、数值模拟等方法对成庄矿二盘区胶带机头硐室的底板稳定性、底板变形破坏特征和锚注加固作用机理等进行了详细研究,并针对其底板岩层进行了现场锚注加固处理,取得了良好效果。张建威等[123]采用自钻式中空注浆锚杆对屯留煤矿的巷道底板进行了锚注加固,取得了良好效果。常聚才等[124]通过对望峰岗底鼓影响因素的理论分析、底板岩层位移的现场实测和底板无支护下的数值模拟,提出了深井岩巷控制底鼓的超挖锚注回填技术。

③ 封闭支架。封闭支架的底梁对底板岩层施加了一定大小的反力,提高了支架的工作阻力,底板岩层的扩容、膨胀等得到了抑制,从而达到了阻止底鼓的目的。目前常用的封闭支架有 U 形钢、封闭式料石砌碹、钢筋混凝土预制弧形板等[125-127]。

④ 混凝土反拱。混凝土反拱不仅能加固底板,还能加固巷道的两个底帮,整体承载力强,一般适用于永久性巷道支护[128]。

⑤ 加固巷道帮、角的措施主要有帮、角注浆支护和帮、角锚杆支护[129]。加固后在巷道两帮及角部形成承载能力较高的承载拱,能够有效地抑制两帮和角部围岩塑性区的扩展,以减小巷道两帮的变形。

(3)卸压法

卸压法的特点是将巷道底板的集中应力转移到围岩深部,卸压后底板处于应力降低区域,进而实现对巷道底鼓的有效控制。常用的卸压法有切缝卸压、钻孔卸压、松动爆破卸压等。

① 切缝卸压。切缝主要有底板切缝和两帮切缝。对巷道底板进行切缝后,底板应力向深部转移,底板应力集中程度降低,并且切缝为围岩变形提供了空间。切缝卸压的效果与切缝形状、宽度、深度以及巷道开凿时间密不可分。

② 钻孔卸压。钻孔卸压同切缝卸压机理相类似,包括底板钻孔和两帮钻孔。钻孔卸压的效果主要取决于钻孔的直径、孔深和数目等。

③ 松动爆破卸压。对巷道底板或两帮实施松动爆破后,在底板或两帮围岩内增加了大量的人为裂隙,迫使浅部围岩脱离深部围岩,应力向岩体深部转移,从而使高应力状态的岩层得到卸载。李中超等[130]采用钻孔卸压技术对深部开采的观音堂煤矿进行了工业性试验,应用后巷道的变形量大大减小。张东升等[131-132]利用三维离散元分析软件对不同卸压孔径下的围岩变形和在深部巷道中钻孔卸压的效果进行了详细研究,研究结果表明:巷道两帮采取钻孔卸压以后,应力集中区域转移到围岩体深部,且集中于卸压孔末端,从而很好地保护了深部巷道,为深部巷道的卸压技术提供了参考。康红普[133-135]对巷道两侧和顶部适当位置进行两种掘巷卸压方式研究,分析了各自的机理与参数,并对实施顶部卸压法后的巷道进行了工业性试验,获得了良好的经济效益。孙国文等[136]对白皎煤矿的应力条件进行了研究,通过对三种不同支护方式进行技术比较,提出了预留刚隙柔层支护技术,该技术对深部软岩巷道较适用。

(4)联合支护法[137-138]

通常将卸压与加固相结合,如将底板锚杆与注浆、切缝卸压、封闭式支架相结合,底板爆破卸压与注浆相结合,封闭式支架与爆破卸压相结合等。联合支护法结合了两种方法的优点,具有较强的适应性。

(5)巷道中水的控制

由于水的侵蚀会使巷道底板软化,强度降低,因此巷道中水的存在是导致巷道底鼓的重要原因,这就对排水系统提出了更高的要求,要保证排水通畅,巷道内积水及时排、疏、导,减少跑、冒、滴、漏等现象[139-140]。

由于煤矿巷道应力状况和围岩性质十分复杂,到目前为止,对巷道底鼓机理尚没有统一的认识。每一种底鼓机理只能解释一定条件下的巷道底鼓现象,如压模效应理论就无法解释发生在美国 Glen Rogers 煤矿的剧烈底鼓现象,该矿 becklay 煤层的底板属于坚硬岩层,而压模效应理论假设底板为软弱岩体,两帮为坚硬岩体,也只有这样才可能形成压模效应。同时,该理论也无法解释厚煤层巷道的底鼓现象,因为两帮和直接底板的煤都具有相同的物理力学性能,不具有形成压膜效应所要求具备的条件。绕曲效应同样也无法解释巷道底板为软弱破碎岩层的底鼓,因为软弱底板岩层在开挖巷道时就已破坏,不会产生明显的弹塑性变形。

1.3 低渗透松软煤层开采工作面布置的特点

1.3.1 王庄煤矿概况

王庄煤矿建设始于 20 世纪 50 年代末,是一座迄今具有超 60 年煤炭开采历史且闻名全国的现代化矿井。该矿井于 1966 年 12 月建成投产,原设计生产能力为 90 万 t/a。该矿井历经 3 次技术改造,第一次是 1974—1978 年期间,第二次是 1983—1988 年期间,通过前 2 次改扩建(增加+630 m 生产水平),全矿形成+740 m、+630 m 两个水平同时生产的格局。到 1997 年,矿井核定生产能力为 420 万 t/a。第 3 次改扩建是在 2004—2005年期间,井田面积达到 79.68 km²(包括后备区 28 km²)。目前全矿现有+740 m、+630 m、+540 m 3 个生产水平,上、下水平通过暗斜井沟通,后经原山西省煤炭工业厅批准,煤矿生产能力经核定达到 710 万 t/a。经过多次改造,全矿井目前开拓方式为立井、斜井多水平分区式综合开拓。

王庄煤矿+540 m 水平延深分区位于王庄井田的南翼,作为王庄煤矿生产接替的后备区,该分区范围:北起自安昌断层与现有井田相接,南界至二岗北断层之间,东邻漳泽水库煤柱线,西界与规划建设中的古城矿毗邻。东西长约 4 km,南北长约 7 km,面积约 28 km²。

根据矿井+540 m 水平初步设计,在该区北部布置一对进回风立井,其中副立井安装有提升设备,井底水平+480 m,井筒直径 7.0 m;回风立井井底标高+500 m,井筒直径5.5 m。原设计井下划分为 3 个采区,即 71、81、91 采区。布置 2 组煤层大巷:东翼为 71 采区,沿 208 国道煤柱倾斜条带式开采;西翼大巷沿着太长高速公路保护煤柱,布置一组 5 条煤层大巷,为 81、91 采区。在北栗村布置一对进回风井。王庄煤矿+540 m 水平延深工程自 2007 年 5 月开工,于 2014 年 10 月投产。现井下布置 71、81、91 3 个采区,本项目研究的工作面原先划归为 81 采区 8110 工作面,后变为 91 采区 9105 工作面。

1.3.2 9105 工作面概况

9105 工作面地面上位于北栗村和东史村北约 200 m。井下位置东为水库禁采区,南和北为未采区域,西接+540 m 胶带大巷。地面标高+903～+932 m,工作面标高+377～+520 m。该工作面所采 3# 煤层,赋存于二叠系山西组中下部,为陆相湖泊型沉积。在本工作面范围内,煤层厚度稳定,夹矸最厚层为 0.1 m,煤层厚 6.6 m。9105 工作面运输巷道设计长度为 3 650 m,风巷长 3 580 m,走向长度为 340 m。回采长度为 3 432 m,煤体密度为1.45 t/m³,回收率为 95%。工作面布置如图 1-1 所示。

9105 工作面为放顶煤工作面,设计采用 U 形通风巷道+高抽巷道的布置方式。9105 工作面是王庄煤矿自开矿以来遇到的最特殊工作面,其特殊性主要表现在:高瓦斯浓度、低渗透性,工作面最长,工作面推进度最长,同时采用放顶煤开采,称为双长工作面。上述因素的叠加给 9105 工作面煤炭开采带来了许多不确定的困难,如工作面通风系统和生产系统的可靠性,工作面岩层移动规律,高强度开采瓦斯涌出及分布规律等,因此针对 9105 工作面实际情况进行研究,以满足煤矿安全生产的技术要求。

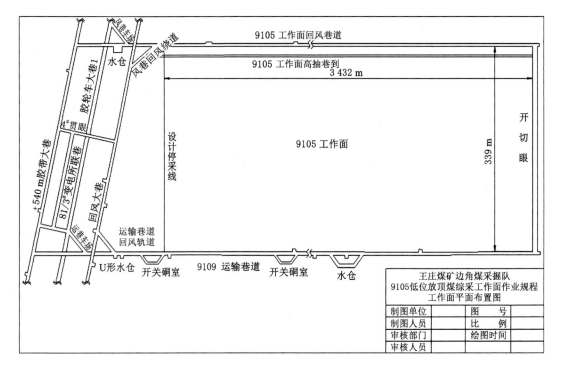

图 1-1　9105 工作面布置图

1.4　开展研究的主要技术难题和研究内容

王庄煤矿 9105 工作面作为全公司试验工作面,先后开展了一系列研究,主要包括以下几个方面:

(1) 低渗透高瓦斯浓度工作面瓦斯涌出量与工作面开采强度的关系;

(2) 超长推进距离工作面掘进及掘进安全管理中遇到的超长推进工作面通风和存在的安全隐患;

(3) 超长推进工作面巷道变形机理及其维护技术;

(4) 结合超长工作面岩层移动规律,进行低渗透煤层工作面瓦斯抽采设计;

(5) 工作面安全、高效开采和安全生产管理技术。

1.5　研究思路

本书主要是根据低渗透松软煤层的瓦斯赋存特征、煤层结构、瓦斯涌出规律,以达到低渗透松软煤层安全、高效开采为目的,采用理论分析、室内试验和现场工业性试验等方法,研究了低渗透煤层高压注水抽采、卸压抽采和 U 形通风巷道＋高抽巷道布置瓦斯抽采系统设计与抽采效果评价,同时对煤层地应力分布规律和高侧压巷道底鼓变形机理进行研究,提出了低渗透松软煤层超长巷道和超长工作面条件下的掘进及安全、高效回采工艺技术。具体研究思路技术路线图如图 1-2 所示。

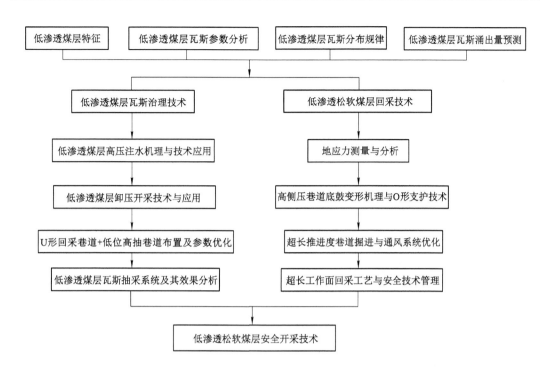

图 1-2 研究思路技术路线图

2 低渗透煤层瓦斯涌出规律研究

2.1 低渗透煤层孔隙结构特征

煤的许多物理性质(尤其是吸、脱附特性)很大程度上取决于煤的孔隙结构。

2.1.1 煤的孔隙结构

煤的孔隙结构类型较为复杂。煤层中不仅发育有微孔隙,还广泛发育有足以使煤层中气液流动的大孔隙和微裂隙,这是由于成煤原因、环境及过程不同,从而形成了形态各异的孔隙类型。各类孔隙都是在微区发育或连通。煤孔隙的形成原因及其发育特征直接反映了煤的宏观的物理、力学和化学性能。

2.1.2 煤的裂隙结构

煤的裂隙的发育程度、规模、连通性及性质直接决定煤层的渗透性。在煤化过程和后期构造改造过程中,煤体受构造应力作用而破裂,最终形成裂隙网络,构成了煤层气的渗流通道。

一般情况下低渗透煤层由于煤化程度高而内生裂隙少,透气性差,尤其是松散软弱高地应力煤层,这主要取决于煤体硬度、煤层变质程度、煤岩成分、厚度、水文地质、古构造应力场等因素。随着煤层埋深的增大,孔隙压力增大,煤体吸附性增强,裂隙宽度逐渐减小直至闭合,煤层渗透率降低,其主要原因是吸附瓦斯所引起的收缩变形。另外,剧烈的构造变形也会使原有的裂隙系统被破坏,煤体不同程度破碎,使得煤屑阻塞煤体渗流通道,从而导致煤层渗透率降低和透气性变差。同时,随着上覆地层压力的增大,煤的孔隙率急剧减小,渗透性变差。

2.1.3 低渗透煤层的渗透性

煤岩体的渗透性是一个复杂的问题。目前关于低渗透煤层渗透性的研究很大程度上仅限于煤层气储层。

2.2 低渗透煤层瓦斯基础参数

2.2.1 煤的坚固性系数

在 $3^{\#}$ 煤层 9105 工作面运输巷道、开切眼和 540/$3^{\#}$ 胶带巷道取煤样进行煤的坚固性系

数 f 测定,测定结果见表 2-1。

表 2-1　煤的坚固性系数测定结果

测定地点	测定煤层	测定结果
9105 工作面运输巷道、开切眼	3#	0.46
540/3# 胶带巷道	3#	0.44

2.2.2　煤的瓦斯放散初速度

在 3# 煤层 9105 工作面运输巷道、开切眼和 540/3# 胶带巷道取煤样进行瓦斯放散初速度测定,测定结果见表 2-2。

表 2-2　煤的瓦斯放散初速度测定结果

测定地点	测定煤层	测定结果/mmHg
9105 工作面运输巷道、开切眼	3#	16.16
540/3# 胶带巷道	3#	13.79

注:1 mm Hg=133.32 Pa。

2.2.3　煤的瓦斯吸附常数

在 3# 煤层 9105 工作面运输巷道、开切眼取煤样进行瓦斯吸附常数测定,测定结果见表 2-3。

表 2-3　煤的瓦斯吸附常数测定结果

测定地点	测定煤层	吸附常数		灰分/%	水分/%	挥发分/%
		$a/(\mathrm{m}^3/\mathrm{t})$	b/MPa^{-1}			
9105 工作面运输巷道、开切眼	3#	31.137	1.230	11.13	1.02	15.63

2.2.4　煤的孔隙率

煤的孔隙率测定结果见表 2-4。

表 2-4　煤的孔隙率测定结果

测定煤层	真密度/(t/m³)	视密度/(t/m³)	孔隙率/%
3#	1.44	1.39	3.47

2.2.5　煤层瓦斯含量

(1)直接法测定煤层瓦斯含量

在 3# 煤层 9105 工作面运输巷道开切眼、540/3# 胶带巷道处采集了 3 个煤样进行了现场解吸。现场测定的瓦斯含量及煤质化验结果分别见表 2-5 和表 2-6。

表 2-5　直接法测定煤层瓦斯含量结果

测定地点	测定煤层	底板标高/m	埋深/m	解吸量/(m³/t)	损失量/(m³/t)	残存量/(m³/t)	瓦斯含量/(m³/t)	原煤瓦斯含量/(m³/t)
9105 工作面运输巷道、开切眼	3#	+648.26	265.45	0.67	0.17	0.18	1.02	0.93
540/3# 胶带巷道	3#	+584.13	328.12	2.89	0.33	2.15	5.37	4.78
9105 工作面回风巷道1440处	3#	+487.45	418.18	4.41	0.36	3.61	8.38	7.42

表 2-6　煤质化验结果

测定地点	测定煤层	可燃质质量/g	煤质分析			自然瓦斯成分			
			M_{ad}/%	A_{ad}/%	V_{daf}/%	N_2 含量/%	CH_4 含量/%	CO_2 含量/%	其他气体含量/%
9105 工作面运输巷道、开切眼	3#	301.92	0.95	7.56	13.58	86.82	3.90	9.19	0.09
540/3# 胶带巷道	3#	266.65	0.96	9.95	17.03	18.68	80.12	1.20	0.07
9105 工作面回风巷道1440处	3#	269.66	0.98	10.49	18.88	11.37	88.22	0.41	0.09

（2）间接法反推煤层瓦斯含量

为了更好地反映煤层瓦斯赋存规律,通过间接法测定煤层瓦斯含量,即根据煤层瓦斯压力、瓦斯吸附常数、煤质分析等实测结果,用间接法计算煤层瓦斯含量(朗缪尔方程):

$$W = \frac{abP}{1+bP} \cdot \frac{1}{1+0.31M_{ad}} \cdot \frac{100 - M_{ad} - A_d}{100} + \frac{10nP}{\rho} \qquad (2\text{-}1)$$

式中　W——煤层瓦斯含量,m³/t;

P——煤层绝对瓦斯压力,MPa;

a——吸附常数,试验温度下煤的极限吸附量,m³/t;

b——吸附常数,MPa⁻¹;

M_{ad}——煤中水分,%;

A_d——煤中灰分,%;

ρ——煤的密度,t/m³;

n——煤的孔隙率。

表 2-7 为 3# 煤层瓦斯含量间接法计算表。

表 2-7 3# 煤层瓦斯含量间接法计算表

测点位置	底板标高 /m	埋深 /m	a /(m³/t)	b /MPa⁻¹	灰分 /%	水分 /%	煤的密度 /(t/m³)	孔隙率 /%	瓦斯压力 /MPa	瓦斯含量 /(m³/t)
9105 工作面回风巷道回风绕道	+581.65	344.03	29.404	1.016	10.93	0.73	1.38	3.02	0.24	5.24
9105 工作面回风巷道 518 m 处	+514.65	406.22	29.404	1.016	10.93	0.73	1.38	3.02	0.31	6.48
9105 工作面回风巷道 1 125 m 处	+498.65	414.95	29.404	1.016	10.93	0.73	1.38	3.02	0.33	6.82

2.2.6 煤层瓦斯含量的赋存规律

2.2.6.1 煤层瓦斯分带

国内外研究结果表明:当煤层具有露头或煤层处于冲积层之下时,煤层瓦斯会出现垂直分带,即煤层瓦斯沿垂向可以分为两个带——瓦斯风化带和甲烷带。根据气体组分的差异,瓦斯风化带还可细分为二氧化碳-氮气带、氮气带和氮气-甲烷带。表 2-8 为煤层瓦斯垂直分带划分标准。

表 2-8 煤层瓦斯垂直分带划分标准

带名称	亚带名称	组分含量/%		
		CH_4	N_2	CO_2
瓦斯风化带	二氧化碳-氮气带	0~10	20~80	20~80
	氮气带	0~20	80~100	0~20
	氮气-甲烷带	20~80	20~80	0~20
甲烷带	甲烷带	80~100	0~20	0~10

一般情况下,煤层瓦斯的垂直分带具有连续性,如图 2-1 所示,即二氧化碳-氮气带处于煤层的最浅部,其次是氮气带,之后是氮气-甲烷带,最后是甲烷带。在一些特定条件和环境下,煤层瓦斯的垂直分带也可能出现如下两种情形:氮气带处于煤层的最浅部,之后是氮气-甲烷带,最后是甲烷带;或者是氮气-甲烷带处于煤层的最浅部,然后是甲烷带。

根据表 2-5 中数据,3# 煤层埋深为 265.45 m 时,甲烷成分为 3.9%,氮气成分为 86.82%;3# 煤层埋深为 328.12 m 时,甲烷成分为 80.12%,氮气成分为 18.68%。

根据甲烷成分实测结果,可以推断 3# 煤层埋深为 265.45 m 时处于瓦斯风化带,3# 煤层埋深大于 328.12 m 时区域均属于甲烷带。由瓦斯含量与埋深关系曲线可以推算出,瓦斯含量为 4 m³/t 时,埋深为 296.6 m,相对瓦斯涌出量为 2 m³/t。根据瓦斯风化带的四个划分依据可判定为瓦斯风化带。

由此可以推断 3# 煤层埋深大于 296.6 m 时,区域均属于甲烷带,其上均为瓦斯风化带。

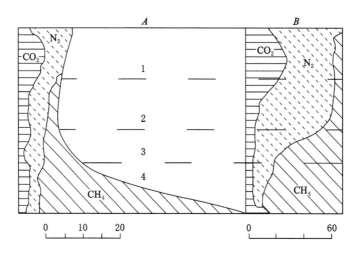

A—含量,m³/t;B—占总瓦斯成分的百分比;

1—二氧化碳-氮气带;2—氮气带;3—氮气-甲烷带;4—甲烷带。

图 2-1 煤层瓦斯分带及其带序

2.2.6.2 瓦斯含量与埋深的关系

根据王庄煤矿的瓦斯含量实测数据,回归分析王庄煤矿瓦斯含量(y)与其埋深(x)的关系(瓦斯含量数据进行筛选,去掉异常的数据和瓦斯浓度较低的数据,9105 工作面运输巷道瓦斯含量为实测数据,测定数据可靠,实测点处于瓦斯风化带,应舍弃),回归曲线如图 2-2 所示。

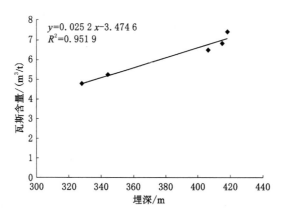

图 2-2 王庄煤矿 3# 煤层瓦斯含量与埋深的关系曲线

从图 2-2 可以得出 3# 煤层瓦斯赋存规律:埋深每增加 100 m,瓦斯含量增加 2.52 m³/t。按瓦斯含量预测等值线图分析,井田瓦斯含量分布为东低西高,由瓦斯含量百米梯度推算西部瓦斯含量最高达 10 m³/t(最大埋深约为 540 m)。

2.2.7 煤层瓦斯含量分布预测图

煤层瓦斯含量是随深度变化的,在进行等值线图的编绘时,应考虑断层、陷落柱等的影响。目前的测定范围和结果基本可以反映煤层瓦斯分布情况,因此根据前述瓦斯含量与埋深的关系对王庄煤矿 3# 煤层的瓦斯含量随埋深的变化进行了简单预测,并绘制了 3# 煤层瓦斯含量等值线预测图,如图 2-3 所示。

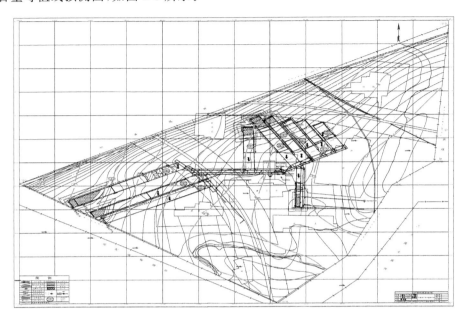

图 2-3　王庄煤矿 3# 煤层瓦斯含量等值线预测图

由 3# 煤层瓦斯含量等值线预测图可知 3# 煤层瓦斯含量最大值为 10 m^3/t(井田西南部、埋深 540 m 处)。埋深等值线如图 2-4 所示。

2.2.8　钻孔自然瓦斯涌出特征参数

在 3# 煤层 9105 工作面回风巷道、9105 工作面进风巷道、540/3# 胶带巷道各布置 1 个钻孔,百米钻孔自然瓦斯流量测定和计算结果见表 2-9。

表 2-9　百米钻孔自然瓦斯流量测定和计算结果

煤层	钻孔编号	自然瓦斯涌出量衰减系数 α/d^{-1}	百米钻孔初始瓦斯涌出量 $q_0/[\times 10^{-3} m^3/(min \cdot hm)]$	百米钻孔极限涌出量 $Q_J/(m^3/hm)$
9105 工作面回风巷道 1 430 m 处	L3-1	0.043 8	0.111 8	3 675
9105 工作面回风巷道 160 m 处	L3-2	0.034 6	0.086 5	3 600
540/3# 胶带巷道	L3-3	0.030 2	0.074 6	3 557

2.2.9　透气性系数

对 3# 煤层透气性系数进行计算,其所需参数及计算结果见表 2-10。

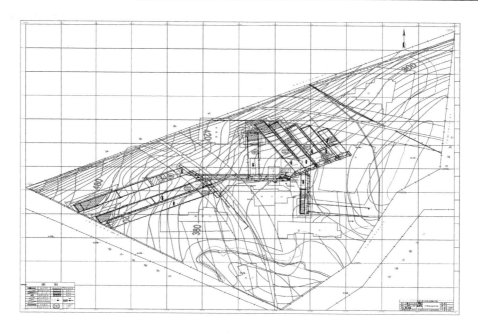

图 2-4 王庄煤矿 3# 煤层埋深等值线图

表 2-10 煤层透气性系数计算结果

地点	煤层	透气性系数/[m²/(MPa²·d)]
9105 工作面回风巷道 160 m 处	3#	1.341
540/3# 胶带巷道	3#	3.354

2.2.10 煤层瓦斯压力

（1）直接法测定煤层瓦斯压力

煤层瓦斯压力测定地点选择煤层较为坚硬致密、无断层、无裂隙的地方,具体钻孔参数和测定结果见表 2-11。

表 2-11 3# 煤层瓦斯压力测定结果

测定地点	煤层	钻孔长度/m	封孔长度/m	钻孔倾角/(°)	钻孔方位角/(°)	钻孔直径/mm	钻孔性质	瓦斯压力/MPa
9105 工作面回风巷道 1 430 m 处	3#	51	38	3	90	94	煤孔	0.34
9105 工作面回风巷道 160 m 处	3#	51	38	3	90	94	煤孔	0.31
540/3# 胶带巷道	3#	51	38	3	90	94	煤孔	0.33

（2）间接法反推煤层瓦斯压力

间接法测定煤层瓦斯压力数据,即根据煤层瓦斯含量、瓦斯吸附常数、煤质分析等实测结果,用朗缪尔方程计算煤层瓦斯压力;瓦斯含量与瓦斯压力关系见式(2-1)。

采用间接法计算煤层瓦斯压力,结果见表 2-12。

表 2-12 间接法测定 3# 煤层瓦斯压力

测点位置	A /(m³/t)	b /MPa⁻¹	灰分 /%	水分 /%	视密度 /(t/m³)	真密度 /(t/m³)	孔隙率 /%	瓦斯含量 /(m³/t)	瓦斯压力 /MPa
9105 工作面 回风巷道 160 m 处	31.137	1.23	11.13	1.02	1.39	1.44	3.47	6.12	0.28
540/3# 胶带巷道	31.137	1.23	11.13	1.02	1.39	1.44	3.47	5.98	0.25

2.2.11 煤的破坏类型

根据现场考察得知:王庄煤矿 3# 煤层以硬煤为主,煤样光泽呈亮与半亮,次生节理面多且不规则,与原生节理呈网状,用手极易剥成小块,中等硬度,所以该区域 3# 煤的破坏类型属 II 类(表 2-13)。

表 2-13 3# 煤层破坏类型观测结果

序号	观测地点	破坏类型	判定结果
1	9105 工作面回风巷道 1 430 m 处	煤样光泽呈亮与半亮,次生节理面多且不规则,原生节理呈网状,用手极易剥成小块,中等硬度	II
2	9105 工作面回风巷道 160 m 处		
3	540/3# 胶带巷道		

2.3 回采工作面瓦斯涌出量预测

2.3.1 预测方法及预测条件

(1)预测方法

本次矿井瓦斯涌出量预测采用常用的分源预测法。分源预测法的原理:根据煤层瓦斯含量和矿井瓦斯涌出的源汇关系(图 2-5),利用瓦斯涌出源的瓦斯涌出规律,并结合煤层的赋存条件和开采技术,通过对回采工作面和掘进工作面的瓦斯涌出量进行分析和计算,达到预测采区和矿井瓦斯涌出量的目的。

(2)预测条件

9105 回采工作面采用全部垮落法管理顶板,工作面日产量 5 727 t/d,该区域煤层瓦斯含量最大值为 10 m³/t(根据绘制的瓦斯含量等值线图取值)。

2.3.2 回采工作面瓦斯涌出量预测

回采工作面瓦斯涌出量包括开采层瓦斯涌出量和邻近层瓦斯涌出量两部分。

$$q_采 = q_1 + q_2$$

(2-2)

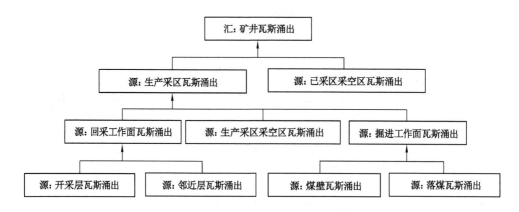

图 2-5　矿井瓦斯涌出源汇关系示意图

式中　$q_采$——回采工作面瓦斯涌出量，m^3/t；

　　　q_1——开采层瓦斯涌出量，m^3/t；

　　　q_2——邻近层瓦斯涌出量，m^3/t。

2.3.2.1　开采层瓦斯涌出量

开采层瓦斯涌出量按下式计算：

$$q_1 = K_1 K_2 K_3 \frac{m}{M}(W_o - W_c) \tag{2-3}$$

式中　q_1——开采煤层相对瓦斯涌出量，m^3/t。

　　　K_1——围岩瓦斯涌出系数，1.1～1.3。采用全部陷落法管理顶板，碳质组分较多的围岩，K_1 取 1.3；采用局部充填法管理顶板，K_1 取 1.2；采用全部充填法管理顶板，K_1 取 1.1；砂质泥岩等致密性围岩，K_1 取值可偏小；9105 工作面顶板管理采用全部陷落法，故 $K_1=1.3$。

　　　K_2——工作面丢煤瓦斯涌出系数，其值为工作面回采率的倒数，即 $K_2=1/\eta$（η 为工作面回采率，η 取 0.85），取 $K_2=1/0.85=1.18$。

　　　K_3——采区内准备巷道预排瓦斯对工作面煤体瓦斯涌出的影响系数，$K_3=(L-2h)/L$。

　　　L——工作面长度，$L=150$ m。

　　　h——巷道瓦斯预排等值宽度，3# 煤层为贫煤，按巷道平均暴露 150 d 考虑，取 $h=14.2$ m，$K_3=0.81$。

　　　m——开采层厚度，取 6.82 m。

　　　M——工作面采高，取 6.82 m。

　　　W_o——煤层瓦斯含量，根据绘制的瓦斯含量等值线图取最大值，m^3/t。

　　　W_c——运出矿井后煤的残存瓦斯含量，m^3/t。3# 煤层挥发份平均值为 16.67%，从而纯煤残存瓦斯含量取值范围为 3～4 m^3/t，取 3.5 m^3/t。3# 煤层水分平均值为 0.85%，灰分平均值为 10.13%，因此原煤残存瓦斯含量取 3.5 m^3/t。

9105 工作面开采层瓦斯涌出量预测结果见表 2-14。

表 2-14　开采层瓦斯涌出量预测结果

采区	回采工作面编号	日产量/t	排放带宽度/m	K_1	K_2	K_3	瓦斯含量/(m³/t)	残存瓦斯含量/(m³/t)	相对涌出量/(m³/t)
9	9105	9 303	14.2	1.3	1.18	0.81	10	3.5	8.56

2.3.2.2　邻近层瓦斯涌出量

邻近层瓦斯涌出量按下式计算：

$$q_2 = \sum_{i=1}^{n} (W_{oi} - W_{ci}) \frac{m_i}{M} \eta_i \tag{2-4}$$

式中　q_2——邻近层瓦斯涌出量，m³/t；

m_i——第 i 个邻近层煤层厚度，m；

M——工作面采高，m；

η_i——第 i 个邻近层瓦斯排放率，%；

W_{oi}——第 i 邻近层原始瓦斯含量，m³/t；

W_{ci}——第 i 邻近层煤层残存瓦斯含量，m³/t(参考 3# 煤层，取 3.12 m³/t)。

邻近层瓦斯排放率与层间距的关系曲线如图 2-6 所示。

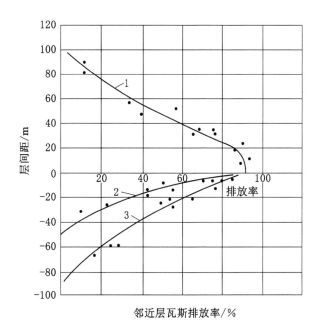

1—上邻近层;2—缓倾斜煤层下邻近层;3—倾斜、急倾斜煤层邻近层。

图 2-6　邻近层瓦斯排放率与层间距的关系曲线

开采层上邻近层瓦斯含量和残存量没有实测值的按开采层数据取值。下邻近层瓦斯含量按开采层瓦斯含量的 1.2 倍取值。邻近层瓦斯涌出量预测结果见表 2-15。

表 2-15 9105 工作面邻近层瓦斯涌出量预测结果

| 邻近层类型 | 邻近层编号 | 邻近层参数 | | | | 瓦斯排放率/% | 开采层采高/m | 相对瓦斯涌出量/(m³/t) |
		煤层厚度/m	瓦斯含量/(m³/t)	残存瓦斯含量/(m³/t)	距开采层距离/m			
上邻近煤层	1	0.20	10	3.12	34.11	68	6.82	0.137
	2	0.20	10	3.12	20.34	85	6.82	0.171
本煤层	3	6.82	10	3.12	—	—	—	—
下邻近煤层	5	0.36	12	3.12	18.41	36	6.82	0.169
	6	0.51	12	3.12	20.76	33	6.82	0.219
	7	0.54	12	3.12	30.26	20	6.82	0.141
	8	0.33	12	3.12	42.08	8	6.82	0.034
合计								0.870

2.3.2.3 回采工作面瓦斯涌出量

回采工作面瓦斯涌出量预测结果见表 2-16。

表 2-16 回采工作面瓦斯涌出量预测结果

| 工作面编号 | 日产量/t | 瓦斯涌出量 | | | | | |
| | | q_1（开采层） | | q_2（邻近层） | | q_1+q_2（回采面） | |
		m³/t	m³/min	m³/t	m³/min	m³/t	m³/min
9105	9 303	8.56	34.04	0.87	3.46	9.43	37.50

2.4 工作面瓦斯涌出量构成分析

根据 3# 煤层矿井瓦斯涌出量预测结果，回采工作面瓦斯涌出量构成见表 2-17。邻近层瓦斯涌出量构成见表 2-18。

表 2-17 回采工作面瓦斯涌出量构成 单位：m³/t

工作面编号	开采层瓦斯涌出量	邻近层瓦斯涌出量	回采瓦斯涌出量
9105	8.56（占 91%）	0.87（占 9%）	9.43

表 2-18 邻近层瓦斯涌出量构成 单位：m³/t

工作面编号	上邻近层瓦斯涌出量	下邻近层瓦斯涌出量	邻近层瓦斯涌出量
9105	0.308（占 35%）	0.562（占 65%）	0.87

（1）根据《矿井瓦斯涌出量预测方法》（AQ 1086—2006），采用分源预测法对 3# 煤层深部区域（30224 工作面）瓦斯含量进行了预测，预测结果为：工作面日产量为 5 727 t 时，回采工作面最大绝对瓦斯涌出量为 37.5 m³/min。

（2）根据预测结果，王庄煤矿 3# 煤层 9105 工作面瓦斯涌出量中，开采层瓦斯涌出量约占整个回采工作面瓦斯涌出量的 91％；邻近层瓦斯涌出量约占整个回采工作面瓦斯涌出量的 9％。在邻近层瓦斯涌出量中，上邻近层瓦斯涌出量约占整个邻近层瓦斯涌出量的 35％；下邻近层瓦斯涌出量约占整个邻近层瓦斯涌出量的 65％。

2.5　本章小结

王庄煤矿所采煤层开采深度均超过 500 m，深部低渗透煤层基础参数对后续煤层的安全开采十分重要。本章主要对低渗透煤层的主要瓦斯参数及其涌出量进行了预测分析，分析了工作面的瓦斯构成，提出了该矿开采层瓦斯涌出量约占整个回采工作面瓦斯涌出量的 91％；邻近层瓦斯涌出量约占整个回采工作面瓦斯涌出量的 9％。

3　松软煤层巷道变形破坏的力学机制研究

3.1　矿井地应力及其分布规律

采用地质力学分析区域的地质构造，只能定性分析该区域的构造应力方向，不能得到准确的量值，也不能为工程设计提供可靠的依据。而要确定一个地区地应力的量值，最好的方法就是现场原位测量，这样不仅可以对以前的力学分析进行验证，还对工程建设具有重要的意义。原岩应力测量可以帮助工程技术人员正确认识岩石的力学性能，从而充分利用和发挥围岩的自承能力，合理利用岩体应力状态中的有利方面，克服不利方面，使工程设计更加安全、经济和合理。

目前地应力测量得到了大力发展，测量方法有二十多种，测量仪器有上百种。其中最具有代表性且比较成熟的五种方法由国际岩石力学学会(ISRM)试验专业委员会于 1987 年通过规范——《岩石应力测定的建议方法》规定，分别是扁平千斤顶法、孔径变形法、水压致裂法、孔壁应变法和空芯包体应变法。应力解除法和水压致裂法是国际岩石力学学会于 2003 年推荐的两种地应力测量方法。

应力解除法的测试深度相对较浅，需要足够的地下巷道以容纳设备，但该方法能够在钻孔中一次测得 6 个应力分量，属于三维应力测量方法，特别适用于已建矿山。从理论上来讲，水压致裂法没有测试深度限制，特别适用于矿山初期勘探阶段，但其所测得结果并非真正意义上的三维地应力值。因此，本次王庄煤矿地应力测量采用空芯包体应力解除法。

3.1.1　空芯包体地应力测量方法

3.1.1.1　空芯包体地应力测量相关设备

空芯包体地应力测量相关设备(图 3-1)包括：

(1) KX-2002 型空芯包体应力计；

(2) KBJ 型智能数字应变仪；

(3) KX-2002 型传感器围压率定仪；

(4) KX-2002 型定向仪；

(5) 洗孔器、挟正器等配件；

(6) 安装杆；

(7) 专用 ϕ130 mm 薄壁金刚石取芯钻头；

(8) 专用 ϕ130 mm 平金刚石钻头；

(9) 专用 ϕ130 mm 尖金刚石钻头；

（10）钻测量孔金刚石钻头（ϕ36 mm）；

（11）数据处理软件。

图 3-1　空芯包体地应力测量相关设备

3.1.1.2　空芯包体应力计结构

空芯包体地应力测量所使用的应力计为最早于 1976 年由澳大利亚联邦科学与工业研究组织（CSIRO）首先研制的 CSIRO 型空芯包体应力计。它是一种利用孔壁应变法进行地应力测量的仪器，可以在单孔中通过一次套芯得到该点的三维应力状态，其具有使用方便、安装简单、成本低、效率高等优点。

空芯包体应力计的主体是一个用环氧树脂制成的空芯圆筒（图 3-2），其外径为 36 mm，中间部位沿同一圆周等间距（120°）嵌埋着 3 组电阻应变片，每组应变片由 4 只应变片组成，相互间隔 45°。应力计的工作长度为 180 mm，可安装在直径为 36～38 mm 的小孔中。

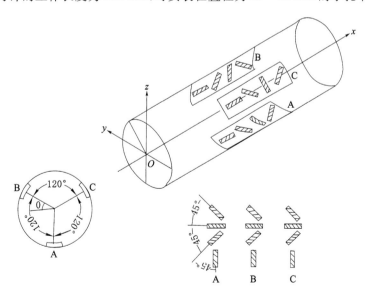

图 3-2　应变花位置（A、B、C 为三组应变片）

图 3-3 为 KX-2002 型空芯包体应力计实物图。如图 3-4 所示,环氧树脂圆筒有一个内腔,用来装黏结剂,另有一个环氧树脂柱塞。使用时,将圆筒内腔装满黏结剂,然后将柱塞插入内腔约 1.5 cm 深处,用固定销将其固定,柱塞的另一端有一导向定位头,以便应力计顺利安装在小孔中设计位置处。将应力计送入钻孔中预定位置后,用力推动安装杆可使固定销切断,继续推进可使黏结剂经柱塞小孔流出,进入应力计和小孔孔壁之间的空隙,待黏结剂固化后,应变计与孔壁牢固地胶结在一起。该空芯包体应力计通过单孔就可以比较准确地测定一点的三维原岩应力状态。

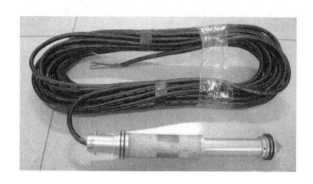

图 3-3 KX-2002 型空芯包体应力计实物图

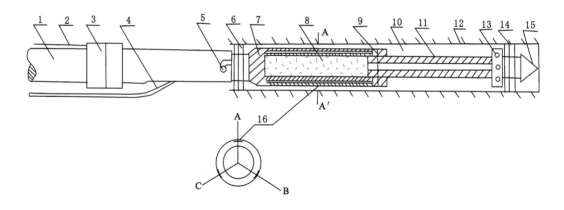

1—安装杆;2—定向器导线;3—定向器;4—读数电缆;5—定向销;6—密封圈;

7—双氧树脂筒;8—空腔;9—固定销;10—应力计与孔壁之间的孔隙;11—柱塞;12—岩石钻孔;

13—出胶孔;14—密封圈;15—导向头;16—应变花。

图 3-4 KX-2002 型空芯包体三轴地应力计结构示意图

这种以环氧树脂为基质的空芯包体应力计的突出优点是安装简便迅速,成功率和可靠性高。应变计和孔壁在相当大的面积上胶结在一起,因此胶结质量好,而且胶结剂还可以注入应变计周围岩体中的裂隙、缺陷,提高岩石整体性,从而具有较好的防水性能。因此,空芯包体应力计已成为世界上最广泛采用的一种地应力解除测量仪器。

3.1.1.3 空芯包体地应力测量原理

现场测量原始地应力就是通过现场测试确定岩体的三维应力状态。岩体中一点的应力状态可由选定坐标系中的 6 个分量(σ_x,σ_y,σ_z,τ_{xy},τ_{yz},τ_{zx})来表示,如图 3-5 所示。一般情况下,地应力的 6 个应力分量非 0,处于相对静止的平衡状态,无法直接得知。因此任何一种实测方法都是通过扰动(打钻孔),打破原有应力状态,在从一种平衡状态到新的平衡状态的过程中对应力进行间接测量。

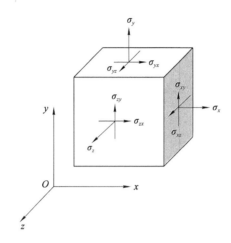

图 3-5　岩体中一点的应力状态(6 个应力分量)

　　力或应力最直观的物理效应是产生应变和位移。可以通过应变和位移传感器将岩体的应变和位移记录下来。根据岩石的本构关系,即应力-应变关系,建立相应的力学计算模型,由观测到的应变或位移就能计算出地应力的 6 个分量或者 3 个主应力的大小和方向。

　　由此可见:现场地应力的测量过程本质上是应变或位移的测量过程。只要具备精巧、完备和先进的测量仪器和技术,就可精确获得应变和位移。而地应力结果的准确获得不仅要依靠可靠的实测应变数据,还有赖于力学模型和由此推演的地应力分量的解算公式。因为地应力值最终根据实测应变值可通过岩石的本构关系计算求得。

　　应力解除技术是改变岩体应力状态,使岩体产生应变响应的简捷方法。钻孔应力解除技术是指通过对一段岩石取芯(套芯技术)并将其从周围岩体施加给它的应力场内隔离出来。

　　设地下某一点的应力为(σ_x,σ_y,σ_z,τ_{xy},τ_{yz},τ_{zx}),主应力为(σ_1,σ_2,σ_3),与大地坐标系 $xOyz$ 的关系用 9 个方向余弦或 9 个夹角可以完全确定。但在实测中,钻孔与岩层和大地坐标总会成某一角度(仰角或俯角)。设 $xOyz$ 为钻孔坐标系,该坐标系中的地应力是实测地应力。因此,只要确定了两套坐标系之间的关系和实测地应力的全部分量,通过坐标变换就可得到 $xOyz$ 坐标系下的应力分量,并由此求得主应力的大小和方向。

　　根据空芯包体应力计所测量应力解除过程中的应变数据计算地应力的公式为:

$$\varepsilon_\theta = \frac{1}{E}\{(\sigma_x+\sigma_y)k_1 + 2(1-\nu^2)[(\sigma_y-\sigma_x)\cos 2\theta - 2\tau_{xy}\sin 2\theta]k_2 - \nu\sigma_z k_4\}$$

$$\varepsilon_z = \frac{1}{E}[\sigma_z - \nu(\sigma_x+\sigma_y)]$$

$$\gamma_{\theta z} = \frac{4}{E}(1+\nu)(\tau_{yz}\cos\theta - \tau_{zx}\sin\theta)k_3$$

式中，ε_θ，ε_z，$\gamma_{\theta z}$ 分别为空芯包体应力计所测得的环向应变、轴向应变和剪切应变值。

K 系数计算公式：

$$k_1 = d_1(1-\nu_1\nu_2)\left(1-2\nu_1+\frac{R_1^2}{\rho^2}\right)+\nu_1\nu_2$$

$$k_2 = (1-\nu_1)d_2\rho^2 + d_3 + \nu_1\frac{d_4}{\rho^2} + \frac{d_5}{\rho^4}$$

$$k_3 = d_6\left(1+\frac{R_1^2}{\rho^2}\right)$$

$$k_4 = (\nu_2-\nu_1)d_1\left(1-2\nu_1+\frac{R_1^2}{\rho^2}\right)\nu_2+\frac{\nu_1}{\nu_2}$$

式中，

$$d_1 = \frac{1}{1-2\nu_1+m^2+n(1-m^2)}$$

$$d_2 = \frac{12(1-n)m^2(1-m^2)}{R_2^2 D}$$

$$d_3 = \frac{1}{D}\left[m^4(4m^2-3)(1-n)+x_1+n\right]$$

$$d_4 = \frac{-4R_1^2}{D}\left[m^6(1-n)+x_1+n\right]$$

$$d_5 = \frac{3R_1^4}{D}\left[m^4(1-n)+x_1+n\right]$$

$$d_6 = \frac{1}{1+m^2+n(1-m^2)}$$

$$n = G_1/G_2$$

$$m = R_1/R_2$$

$$D = (1+x_2n)\left[x_1+n+(1-n)(3m^2-6m^4+4m^6)\right]+$$
$$(x_1-x_2n)m^2\left[(1-n)m^6+(x_1+n)\right]$$

$$x_1 = 3-4\nu_1$$

$$x_2 = 3-4\nu_2$$

式中，R_1 为空芯包体内半径；R_2 为安装小孔半径；G_1，G_2 为空芯包体材料环氧树脂和岩石的剪切模量；ν_1，ν_2 为空芯包体材料环氧树脂和岩石的泊松比；ρ 为电阻应变片在空芯包体中的径向距离。

3.1.2 地应力测点的选择

地应力测点选择应遵守下列原则：

① 由于地应力测量计算是以线弹性理论为基础的，所以应将测点布置在完整或尽量完整的岩体内，一般要远离断层，避开岩石破碎带和断裂发育带；

② 尽量远离较大开挖体，如大的采空区大洞室等；

③ 避开巷道和采场的弯、拐、叉、顶部等应力集中区，保证应力测点必须位于原岩应力

区,即原岩应力状态不受工程扰动的地区;

④ 为了研究地应力状态随深度变化的规律,测点应尽量布置在多个水平上;

⑤ 为了研究地应力对特定巷道布置的影响,测点应尽量靠近这些区域;

⑥ 钻孔至少应有 3°～5°的仰角,以便排水;

⑦ 对于所选测点,不但水、电供应方便,而且要有足够的空间以容纳钻机。

王庄煤矿具备施工条件的巷道全部为煤巷,但采用空芯包体应力解除法测试煤层地应力精度较低(煤体强度低,整体性差,不利于地应力测量)。采取在煤巷中打孔,仰角 30°,钻孔打至顶板稳定岩层中的方法,实现在稳定岩层中精确测量原岩地应力。

根据以上原则,结合王庄煤矿实际工程地质条件,确定了地应力测点位置为 9105 工作面运输巷道实体煤侧帮,距离＋540 m 水平胶带巷道 936 m,距离底板 3 m,仰角 30°,钻孔深度 20 m,如图 3-6 和图 3-7 所示。9101 工作面回风巷道实体煤侧帮,距离＋540 m 水平胶带巷道 750 m,距离底板 3 m,仰角 30°,钻孔深度 20 m,如图 3-8 和图 3-9 所示。测试钻孔具体参数见表 3-1。

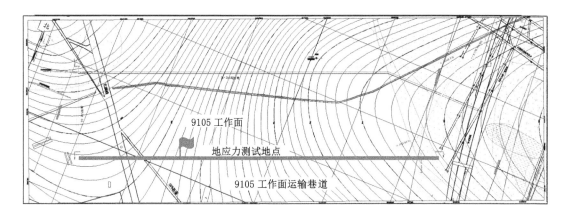

图 3-6　9105 工作面运输巷道地应力测点位置平面图

3.1.3　地应力测量步骤

根据空芯包体应力计的原理,具体的现场测量步骤(图 3-10)如下:

(1) 使用煤炭科学研究总院西安研究院生产的液压钻机,配 ϕ73 mm 钻杆,并加工制作与王庄煤矿钻机和钻杆匹配的连接件,运用特制的取芯套筒(长 1.2 m,ϕ130 mm)及钻头(ϕ130 mm),在所测巷道壁上打直径 130 mm 的水平钻孔,至巷道跨度的 2～3 倍深度处,以保证应力计安装于原岩应力区。钻孔上倾 30°,以便冷水流出且易于清洗钻孔。

(2) 用平钻头将孔底磨平,并用锥形钻头打出喇叭口,然后从孔底打直径 36 mm 的同心小孔,小孔深 35～40 cm。打好小孔后,用水冲洗干净,再用酒精或丙酮擦洗。

(3) 安装应力计。在安装应力计之前做好准备工作,包括黏结剂的配制、钻孔深度的计算、安装深度的控制等。准备工作就绪后,将黏结剂注入应力计的内腔,固定柱塞,用带有定向器的安装杆将空芯包体应力计送到小孔中预定位置,推断固定销,将黏结剂从应力计内腔挤入应力计与小孔之间的间隔中,待黏结剂固化后,记录应力计的偏角以及钻孔的方位和

序号	顶底板	层厚/m	柱状 1∶200	岩石名称	岩 性 描 述
1	基本顶	$\dfrac{2.35\sim8.5}{5.5}$		砂质泥岩	浅灰黑色,薄层状,断口不平,砂泥质结构,含砂量由上到下逐渐减少
2	直接顶	$\dfrac{3.3\sim6.7}{5.0}$		泥岩	灰黑色,块状,性脆,含植物化石
3		$\dfrac{7.85\sim8.2}{}$		3#煤	
4	直接底	$\dfrac{9.35\sim9.6}{9.48}$		泥岩	黑色块状,泥质结构,断口平坦,具有滑面
5	老底	$\dfrac{}{3.78}$		砂质泥岩	灰黑色,块状,砂泥质结构

图 3-7　9105 工作面岩层柱状图

倾角。

(4) 待黏结剂固化后(一般大于 10 h),即可进行应力解除试验。在解除之前,将应力计电缆依次穿过钻杆孔、钻机、注水三通管,最后接上电阻应变计,然后注水,这时应力计读数会有所变化,待读数稳定后对电阻应变计进行调零,再开始进尺。在套芯过程中进行监测,每隔 3 cm 读数一次,待读数不随进尺变化时停止套芯。套芯结束后,取出含有应力计的岩芯。

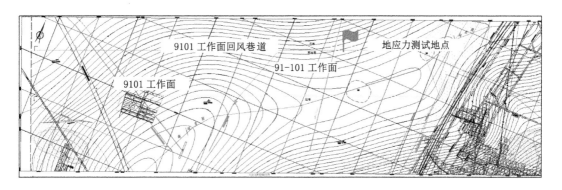

图 3-8　9101 工作面运输巷道地应力测点位置平面图

序号	顶底板	层 厚 /m	柱 状 1：200		岩石名称	岩 性 描 述
1	基本顶	3.3～5.9 4.19			细粒砂岩	灰白色，块状，长石、石英为主，钙质胶结，裂隙发育，含白云母
2	直接顶	2.45～6.4 4.62			泥岩	黑色，块状，泥质结构，断口不平坦，含植物化石
3		6.25～6.45 6.38			3#煤	
4	直接底	1.8～8.45 4.6			砂质泥岩	黑色，块状，质较硬，断口不平坦，分选性差
5	老底	1.5～8.6 4.68			泥岩	深灰色，泥质结构，长石、石英为主，以黏土矿物为主，含植物化石

图 3-9　9101 工作面岩层柱状图

表 3-1　地应力测点钻孔技术特征表

测点	岩性	位置	钻孔特征		
			孔深/m	方位角	倾角/(°)
1#	泥岩	9105 工作面运输巷道	20	北偏西 22°	30
2#	泥岩	9101 工作面回风巷道	17	北偏西 22°	30

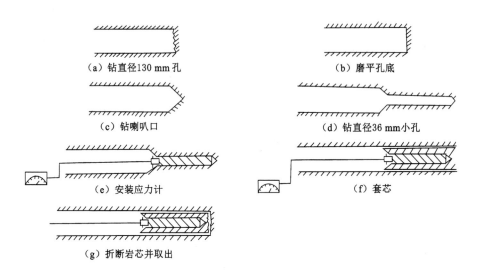

（a）钻直径130 mm孔　　　（b）磨平孔底

（c）钻喇叭口　　　（d）钻直径36 mm小孔

（e）安装应力计　　　（f）套芯

（g）折断岩芯并取出

图 3-10　现场地应力测量步骤

现场测试中所用应变仪为北京泰瑞金星仪器有限公司研制的 KBJ 型智能数字应变仪，该应变仪是 14 通道空芯包体应力计专用仪器，测试精度达 0.1%，是目前国内应力检测仪器中精度较高的产品。安装空芯包体探头的定位器（图 3-11）及测试岩芯弹性模量和泊松比的率定器均为中国地质科学院地质力学研究所研制。

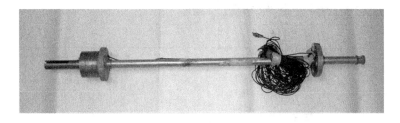

图 3-11　安装空芯包体探头的定位器

地应力现场测量的准备工作并不多，仅需要提供一个能容纳钻机以及便于操作和观测的普通洞室。所需设备也比较简单：一台普通的地质钻机和必需的专用钻具，如锥形钻头、变径接头、取芯管等。但是，地应力测量是一项十分精细的工作，任何失误都可能导致观测失败。除需要精确的传感器和数据采集系统外，对钻孔的平直度、孔径偏差、大小孔的同心度都有很高的要求，且对井下各个环节的操作要求很高，如钻机运行的平稳性和钻进速度等，最主要的还是测试地点。

3.1.4 地应力测量结果

按照前述地应力测量步骤,现场施工钻孔后(图 3-12),将包体安装在小孔之内,待 10 h 之后环氧树脂完全固化,包体与周围岩体胶结在一起,利用 φ130 mm 薄壁钻头进行套芯解除,岩芯因为周围压力解除会弹性恢复,包体应变片就会产生相应的变化。每次解除进尺 3 cm,然后读数,直到解除进尺超过包体工作长度,得到仪器读数与解除深度的变化曲线,称为应力解除曲线。9105 工作面运输巷道和 9101 工作面回风巷道地应力测点应力解除曲线如图 3-13 所示。

（a）9101 工作面钻孔施工　　　　　　　（b）9105 工作面套芯接触过程

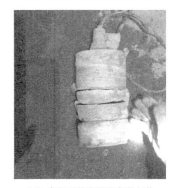

（c）空芯包体应力接触过程中数据采集　　　（d）套芯后的岩芯和空芯包体

图 3-12　部分现场施工照片

从理论上讲,每个应变片的解除曲线都有三个主要阶段:钻头到达应变片前的稳定应变曲线、钻头穿过应变片时的渐变应变曲线、钻头穿过应变片后的平稳应变曲线。

根据获得的应力解除曲线可以得到以下规律:每一组应力解除曲线基本上可以分为三部分:无应力影响区、应力弹性释放区和应变稳定区;在套孔应力解除过程中,在套孔应力解除深度未达到测量断面(即应变片所在位置)时各应变片所测得的应变值一般是较小的,某些应变片甚至测得负的应变值,这是套孔引起应力转移的结果,相当于开挖效应。当套孔应力解除深度接近测量断面时,曲线最终都向正方向变化。最大的应变值发生在套孔钻头通过测量断面附近的时候。当套孔应力解除深度超过测量断面一定距离后,应变值逐渐稳定下来。将最终的稳定值作为计算地应力的原始数据。

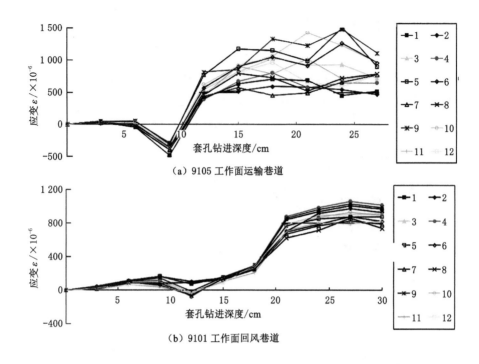

（a）9105 工作面运输巷道

（b）9101 工作面回风巷道

1-12—测点。

图 3-13　9105 工作面运输巷道和 9101 工作面回风巷道地应力测点应力解除曲线

图 3-13 中,横坐标是小钻孔的深度,也就是应力解除过程中套孔的钻进深度,纵坐标是空芯包体应变计的应变读数。

套孔应力解除取出的带包体岩芯如果非常完整且未出现破裂,则可以用弹模率定器进行弹性参数率定。通常在现场进行围压率定试验,即将岩芯放进围压率定机中,然后在岩芯上施加围压,随着压力的变化,仪器读数也跟着变化,从而可作出压力与仪器读数的关系曲线,称为率定曲线。此曲线可用以判断孔中各探头是否处于正常工作状态,有利于综合判定原始资料的可靠性。从率定结果可以求出岩石的弹性模量和泊松比。如果岩芯破碎,不能取到完整岩芯,可以从现场取离测点最近的大孔岩芯在实验室加工成标准试件,通过室内试验测得其弹性常数。王庄煤矿地应力测点岩石力学参数见表 3-2。

表 3-2　王庄煤矿地应力测点岩石力学参数表

测点位置	单轴抗压强度/MPa	弹性模量/MPa			泊松比
		垂直层理	平行层理	+45°	
9105 工作面运输巷道	15.1	13 064	9 103	5 021	0.27
9101 工作面回风巷道	11.6	14 983	10 964	6 992	0.265

根据实测的应变数据、测点岩石力学参数和钻孔的几何参数,由地应力计算机软件可计算得出该测点的地应力分量及主应力的大小和方向。王庄煤矿地应力测量结果汇总见表 3-3。

表 3-3　王庄煤矿地应力测量结果汇总表

测点位置	主应力				垂直应力 σ_v/MPa
		主应力/MPa	方位角/(°)	倾角/(°)	
9105 工作面运输巷道	σ_1	15.42	125.6	6.8	9.9
	σ_2	11.91	−121.1	78.3	
	σ_3	7.74	−157.9	−9.4	
9101 工作面回风巷道	σ_1	16.51	115.1	2.7	10.7
	σ_2	12.39	−144.9	81.2	
	σ_3	8.92	−151.6	−3.5	

通过分析上述表中数据,可以总结得出如下结论:

(1) 9105 工作面运输巷道处,地应力最大主应力 σ_1 的方向是北偏西 54.4°,$\sigma_1 =$ 15.42 MPa。

(2) 9101 工作面回风巷道处,地应力最大主应力 σ_1 的方向是北偏西 64.9°,$\sigma_1 =$ 16.51 MPa。

从地应力测量结果可以得出如下规律:

① 最大主应力与水平面的夹角平均为 4.75°,接近水平。

② 通常利用水平最大主应力与垂直应力的比值研究各测点构造应力场的特征,σ_1/σ_v 分别为 1.56、1.54,平均值为 1.55,这说明该区域地应力场以水平构造应力为主。

3.2　高侧压松软煤层超长巷道布置及主要问题

王庄煤矿后备采区所在的 91 采区,南和北均为未采区域,西接 +540 m 水平胶带大巷,地面标高 +903～+932 m,工作面标高为 +377～+520 m,开采深度为 +412～+555 m,平均为 +485 m。为了适应高瓦斯浓度矿井开采需要,整个 91 采区共布置 5 条大巷,其中胶轮车辅助运输大巷 1、胶轮车辅助运输大巷 2 均沿 $3^\#$ 煤层底板布置,胶带运输大巷、回风大巷 1 和回风大巷 2 均沿 $3^\#$ 煤层顶板布置,服务于 81 采区和 91 采区。服务于 9105 工作面开采的主要有 3 条大巷,分别为 +540 m 水平胶带大巷、+540 m 水平胶轮车大巷、+540 m 水平回风大巷。

根据已掘进的 9105 工作面巷道观测,巷道变形主要存在以下问题:

(1) 王庄煤矿 91 采区煤层埋深大,普遍在 +480 m 左右,比王庄煤矿以前开采的煤层埋深均要大,同时其主采 $3^\#$ 煤层坚固性系数为 0.6～0.8,属于深埋松软煤层。

(2) 巷道受复杂应力的影响。根据项目组前期的研究,该区域地应力普遍为 $\sigma_1/\sigma_v =$ 1.55,即该区域地应力场以水平构造应力为主。表明该工作面巷道围岩受水平主应力的影响,同时受采动影响,上述水平应力叠加,使巷道受到一定的高侧压影响。

(3) 王庄煤矿变形巷道,主要以底鼓类巷道变形较为明显,同时伴随着巷道两帮内挤。

(4) 王庄煤矿后备的 91 采区,根据掘进的巷道观测,小断层较多,围岩整体性差,围岩普遍为泥岩或松散破碎岩体,不利于巷道围岩稳定。

(5) 王庄煤矿 9105 工作面由于推进距离达 3 500 m 以上,服务时间长,且上述水平应力和围岩破碎,因此在巷道设计时应考虑 O 形支护。

3.3 高侧压引起的巷道底鼓机理

进入深部开采后,底鼓量占据巷道变形量的主要部分。目前巷道底鼓一般分为挤压流动性底鼓、挠曲褶皱性底鼓、剪切错动性底鼓。巷道底鼓变形主要与围岩应力、底板岩性、破碎程度、水理性质有关。王庄煤矿目前开采深度普遍在+480～+500 m 之间。矿井应力较高,且以水平应力为主(91 采区水平应力约为垂直应力的 1.5 倍甚至更高)。巷道底板发生底鼓,影响巷道的运输、通风、供排水功能,缩短巷道服务年限,制约矿井的安全生产。下面从两个方面来分析王庄煤矿产生底鼓与水平应力的关系。

3.3.1 高侧压巷道底鼓产生的力学机制

当巷道位于矿山深部高侧压系数的应力场中时,其受到的水平应力大于垂直应力,底脚处出现应力集中现象,导致底板受到两帮的轴向挤压作用,沿其裸露面产生弯曲变形。当水平应力增大到一定程度,底板开始向裸露面发生形变,从而产生底鼓。将底板受水平应力挤压变形简化为受轴向力作用的板状材料力学模型,如图 3-14 所示。

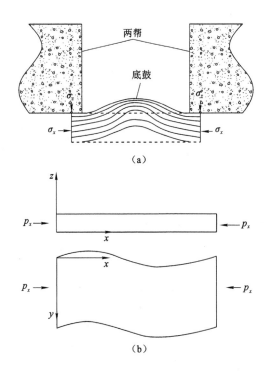

图 3-14 底板弯曲示意图

底板压曲微分方程为:

$$D \nabla^4 \omega - \left(N_x \frac{\partial^2 \omega}{\partial x^2} + 2N_{xy} \frac{\partial^2 \omega}{\partial x \partial y} + N_y \frac{\partial^2 \omega}{\partial y^2} \right) = 0 \tag{3-1}$$

式中, D 为弯曲刚度; ω 为底板挠度; N 为中性面应力。

应力表达式为:

$$
\begin{cases}
\sigma_x = -\dfrac{P_x}{t} \\[2mm]
\sigma_y = -\dfrac{\mu P_x}{t} \\[2mm]
\tau_x = 0
\end{cases}
\tag{3-2}
$$

底板两侧中性面应力为:

$$
\begin{cases}
N_x = P_x \\
N_y = -\mu P_y \\
N_{xy} = 0
\end{cases}
\tag{3-3}
$$

考虑 ω 仅与 x 有关:

$$
D\frac{\mathrm{d}^4\omega}{\mathrm{d}x^4} + Px\frac{\mathrm{d}^2\omega}{\mathrm{d}x^2} = 0
\tag{3-4}
$$

挠度表达式为:

$$
\omega = \sum_{m=1}^{\infty} A_m \sin\frac{m\pi x}{l}
\tag{3-5}
$$

联列式(3-4)和式(3-5),底板压曲微分方程为:

$$
\sum_{m=1}^{\infty} A_m\left(\frac{Dm^4\pi^4}{l^4} - \frac{P_x m^2\pi^2}{l^2}\right)\sin\frac{m\pi x}{l} = 0
\tag{3-6}
$$

临界压曲条件为:

$$
\frac{Dm^4\pi^2}{l^4} - \frac{P_x m^4\pi^2}{l^2} = 0
\tag{3-7}
$$

令 $m=1$,解得临界面力 $P_{x\max}$ 为:

$$
P_{x\max} = -\frac{\pi^2 D}{l}
\tag{3-8}
$$

临界状态底板应力为:

$$
\begin{cases}
\sigma_x = -\dfrac{\pi^2 D}{tl^2} \\[2mm]
\sigma_y = -\dfrac{\mu\pi^2 D}{tl^2} \\[2mm]
\sigma_z = \tau_{xy} = \tau_{yz} = \tau_{zx} = 0
\end{cases}
\tag{3-9}
$$

式中, D 为底板弯曲刚度; t 为变形厚度; l 为底板长度。

当底板两侧面力 P_x 大于 $P_{x\max}$ 时,底板底鼓。

图 3-15 为底鼓量计算简图,底板底鼓量一般按下式估算:

$$
u_{\mathrm{v}} = \frac{\sqrt{2u_s l - u_s^2}}{2}
\tag{3-10}
$$

式中, l 为巷道宽度; u_s 为两帮移近量; u_{v} 为最大底鼓量。

3.3.2 三维地应力与巷道底鼓的关系

由于地质构造运动等原因使地壳产生了内应力效应,这种应力称为地应力,是地壳应力

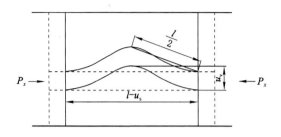

图 3-15　底鼓量计算简图

的统称。地应力是存在于地层中的未受工程扰动的天然应力,也称为岩体的初始应力、绝对应力。地应力广义上是指地球体内的应力,包括由地热、重力、地球自转速度变化及其他因素产生的应力。在地下开挖巷道后,巷道所在位置及其附近的初始地应力受到扰动,巷道围岩应力达到新的平衡后的应力状态(二次应力)。

初始应力状态:地应力的形成主要与地球的各种运动过程有关,包括板块边界受压、地幔热对流、地球内部应力、地心引力、地球旋转等,其中构造应力场和重力应力场是地应力的主要组成部分。

地层中的二次应力状态是指巷道在开挖形成孔洞以后地层的应力状态。

通常认为对软岩变形产生影响的构造应力机制、重力机制、工程偏应力和结构变形机制等本质上都属于三维地应力机制。地应力对软岩变形的影响体现在许多方面,工程上许多措施,例如确定合理的巷道走向和设计合理的巷道断面都减小地应力对软岩巷道变形的影响。

3.3.2.1　巷道周边应力随最大主应力与巷道走向 α 变化的规律

当 $\theta = 0°$ 时,

$$\begin{cases} \sigma_\theta = -\sin^2\alpha(\sigma_1 - \sigma_3) + 3\sigma_2 - \sigma_3 \\ \sigma_z = \sigma_1 - \sin^2\alpha(1 + 2\mu)(\sigma_1 - \sigma_3) + 2\mu(\sigma_2 - \sigma_3) \\ \sigma_r = \tau_{r\theta} = \tau_{rz} = \tau_{\theta z} = 0 \end{cases} \tag{3-11}$$

α 由 0°递增到 90°时,σ_θ、σ_z 等压应力逐渐减小,但有可能出现拉应力。

当 $\theta = 45°$ 时,

$$\begin{cases} \sigma_\theta = \sin^2(\sigma_1 - \sigma_3) + \sigma_2 + \sigma_3 \\ \sigma_z = \sigma_1 - \sin^2\alpha(\sigma_1 - \sigma_3) \\ \tau_{\theta z} = \dfrac{\sqrt{2}}{2}\sin^2\alpha(\sigma_1 - \sigma_3) \\ \sigma_r = \tau_{r\theta} = \tau_{rz} = 0 \end{cases} \tag{3-12}$$

α 由 0°递增到 90°时,σ_θ 逐渐增大,而 σ_z 逐渐减小,$\tau_{\theta z}$ 却由 0 增大至最大,然后又减小到 0。

当 $\theta = 90°$ 时,

$$\begin{cases} \sigma_\theta = 3\sin^2\alpha(\sigma_1 - \sigma_3) - \sigma_2 + 3\sigma_3 \\ \sigma_z = \sigma_1 - \sin^2\alpha(1 - 2\mu)(\sigma_1 - \sigma_3) - 2\mu(\sigma_2 - \sigma_3) \\ \tau_{\theta z} = \sin^2\alpha(\sigma_1 - \sigma_3) \\ \sigma_r = \tau_{r\theta} = \tau_{rz} = 0 \end{cases} \tag{3-13}$$

α 由 0°递增到 90°时，σ_θ 先表现为拉应力，然后为压应力且逐渐增大，而 σ_z（压应力）逐渐减小；$\tau_{\theta z}$ 却由 0 增加到最大，然后又减小到 0。

因此，巷道周边径向应力与剪应力为 0。随着 α 增大，切向应力靠近帮部，压应力逐渐减小，可能出现拉应力；在靠近顶部当 α 较小时可能产生拉应力，变为压应力后逐渐增大。随着 α 增大，轴向应力逐渐减小，可能出现拉应力；剪应力 $\tau_{\theta z}$ 由 0 逐渐增大，当 $\alpha = 45°$时达到最大值，然后逐渐减小为 0。

3.3.2.2 巷道周边位移随 α 变化的规律

当 $\theta = 0°$时，

$$\begin{cases} u = \dfrac{(1+\mu)\alpha}{E}\left[2\sin^2\alpha(1-\mu)(\sigma_1 - \sigma_3) - (1-2\mu)\sigma_2 + 2(1-\mu)\sigma_3\right] \\ w = -\dfrac{1+\mu}{E}\alpha(\sigma_1 - \sigma_3)\sin^2\alpha \\ v = 0 \end{cases} \tag{3-14}$$

α 由 0°递增到 90°时，径向位移逐渐增大。轴向位移绝对值由 0 增至最大，然后逐渐减小到 0。

当 $\theta = 45°$时，

$$\begin{cases} u = \dfrac{1+\mu}{2E}\alpha\left[\sin^2\alpha(\sigma_1 - \sigma_3) + \sigma_2 + \sigma_3\right] \\ w = -\dfrac{\sqrt{2}(1+\mu)}{E}\alpha\sin^2\alpha(\sigma_1 - \sigma_3) \\ v = -\dfrac{(1+\mu)(3-4\mu)\alpha}{2E}\left[\sin^2\alpha(\sigma_1 - \sigma_3) - \sigma_2 + \sigma_3\right] \end{cases} \tag{3-15}$$

α 由 0°递增到 90°时，径向位移逐渐增大。轴向位移绝对值由 0 增至最大，然后逐渐减小到 0；切向位移逐渐减小到 0，之后变为正值并逐渐增大。

当 $\theta = 90°$时，

$$\begin{cases} u = \dfrac{(1+\mu)\alpha}{E}\left[-\sin^2\alpha(1-2\mu)(\sigma_1 - \sigma_3) + (1-\mu)\sigma_2 - (1-2\mu)\sigma_3\right] \\ w = v = 0 \end{cases} \tag{3-16}$$

α 由 0°递增到 90°时，径向位移逐渐减小，并有可能成为负值。

因此，随着 α 增大，巷道周边径向位移 u 在帮部逐渐增大，在顶部逐渐减小。切向位移 v 随着 α 增大，位移量逐渐减小到 0 后改变方向并逐渐增大。轴向位移 w 随着 α 增大，位移量绝对值由 0 逐渐增大，$\alpha = 45°$时达到最大值，然后逐渐减小为 0。

根据对王庄煤矿地应力的研究，从应力分布来看，大主应力方向为南东东-北西西向，体现了区域南东东-北西西向水平挤压应力场的分布特征。竖向主应力基本等于上覆岩层自重，最大主应力为水平方向，最大主应力与最小主应力的比值约为 1.9。结合本章研究成果，再次得出水平应力是巷道底鼓的主要原因。

3.4 高侧压下巷道变形力学机制

3.4.1 高侧压下巷道围岩的圈层结构理论

在高侧压下掘进巷道要保持巷道围岩的稳定,需要对围岩进行支护,以保持巷道围岩的力学平衡。在这种围岩应力场作用下,围岩将形成不同的圈层结构。

20世纪初就出现了太沙基理论和普氏压力拱结构理论,认为覆岩塌落拱内的松动岩体重力为作用在围岩-支护上的力。1934年新奥法主要创始人L. V. 拉布西维茨,认为充分利用围岩的自承能力和开挖面的空间约束作用,使支护结构与围岩体形成承载环,围岩自承能力是承载环稳定性的决定因素。随着研究的深入,越来越多的学者认为围岩发挥自身承载能力,在巷道稳定性维护中显得越来越重要,而支护只能承担较小部分的压力,主要作用是调动围岩自身承载能力。国内一些学者还尝试根据围岩次生应力场中的切向应力分布划分围岩力学支承层。如康红普根据切向应力集中提出关键承载圈理论,认为任何巷道围岩内均存在关键承载圈,承载圈内应力越大、厚度越小、分布越不规律、离巷壁越远,巷道越不易维护。康红普根据圆形巷道的弹塑性应力分布特征,认为切向应力1.5倍以上的应力范围为关键承载圈,通过公式推导出峰值点在巷壁、围岩内部等情况下关键承载范围的表达式,并分析抗剪强度参数和埋深等的影响,如图3-16所示。

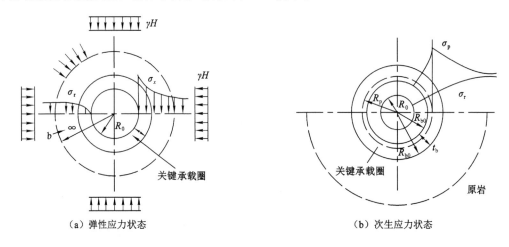

（a）弹性应力状态　　　　　　　　　　（b）次生应力状态

R_b—关键承载圈半径;R_{b0}—关键承载圈外半径;t_b—关键承载圈厚度;

R_0—巷道开挖半径;R_p—巷道塑性区半径。

图3-16　巷道围岩关键承载圈结构理论

方祖烈认为拉、压应力分布是软岩巷道围岩力学状态变化的一个重要特征,根据该特征提出主、次支承层协调作用理论,其中主支承层为压缩状态,次支承层为张拉状态,需要支护加固,主、次支承层的协调作用决定了巷道围岩的最终稳定。通过实测和相似模拟试验,认为围岩力学状态为张拉区域和压缩区域交替存在,进而提出主、次支承层协调作用概念,其中压缩区域为主支承层。田永山提出圈状围岩支承层,由内到外依次划分为压密承载圈、可塑性流动变形圈、原岩应力稳定圈。随后,余伟键、王卫军等根据深埋软弱围岩的锚喷网-锚索支护方式,提出由锚杆、密集锚索支护分别构成的主、次压缩拱,即叠加拱的承载力学模型。通过理论方法推导锚网喷＋锚索联合支护在巷道围岩力学中的具体体现,同时分析联合支护形成支承层受各因素的影响程度。李树清根据围岩次生应力场分布将围岩划分为内外支承层,认为破碎区中低于原岩应力的为内支承层,高于原岩应力的弹性区为外支承层,如图 3-17 所示,根据内、外支承层的力学-变形特性,理论研究内、外支承层的稳定性。

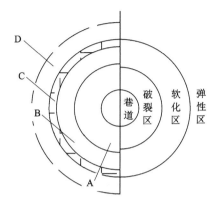

A—内支承层;B—内、外支承层之间的岩体;
C—塑性支承层;D—弹性支承层。

图 3-17　内、外双层支承层

3.4.2　高侧压巷道围岩的大、小结构理论

根据上述巷道主次承载圈层结构理论,并结合王庄煤矿 9105 工作面的围岩变形特点,认为 9105 工作面巷道在水平应力作用下巷道支护存在大、小结构。

煤层顶板在采动影响下产生断裂,回采工作面会出现初期和周期来压等矿压显现,上述基本顶岩层断裂作用在工作面回采巷道围岩,将出现超前支承压力。工作面巷道的围岩变形主要受上述岩层移动影响,因此工作面前方常需要超前支护。结合上述圈层结构理论,并考虑工作面顶板岩层移动规律,确定工作面岩层是巷道稳定的主结构,也称为大结构。工作面巷道主要是在顶板岩梁的控制下得以稳定,也就是工作面岩层结构承担了巷道围岩的主要压力,因此称之为主要结构或大结构。只要掌握大结构的力学性能,就能很好地控制巷道围岩稳定性。为了保证大结构和大结构局部围岩稳定,需要对巷道进行适当的支护,如锚喷支护、U 形钢架支护等。这部分支护与上述大结构相互协调,保证巷道稳定。将这种支护结构称为小结构。由此可见采场巷道的围岩稳定主要是指上述大、小结构的稳定。

上述大、小结构具有以下特性:

(1)作为控制巷道围岩稳定性的大结构的巷道支护小结构是上述大结构稳定的主要承载结构,一旦小结构失稳,大结构也随之失稳。

(2)如果遇到一侧为采空区的大、小结构巷道,那么采空区侧大结构支护的空顶面积大,顶板回转,采空区侧巷道支护急剧受载、下缩、变形、破损等。

3.4.3　采空区侧巷道围岩大、小结构关系

采空区侧巷道受采动影响所产生的荷载最大,该大结构具有很好的让压特征,能够承受

较大的变形。小结构中的锚杆支护系统使采空区侧巷道围岩能够承受较大变形而不失稳，继续保持小结构的锚杆支护系统作用，具有一定的让压特征。

考虑到大、小结构是一个空间结构，其结构的整体力学特征非常复杂。从巷道围岩的整体稳定性来考虑，采空区侧巷道围岩大结构无论是围岩本身特征，还是空间特征，都明显非平衡；同样，小结构锚杆支护也受到不平衡荷载作用，保证小结构本身的稳定是采空区侧巷道围岩稳定的关键。

3.4.4 工作面端头区对高侧压巷道围岩稳定性的影响

3.4.4.1 直接顶对采空侧巷道顶板稳定性的影响

回采工作面从开切眼开始向前推进，直接顶悬露面积将增大，达到其极限跨距时开始垮落。直接顶在垮落前的变形一般相对上覆基本顶变形大，容易出现直接顶与基本顶间的离层。当直接顶垮落后，上述巷道附近工作面端头区的基本顶也将发生破断失稳，破断后的基本顶沿着工作面的倾向回转下沉。由此可见：工作面端头区基本顶的这种破断失稳将直接影响巷道围岩的稳定，然而端头区基本顶的破断失稳程度又与工作面直接顶岩层自身的支护条件、上覆荷载、直接顶厚度及其他岩石性能直接相关。

（1）支护条件

工作面端头区支护体系承受工作面直接顶上部岩层的全部岩石重力以及直接顶岩层的部分荷载。由于工作面直接顶自身不能形成一种自平衡结构，也就不能向工作面回采巷道两侧煤体传递荷载，即使直接顶岩层能够形成短砌体梁结构，但是受工作面长期采动影响，也只能保持相对较短时间，所以工作面直接顶荷载最终还是作用在端头区基本顶的支护体上。

（2）上覆荷载

根据回采工作面端头区支护所承受的岩石重力及直接顶岩层的部分荷载可知：随着直接顶厚度的增大（采空区填充越密实），端头区支护体受基本顶的作用力将逐渐减小，到工作面采空区被完全充填时，几乎不考虑基本顶的荷载，直接顶的岩层自重将成为工作面端头区支护主要承受的荷载，并影响端头区顶板的变形。

（3）直接顶厚度

根据工作面实际岩层移动规律，当直接顶的厚度小于或者等于基本顶厚度时，容易形成二者的离层。随着工作面的不断向前推进，直接顶垮落后，由于岩石具有碎胀性，破碎后体积增大，因此堆积高度大于直接顶岩层原有厚度，工作面采空区自由高度将变得很小。

工作面端头区基本顶与冒落矸石间隙 Δ_e（未放顶煤段为 $\Delta_{e'}$）为：

$$\begin{cases} \Delta_e = M - [M(1-\eta)K_m + H_z(K_z-1)] \\ \Delta_{e'} = M - M_d(1+K_m) - H_z(K_z-1) \end{cases} \quad (3-17)$$

式中，M 为煤层高度，m；η 为工作面的回采率；K_m 为煤体的碎胀系数；H_z 为直接顶的厚度，m；K_z 为直接顶的碎胀系数；M_d 为煤顶厚度，m。

工作面端头区基本顶的回转角度 θ 为：

$$\theta = \arcsin(\Delta_e/L_2) \quad (3-18)$$

根据以上内容，在大采高综放面其他条件不变的情况下，直接顶厚度越大，间隙越小，直接顶垮落后就越能充满整个工作面采空区,使得工作面端头区的基本顶在采空区空间内的回转角度变小,下沉量减小。由式(3-17)可知:工作面端头区基本顶的厚度达到某一值时 $\Delta_e=0$ 或者 $\Delta_{e'}=0$。

3.4.4.2　煤层对工作面端头区顶板稳定性的影响

由于工作面端头区会形成一个悬板,即弧三角板,该三角板是建立在以区段煤体和工作面煤壁为两边固支的板块结构。由弧三角板的形成条件可知区段煤体的作用是维持弧三角板一边的固定,承受工作面端头区基本顶荷载。因此,假如该区段煤体处于不稳定状态,就很容易造成弧三角板失稳。

当工作面端头区弧三角板达到极限跨距时,该三角板将破断失稳,并沿着工作面的倾向发生回转下沉。同时,由于工作面端头区所在巷道在服务巷道掘进时已经发生了塑性变形,该塑性变形主要与煤层的岩性有关。另外,煤层厚度越大,塑性范围越小,越有利于回采期间巷道围岩的稳定。由弧三角板的形成及其构造特征可知:弧三角板主要由区段煤体、端头巷道的支护体及冒落矸石支撑,然而区段煤体支撑强度又受自身力学性能的影响。煤层的力学性能对工作面端头区基本顶的稳定具有重要影响。

3.4.4.3　综放工作面端头区顶板力学分析模型

由图 3-4 中综放工作面端头区划分和弧三角形结构可知:对于工作面端头区顶板,其前方为超前顺槽顶板,主要由其下部的综采支架、端头支架支护以及侧向区段煤柱支撑。大采高综放工作面在顶煤放空后,工作面端头区顶板后方与工作面方向类似,都处于悬空状态。为了方便推导,根据弹性力学中有关板的极限分析理论假定弧三角板模型如图 3-18 所示,图中的 x、y 为待定系数。

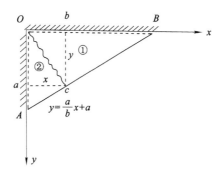

图 3-18　综放工作面端头理想力学模型

在图 3-18 中,设板的极限弯矩为 M_u,板的单向抗拉强度为 R_t,板的厚度为 h。假设板上部承受均布荷载 q,并在该荷载作用下发生破坏。由板的破坏形态可知:在板的极限平衡状态下,假设在 c 点产生一个向下的虚位移 Δ,根据静力学中的虚位移原理可知必有下列等式存在。

$$\delta W_e = \delta W_i \tag{3-19}$$

式中,δW_e 为外力在虚位移上做的功;δW_i 为内力在虚位移上做的功。

(1) 外力功 δW_e

根据图 3-18 和虚功原理可知:

$$\delta W_e = q\delta V \tag{3-20}$$

式中，δV 为虚位移 Δ 围成的体积。

由图 3-4 可知对于虚位移 δ 围成的体积 δV 为：

$$\delta V = \frac{1}{3}\Delta \frac{1}{2}ax + \frac{1}{3}\Delta \frac{1}{2}by \tag{3-21}$$

对式(3-21)进行化简得：

$$\delta V = \frac{1}{6}\Delta(ax + by) \tag{3-22}$$

将式(3-22)代入式(3-20)可得：

$$\delta W_e = \frac{1}{6}q\Delta(ax + by) \tag{3-23}$$

(2) 内力功 δW_i

根据内力功的计算公式可知：

$$\delta W_i = \sum_i M_u l_i \theta_i \tag{3-24}$$

在虚位移 Δ 上，其内力功 δW_i 有下式成立：

$$\delta W_i = \sum_i M_u l_i \theta_i = \frac{\Delta}{y}M_u(b + y) + \frac{\Delta}{x}M_u(a + x) \tag{3-25}$$

将式(3-23)和式(3-25)代入式(3-19)可得：

$$\frac{1}{6}q\Delta(ax + by) = \frac{\Delta}{y}M_u(b + y) + \frac{\Delta}{x}M_u(a + x) \tag{3-26}$$

对式(3-26)进行变换可得：

$$xyq(ax + by) = M_u(bx + 2xy + ay) \tag{3-27}$$

由图 3-19 可知斜边上任意点 (x, y) 满足以下关系式：

$$\frac{x}{b} + \frac{y}{a} = 1 \tag{3-28}$$

将式(3-28)代入式(3-27)并化简可得：

$$M_u = \frac{q}{6} \cdot \frac{a^2 b^2 x(b - x)}{(a^2 + b^2)x^2 + (b^3 - 3a^2 b)x + 2a^2 b^2} \tag{3-29}$$

根据 $\frac{\partial q}{\partial x} = 0$ 可以解得：

$$x = \frac{ab}{a + b} \tag{3-30}$$

将式(3-29)代入式(3-30)可得：

$$M_{umax} = \frac{q}{6} \cdot \frac{a^4}{4a^2 b + a^2 + b^2} \tag{3-31}$$

由式(3-31)可知：当弧三角板的极限弯矩 M_u 达到工作面端头区顶板的单向抗拉强度 R_t 时，顶板发生破断，故存在下列公式：

$$M_{umax} = \frac{q}{6} \cdot \frac{a^4}{4a^2 b + a^2 + b^2} \leqslant R_t \tag{3-32}$$

3.5 本章小结

(1) 王庄煤矿 9105 工作面巷道煤层埋藏深度均在 500 m 左右，巷道煤层坚固性系数普遍小于 1,属于软煤巷道,其变形特征与软岩类似。

（2）根据观测结果,王庄煤矿最大地应力为水平应力,其侧压力系数 $\lambda=1.5$;巷道属于松软高侧压作用巷道,极易产生底鼓。

（3）王庄煤矿 9105 工作面巷道处于高侧压作用下,其煤层巷道围岩稳定符合大、小结构条件。煤层基本顶与大巷支护形成大、小结构。其大结构为工作面回采断裂的基本顶岩块,小结构为巷道支护结构。工作面的端头巷道还受工作面端头三角板稳定性的影响。研究表明:为保证王庄煤矿端头三角板稳定,其顶煤厚度应保持在 1.3 m 以上。

4 松软煤层巷道 O 形控制技术研究

4.1 厚软煤层超长巷道 O 形支护概念

根据王庄煤矿 9105 工作面煤层条件,主采煤层(3[#]煤层)及其顶、底板围岩力学参数见表 4-1。

表 4-1 3[#]煤层及其顶、底板围岩力学参数

类别	岩性	抗压强度/MPa	抗拉强度/MPa	弹性模量/GPa	泊松比	黏聚力/MPa	内摩擦角/(°)	重度/(kN/m³)
基本顶	细粒砂岩	121.33	11.64	32.5	0.20	16.7	36.5	26.73
直接顶	砂质泥岩	22.81	2.21	10.3	0.22	5.2	27.4	25.73
煤层	3[#]煤层	10.63	1.33	2.3	0.33	3.2	18.4	14.31
直接底	泥岩	22.48	2.59	10.8	0.24	5.27	27.0	25.27
老底	细粒砂岩	91.42	9.53	33.8	0.21	13.42	33.3	26.67

从表 4-1 可以看出:3[#]煤层抗压强度为 10.63 MPa,其坚固性系数为 1.1。同时该区域断层比较发育,根据地质资料分析,该工作面煤层为整体东北向西倾斜的单斜构造,煤层倾角为 2°~12°,坡度最大处为风巷中部。风巷开切眼向运巷方向距底板 1.2 m 处夹矸厚 0.3 m,至中部时 1.2 m 厚,随后至运输巷道时夹矸厚 0.3 m;运输巷道中部抬坡 8 m 后破夹矸巷道平走找底,巷道局部夹矸最厚处达 1.4 m。掘进至 849 m、2 084 m 处风巷遇到底鼓,并可能在回采中延伸至工作面内。

由工作面钻孔成像分析成果可以看出共存在 7 个坑透异常区,分别为:① 1[#]异常区,距开切眼 40~120 m。② 2[#]异常区,距开切眼 740~870 m。③ 3[#]异常区,距开切眼 920~1 040 m。④ 4[#]异常区,距开切眼 1 760~1 900 m,可能发育有小断层或裂隙较发育破碎带。⑤ 5[#]异常区,距开切眼 2 050~2 170 m。⑥ 6[#]异常区,距开切眼 2 480~2 590 m,推断该范围内可能发育有陷落柱、断层等地质构造,受地质构造影响会存在一定范围的破碎牵引带。不排除其间发育有小陷落柱的可能。⑦ 7[#]异常区,距开切眼 2 950~3 100 m,推断该范围内可能存在 2 个或以上的陷落柱。受陷落柱影响,1[#]、2[#]、3[#]、7[#]异常区内可能还发育有小断层、破碎牵引带等伴生地质构造。

异常区域可能存在局部煤层破碎或结构变化现象,不排除其间发育有小断层的可能。

因此,根据上述分析,9105 工作面呈现软煤和破碎岩的特征,同时巷道围岩均为煤层,水平应力大。与软岩一样,软煤具有大变形的力学特性,因此决定了王庄煤矿 9105 工作面

超长软煤巷道支护技术的复杂性。单一的支护形式和短期的支护思想难以满足王庄煤矿软煤巷道的工程支护要求。

上述王庄煤矿厚煤层软煤超长巷道变形破坏是一个复杂的过程,该巷道具有三个明显特征:① 煤层具有软煤变形特征;② 巷道长导致其服务时间长;③ 水平侧向应力大于垂直应力。对 9105 工作面超长巷道围岩稳定性进行分析时,一方的变形破坏就会影响另一方的稳定性,应该系统考虑该工作面巷道围岩的稳定性。因此对王庄煤矿 9105 工作面软煤巷道的支护应从巷道顶、帮、底入手分析其相互作用效应,提出的支护方法称为 O 形支护,与其他学者提出的三维或四维支护的区别在于 O 形支护强调整体支护。

4.2　厚软煤层超长巷道 O 形支护机理

理论研究和实践表明:巷道围岩中,顶板、巷帮和底板岩层中任何部分的力学性能发生变化都会导致其他两个部分产生显著变化。从对三者之间相互作用效应的分析来看,这三者相互作用的效果是不同的,具体表现为:顶板对帮和底的影响是最小的,而底板对顶和帮的影响程度最大,因而,三者对围岩系统稳定所起的作用也是不同的:底板是围岩稳定的关键条件,巷帮是围岩稳定的重要条件,顶板是围岩稳定的必要条件。软煤 O 形支护的实质是顶板、帮部、底板三者的相互作用,因为这是顶板、帮部、底板三者之间力学性质的相对性引起巷道断面形状发生变化而表现出来的围岩变形破坏现象。软煤巷道 O 形支护变形效应特征如图 4-1 所示。由此可知:软煤巷道围岩变形控制应保证顶、帮、底围岩整体性和支护结构的整体性,使支护与围岩组成整体承载结构,实现对顶、帮、底全断面的 O 形控制。

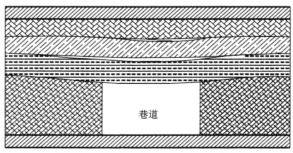

（a）顶板与两帮变形相互作用效应

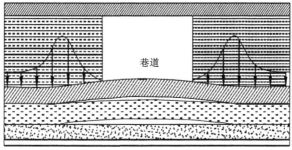

（b）底板与两帮变形相互作用效应

图 4-1　软煤巷道 O 形支护变形效应特征

上述 O 形支护的机理主要包括以下几点：

（1）通过顶板、帮部、底板全方位及时支护而改变围岩承载结构及性能，使巷道浅部围岩形成具有一定厚度和强度的让压承载圈，充分发挥围岩 O 形承载系统强度高、受力条件好的优点，最大限度降低围岩应力集中对让压承载圈的破坏，确保让压承载圈均匀变形，充分释放围岩应力，达到让压的目的。

（2）O 形支护的让压承载圈充分吸收了围岩变形能，最大限度地发挥让压作用。

（3）软煤巷道二次支护（或大变形后巷道重新修复）的工作阻力是被动平衡力，这是与初期支护的最大不同之处，随着围岩流变变化而变化。

（4）O 形支护系统形成"让-支-让"动态平衡，使巷道围岩受到三维连续支撑，避免因围岩局部先破坏而引发更大范围破坏，从而实现变形协调，确保巷道安全稳定。

（5）O 形支护符合大、小结构设计原理，其中小结构的稳定直接影响大结构的稳定，保证小结构的稳定，是此类巷道稳定的关键。

4.3 厚软煤层超长巷道 O 形控制技术

4.3.1 厚软煤层超长巷道 O 形控制原理

针对王庄煤矿深部软煤大变形巷道帮部、顶板、底板相互作用效应和支护力的作用研究，提出"让-支-让"的 O 形控制支护原理，其主要内涵为：软煤与大多数软岩一样，大变形是其主要特征，而这种大变形就需要在设计的支护系统中有一定的空间让其完成，这就是软煤支护中为什么先提出"让"，而且是顶板、帮部、底板"全让"，但是这个"让"有一定的度，这个度要根据巷道的性质和用途决定。对于煤矿巷道，这种"让"相对其他工程的"让"要比较容易，煤矿大多数巷道这个"让"的度应控制在 1 m 左右。这种"全让"既满足了巷道围岩初期卸荷碎胀扩容变形的需求，又能适应围岩的绝对卸荷变形，达到释放高应力的目的，实现将围岩变形适当转移和释放。如果条件允许的话，初期支护可以设计成让压支护，这样就可以保护支护系统，避免支护系统过早破断损坏或失效。

上述前期的"让"是后期的"支"的前提和条件，如果没有前期的"让"，后期的"支"就很难达到预期效果。要达到后期"支"的效果，应采用以下"支"手段：对顶帮实施锚杆、锚索支护；底板采用注浆加固。当然"支"和"让"并不是独立的，而是相互渗透的。在后期"让"中可以适当考虑在顶、帮采用让压锚索进行支护和底板卸压槽卸压等方法。

因此 O 形控制主要包括：通过全断面的围岩支护和全断面都具有的让压性能，对巷道全断面进行变形控制，而且不留空余和死角，实现全方位、全断面封闭式的高强支护和让压性能以进行变形控制，所以可以形象地称之为 O 形控制。

上述 O 形控制可以用图 4-2 所示力学模型表示。由图可知：巷道开挖后围岩应力急速调整，重新分布，围岩强度也随之弱化，表现出来的就是巷道围岩的扩容变形和阶段性的流变效应。因此，对巷道四周施加高强度的支护阻力 p，同时具有适当的让压性能，以便围岩碎胀扩容压力的适时转移。待卸压一段时间后继续施加高强度的支护阻力，同时对围岩全断面进行注浆加固，巷道表面的切向应力明显外移，原来巷道浅部的破裂区 A 和塑性区 B 的强度都大大提高，共同形成固化的具有一定厚度和强度的承载结构，维护巷道围岩的长期整体稳定性。

4.3.2 巷道围岩塑性区范围及位移与支护力的关系

4.3.2.1 塑性区范围

建立支护作用下巷道围岩应力状态模型,如图 4-3 所示,$\sigma = \gamma H$,γ 为岩石的重度,$\gamma = \rho g$,H 为巷道埋深;μ 为岩石的泊松比;r_0 为巷道半径;p 为支护力。

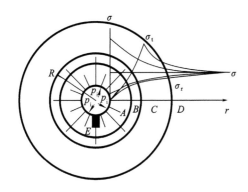
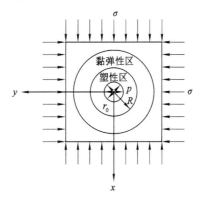

图 4-2　巷道 O 形支护力学模型　　　　图 4-3　巷道围岩塑性区计算模型

根据弹塑性力学,塑性区内的静力平衡条件为:

$$r\frac{\mathrm{d}\sigma_r^p}{\mathrm{d}r} + \sigma_r^p - \sigma_\theta^p = 0 \tag{4-1}$$

根据莫尔-库仑准则,塑性区的极限平衡条件为:

$$\sigma_\theta^p = \frac{1 + \sin\varphi}{1 - \sin\varphi}\sigma_r^p + \frac{2C\cos\varphi}{1 - \sin\varphi} \tag{4-2}$$

式中,C,φ 分别为围岩体的黏聚力和内摩擦角。

根据式(4-1)和式(4-2)求解得:

$$\sigma_r^p + C\cot\varphi = A r^{\frac{2\sin\varphi}{1 - \sin\varphi}} \tag{4-3}$$

由图 4-3 所示计算模型可知塑性区边界条件变为:当 $r = r_0$ 时,$\sigma_r^p = p$,将其代入式(4-3)得:

$$A = (C\cos\varphi + p)/r_0^{\frac{2\sin\varphi}{1 - \sin\varphi}} \tag{4-4}$$

将式(4-4)代入式(4-3)得:

$$\sigma_r^p = (C\cos\varphi + p)\left(\frac{r}{r_0}\right)^{\frac{2\sin\varphi}{1 - \sin\varphi}} - C\cot\varphi \tag{4-5}$$

将式(4-5)代入式(4-2)得:

$$\sigma_\theta^p = \frac{1 + \sin\varphi}{1 - \sin\psi}\left[(C\cot\varphi + p)\left(\frac{r}{r_0}\right)^{\frac{2\sin\varphi}{1 - \sin\varphi}}\right] - C\cot\varphi \tag{4-6}$$

由 $\sigma_r^p + \sigma_\theta^p = 2\sigma$ 求解得:

$$R = r_0\left[\frac{(\sigma + C\cot\varphi)(1 - \sin\varphi)}{C\cot\varphi + p}\right]^{\frac{1 - \sin\varphi}{2\sin\varphi}} \tag{4-7}$$

式(4-7)中 R 即图 4-3 中有支护力条件下巷道围岩的塑性区半径。

4.3.2.2 巷道表面位移

为了对巷道围岩变形状态进行分析,采用岩石流变力学中的西原模型作为理论分析的流变模型,如图 4-4 所示。

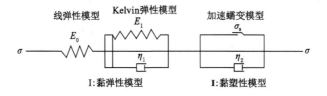

图 4-4 西原模型图

该模型的本构方程为:

$$\varepsilon(t)=\begin{cases}\dfrac{\sigma}{E_0}+\dfrac{\sigma}{E_1}(1-e^{-\frac{E_1}{\eta_1}t}) & (\sigma\leqslant\sigma_s)\\[3mm]\dfrac{\sigma}{E_0}+\dfrac{\sigma}{E_1}(1-e^{-\frac{E_1}{\eta_1}t})+\dfrac{\sigma-\sigma_s}{\eta_2}t & (\sigma>\sigma_s)\end{cases} \tag{4-8}$$

式中,E_0,E_1 分别为理想弹性模型和 Kelvin 模型的弹性模量;η_1,η_2 分别为 Kelvin 模型和加速蠕变模型的黏滞系数;σ_s 为岩石的屈服应力。

结合塑性区几何方程:

$$\begin{cases}\varepsilon_r^{p}=\dfrac{\mathrm{d}u_r^{p}}{\mathrm{d}r}\\[3mm]\varepsilon_\theta^{p}=\dfrac{u_r^{p}}{r}\end{cases} \tag{4-9}$$

解得 $r=r_0$ 处的巷道表面径向位移为:

$$u_r^{p}=\frac{\gamma Hr_0K\sin\varphi+\gamma Hr_0(1-2\mu)}{2\eta_1 E_0}\left[(E_0-E_1+\eta_1)e^{-\frac{E_1}{\eta_1}t}+E_1\right]+$$
$$\frac{r_0KC\cos\varphi}{2E_0}\left(\frac{E_0+\eta_1}{E_1+\eta_1}+\frac{E_1}{\eta_1}e^{-\frac{E_1}{\eta_1}t}\right) \tag{4-10}$$

式中,K 为黏弹性系数。

由以上推导可知:影响巷道大断面围岩变形的关键因素除了巷道本身的力学性能以外,还包括巷道开挖断面(半径 r_0 及支护力 p)。巷道围岩塑性区范围与支护力呈负相关。

因此,对上述软煤大变形巷道应进行全断面高强度支护,以达到控制塑性区的范围的目的。

4.3.3 厚软煤层 O 形支护关键技术

针对厚煤层软煤巷道,O 形支护技术可有效控制巷道围岩有害变形以确保巷道安全稳定,其技术关键为:

(1) 合理确定巷道断面形状和尺寸,严格控制施工质量和施工顺序;

(2) 确定让压锚杆索支护方式及参数,使巷道浅部围岩形成让压承载圈;

(3) 确定预留让压空间;

(4) 设计合理的二次支护结构,确定合理的二次支护的时机与支护强度。

4.3.4　王庄煤矿厚软煤层巷道围岩锚杆支护参数确定

（1）锚杆长度

根据王庄煤矿 9105 工作面巷道围岩的工程地质参数进行数值模拟,锚杆间、排距设定为 0.8 m×0.8 m 时,锚杆长度拟采取以下 3 种方案进行模拟,对 3 种不同规格的锚杆 $\phi22$ mm×(2.0 m、2.4 m、2.8 m)进行比较,择优选取支护效果较好的锚杆规格,如图 4-5 和图 4-6 所示。

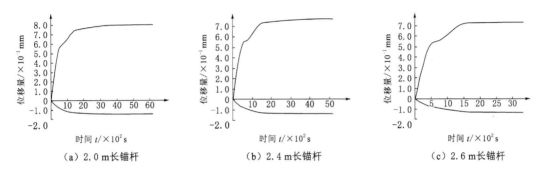

（a）2.0 m 长锚杆　　　（b）2.4 m 长锚杆　　　（c）2.6 m 长锚杆

图 4-5　不同锚杆长度顶、底板位移曲线

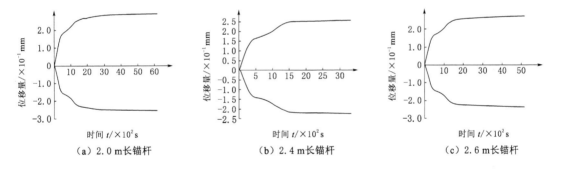

（a）2.0 m 长锚杆　　　（b）2.4 m 长锚杆　　　（c）2.6 m 长锚杆

图 4-6　不同锚杆长度两帮位移曲线

从图中可以看出:同一巷道围岩,相同锚杆间、排距(0.8 m×0.8 m)时,巷道围岩顶、底板移近量和两帮移进量随着锚杆长度的增大而逐渐减小,减小幅度由大变小。根据模拟结果可知:当锚杆长度达到 2.4 m 时,巷道围岩顶、底板移近量随着锚杆长度的增加,减小幅度减缓。也就是说,锚杆长度超过 2.4 m 时,锚杆长度的增加对控制顶、底板移近量的作用变小。因此确定合理的锚杆支护长度为 2.4 m。

（2）锚杆间、排距

在相同巷道围岩条件下,当锚杆长度为 2.4 m 时,改变锚杆间、排距,通过数值模拟,观测不同锚杆支护密度时巷道围岩顶板、底板及两帮的位移量。设置 3 种锚杆间、排距,分别为 0.7 m×0.7 m、0.8 m×0.8 m、0.9 m×0.9 m,数值模拟结果如图 4-7 和图 4-8 所示。

从图中可以看出:巷道两帮移近量随着锚杆支护密度的增大而减小,最后几乎不变。当锚杆间、排距大于 0.8 m×0.8 m 时,顶、底板移近量随着支护密度减小而减小幅度较大。当锚杆间、排距小于 0.8 m×0.8 m 时,巷道顶、底板移近量变化不明显,减小幅度较小。因

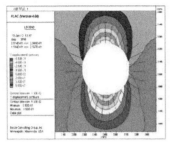 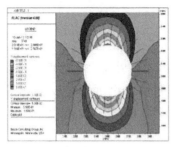 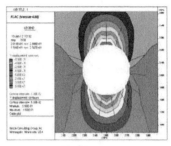

（a）间、排距为 0.7 m×0.7 m　　　（b）间、排距为 0.8 m×0.8 m　　　（c）间、排距为 0.9 m×0.9 m

图 4-7　不同间排距顶、底板位移云图

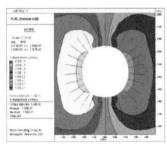 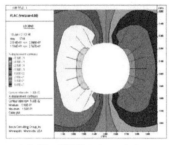 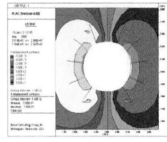

（a）间、排距为 0.7 m×0.7 m　　　（b）间、排距为 0.8 m×0.8 m　　　（c）间、排距为 0.9 m×0.9 m

图 4-8　不同间、排距两帮位移云图

此确定锚杆的合理间、排距为 0.8 m×0.8 m。但考虑支护成本，内段采用 0.8 m×0.8 m，外段采用 0.85 m×0.85 m。

4.3.5　王庄煤矿厚软煤层巷道深部围岩锚索支护参数确定

采用锚索加强支护就是为了调动深部围岩强度，使剪应力向巷道深部围岩转移。实施锚索以后，巷道围岩深部岩体承担了浅部围岩的支护荷载，浅部围岩剪应力集中程度明显降低，深部围岩的剪应力水平显著提高，深部围岩垂直应力集中，表明调动了深部岩体强度，控制了浅部岩体的稳定性。分别对规格为 $\phi18.9$ mm×（6 300 mm、7 300 mm、8 300 mm）的 3 种锚索进行模拟比较，如图 4-9 和图 4-10 所示，择优选取支护效果较好的锚索规格。

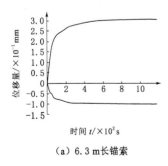 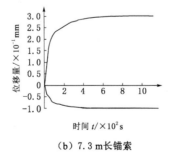 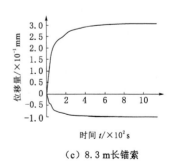

（a）6.3 m 长锚索　　　　　（b）7.3 m 长锚索　　　　　（c）8.3 m 长锚索

图 4-9　不同锚索长度顶、底板位移曲线

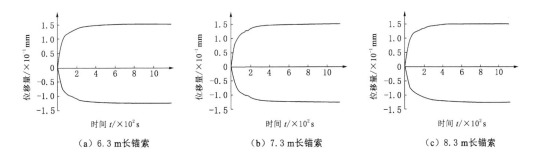

（a）6.3 m长锚索　　　（b）7.3 m长锚索　　　（c）8.3 m长锚索

图 4-10　不同锚索长度两帮位移曲线

通过对比发现：8.3 m 和 7.3 m 较 6.3 m 的效果好，而 6.3 m 和 8.3 m 两种锚杆支护效果相差甚微，从经济角度考虑，应采用 ϕ18.9 mm×6 300 mm 的锚索。

4.4　9105 工作面运输巷道稳定性分析

9105 工作面运输巷道设计全长 3 330 m，巷道断面为矩形。巷道宽 5.5 m，巷道高 3.5 m，断面面积为 19.25 m²。

4.4.1　模型的建立

根据 9105 工作面运输巷道的设计参数，用 FLAC³ᴰ 建立模型，模型尺寸为：600×600×500，总共 16 060 个单元，18 315 个节点。边界条件：四周及底部位移约束，上方根据埋深施加 12.5 MPa 的均布应力边界，如图 4-11 所示。材料参数见表 4-2。

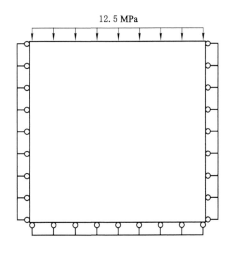

12.5 MPa

图 4-11　边界条件示意图

表 4-2　模型煤岩体力学参数

内摩擦角/(°)	黏聚力/MPa	抗拉强度/MPa	密度/(kg/m³)	泊松比	弹性模量/MPa
18	11.8	18.3	2 600	0.22	9 727.3

图 4-12 和图 4-13 分别为北风井西翼辅助运输巷道未开挖和开挖网格模型。图 4-14 为北风井西翼辅助运输巷道初始平衡垂直应力云图。可以看出:垂直应力在垂向分布由12.5 MPa 变化到 13.9 MPa,层状分布良好。

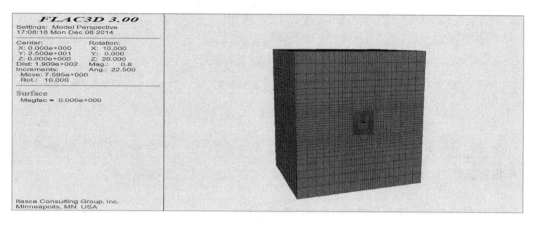

图 4-12　北风井西翼辅助运输巷道未开挖网格模型

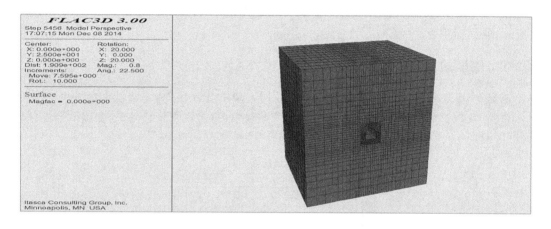

图 4-13　北风井西翼辅助运输巷道开挖网格模型

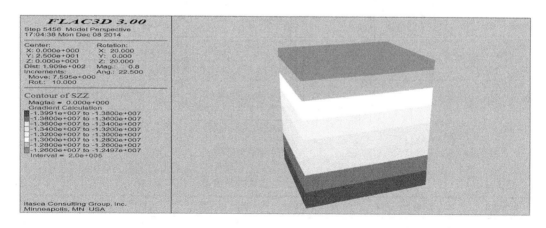

图 4-14　北风井西翼辅助运输巷道初始平衡垂直应力云图

4.4.2　不同支护条件下围岩稳定性分析

根据原有支护方案,锚杆选用 $\phi20$ mm×2 400 mm 的高强锚杆,锚索选用 $\phi18.9$ mm× 6 300 mm 的钢绞线,故锚杆和锚索采用 FLAC^{3D} 中的 Cables 结构单元,U 形棚采用 Shell 结构单元。分别建立:① 无支护;② 隔排打设 4～5 根锚杆,排距为 2 m;③ 隔排打设 9～10 根锚杆,排距为 2 m;④ 隔排打设 14～15 根锚杆,排距为 2 m;⑤ 隔排打设 14～15 根锚杆且架棚,排距为 2 m,并在图 4-15 所示位置设置 HIST 监测点,监测这些关键点的位移和应力分布情况,分析不同顶板、帮部支护条件下的围岩稳定性。

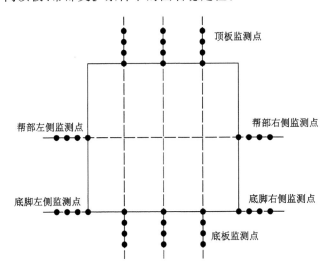

图 4-15　巷道模型周围 HIST 监测点布置图

4.4.2.1　不同支护条件下的垂直应力变化规律

在巷道截面形状和尺寸相同的情况下对比不同支护条件下巷道围岩的垂直应力场(图 4-16),可以发现:垂直应力场的分布形状基本相同;随着支护情况的改善,应力集中区域的范围呈减小趋势,并且随着支护形式的改变由无支护时开始变得越来越好;应力集中区范围减小越来越不敏感,但是由于采用刚性支护,帮部最大垂直应力却有所增大。

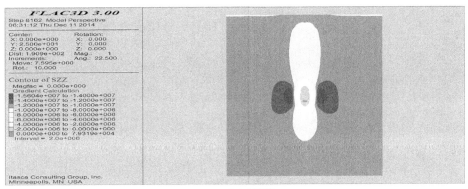

（a）无支护

图 4-16　不同支护条件下巷道围岩的垂直应力云图

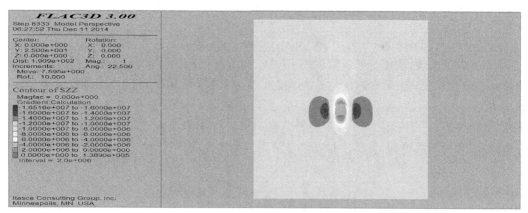

（b）隔排打设4～5根锚杆（排距2 m）

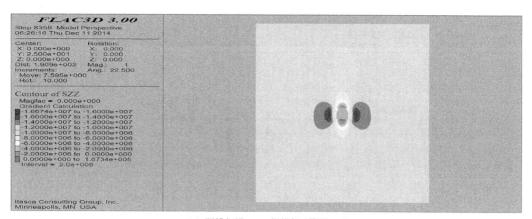

（c）隔排打设9～10根锚杆（排距2 m）

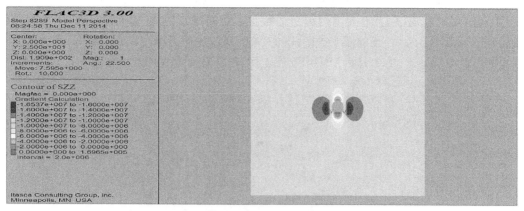

（d）隔排打设14～15根锚杆（排距2 m）

图 4-16（续）

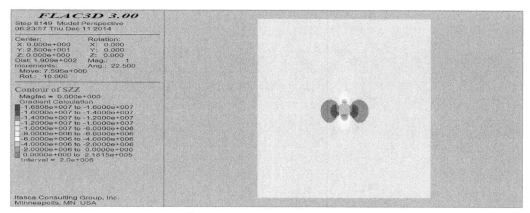

（e）隔排打设14～15根锚杆且架棚(排距2 m)

图 4-16(续)

由底脚处 8 个 HIST 监测点垂直主应力(图 4-17)可知:随着支护条件的改善,底脚处横截面上的垂直应力呈减小趋势。由图 4-18 可知:随着支护条件的改善,由两帮向底板传递的垂直位移明显减小,这对底鼓的防治起着至关重要的作用。

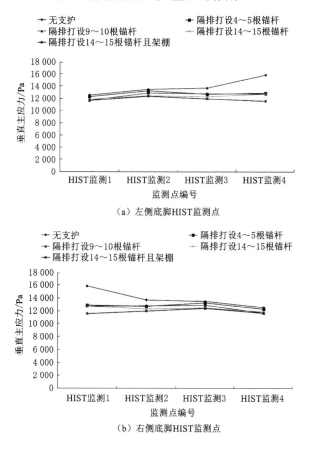

图 4-17　底脚处 8 个 HIST 监测点垂直主应力

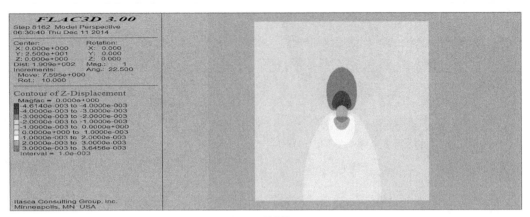

（a）无支护

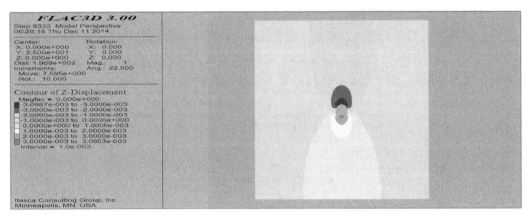

（b）隔排打设4～5根锚杆（排距2 m）

（c）隔排打设9～10根锚杆（排距2 m）

图 4-18　不同支护条件下巷道围岩的竖直位移云图

（d）隔排打设14～15根锚杆（排距2 m）

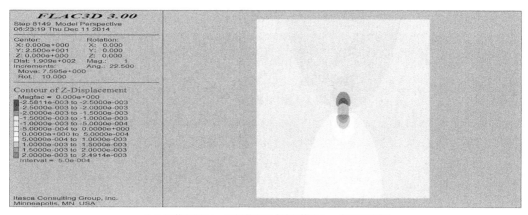

（e）隔排打设14～15根锚杆且架棚（排距2 m，架设U形棚）

图 4-18（续）

4.4.2.2　不同支护条件下的竖直位移变化规律

在截面形状和尺寸相同的情况下，通过对比不同支护条件下巷道围岩的位移场可以发现：随着支护条件的改善，顶、底板位移均出现了不同程度减小，底板位移减小非常明显。随着支护条件的改善，巷道围岩更稳定，各种地下灾害大大减少。

4.4.3　不同角度、数量、类型底脚锚杆对底鼓的影响

由于管缝式注浆锚杆抗剪性能比普通高强度锚杆强，故采用不能抗剪的 Cables 单元模拟高强度锚杆，抗剪性能较好的 Piles 单元模拟管缝式注浆锚杆。分别建立：① 脚底沿与水平方向成 45°夹角打设 1 根高强锚杆；② 脚底沿与水平方向成 30°夹角打设 1 根管缝式锚杆；③ 脚底沿与水平方向成 45°夹角打设 1 根管缝式锚杆；④ 脚底沿与水平方向成 60°夹角打设 1 根管缝式锚杆；⑤ 脚底沿与水平方向成 45°夹角打设 2 根管缝式锚杆；⑥ 脚底沿与水平方向成 45°夹角打设 3 根管缝式锚杆。根据图 4-19 所示几种不同的底脚锚杆打设方式，分析不同角度、数量、类型底脚锚杆对底鼓的影响。

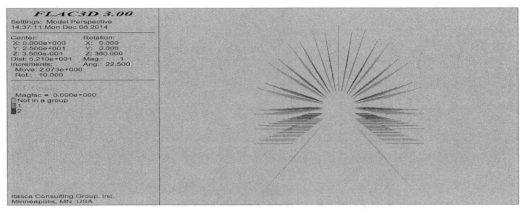

（a）脚底沿与水平方向成45°夹角打设1根高强锚杆

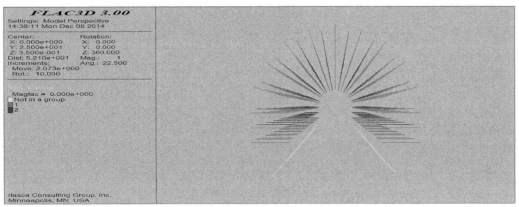

（b）脚底沿与水平成方向45°夹角打设1根管缝式锚杆

（c）脚底沿与水平方向成30°夹角打设1根管缝式锚杆

图 4-19　几种不同的底脚锚杆打设方式示意图

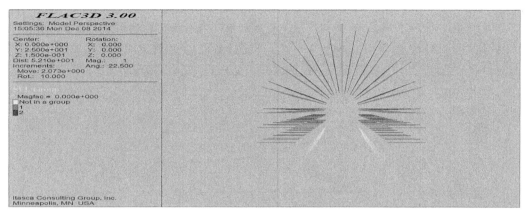

（d）脚底沿与水平方向成60°夹角打设1根管缝式锚杆

（e）脚底沿与水平方向成45°夹角打设2根管缝式锚杆

（f）脚底沿与水平方向成45°夹角打设3根管缝式锚杆

图 4-19（续）

4.4.3.1 底脚锚杆类型对底板位移的影响

将沿脚底与水平方向成45°夹角打设1根高强锚杆与沿脚底与水平方向成45°夹角打设1根管缝式锚杆对比,如图4-20和表4-3所示。可以看出:由于管缝式锚具有较强的抗剪能力,可以有效控制底鼓,其底鼓量可以控制在高强锚杆的63%～72%之间。

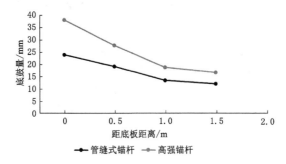

图 4-20　高强锚杆与管缝式锚杆底鼓控制效果对比图

表 4-3　高强锚杆与管缝式锚杆底鼓控制对比表

距底板距离/m	0	0.5	1	1.5
采用管缝式锚杆时的底鼓量/mm	24.02	19.15	13.42	12.11
采用高强锚杆时的底鼓量/mm	38.09	27.74	18.77	16.63
管缝式锚杆条件下与高强锚杆条件下的底鼓量之比	63%	69%	71%	73%

4.4.3.2 底脚锚杆打设角度对底板位移的影响

对比与水平方向成30°、45°、60°夹角情况下的底鼓量,见图4-21和表4-4,可以看出:与水平方向成45°夹角情况下打设用以抗剪的管缝式锚杆可以比与水平方向成30°、60°夹角情况下打设管缝式锚杆能更有效地控制底鼓。

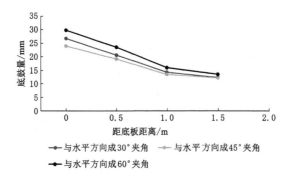

图 4-21　不同打设角度底脚锚杆底鼓控制对比图

表 4-4　不同打设角度底脚锚杆底鼓控制对比表　　　　　　　　单位:mm

距底板距离/m	0	0.5	1	1.5
与水平方向成30°夹角	26.75	20.69	14.24	12.34
与水平方向成45°夹角	24.02	19.15	13.42	12.11
与水平方向成60°夹角	29.85	23.61	16.05	13.55

4.4.3.3　底脚锚杆数量对底板位移的影响

对比打设 1 根、2 根、3 根底脚管缝式锚杆情况下的底鼓量,如图 4-22 和表 4-5 所示。可以看出:打设 2 根底脚锚杆比打设 1 根底脚锚杆时控制底鼓的能力有很大提升,但打设 3 根底脚锚杆在底鼓量控制上相比打设 2 根的效果改善并不显著。

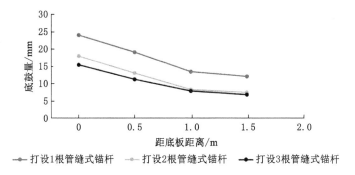

图 4-22　不同数量底脚锚杆底鼓控制对比图

表 4-5　不同数量底脚锚杆底鼓控制对比表　　　　单位:mm

距底板距离/m	0	0.5	1	1.5
打设 1 根管缝式锚杆时的底鼓量	24.02	19.15	13.42	12.11
打设 2 根管缝式锚杆时的底鼓量	17.97	13.04	8.32	7.43
打设 3 根管缝式锚杆时的底鼓量	15.42	11.22	7.85	6.78

4.5　9105 工作面回风巷道底鼓控制方案优化

根据底板岩体应变分布特征、围岩受力环境数值分析和底板深部岩体破坏范围理论计算,结合 9105 工作面回风巷道具体工程地质条件,提出厚煤层巷道底鼓控制方案。通过对这些支护方案进行经济技术分析,得出比较适合的底鼓控制方案。

针对王庄煤矿 9105 工作面回风巷道的底鼓状况,根据底鼓变形机理提出以下三种支护方案:锚注支护方案、U 型钢反底拱＋注浆支护方案、锚索束＋混凝土条块中深部注浆支护方案。

(1) 方案 1——锚注支护方案

锚注支护是指利用中空注浆锚杆对软弱、破碎围岩进行注浆加固。巷道开挖后围岩产生松动效应,导致围岩强度降低,松动圈内的围岩裂隙比较发育,为注浆加固提供了良好的条件。通过对底板浅部围岩进行注浆,提高岩体的黏聚力和底板围岩的支护阻力,使处于破裂状态的围岩通过注浆胶结形成拱形连续体加固圈,防止围岩松动范围进一步扩大。注浆锚杆布置如图 4-23 所示。

底板主要支护参数:

① 中空注浆锚杆:外径 28 mm,长 2.5 m,抗拉力≥220 kN。

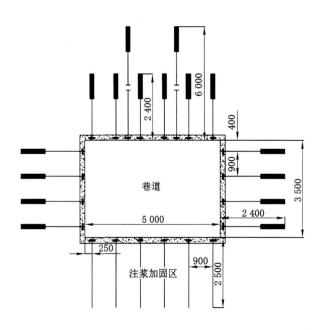

图 4-23　锚杆注浆支护方案(单位:mm)

② 间、排距为 900 mm×1 000 mm。

③ 注浆材料:选用普通硅酸盐水泥,型号为 P.O42.5,水灰比为 2∶1。

(2) 方案 2——U 型钢反底拱+注浆支护方案

反底拱是控制巷道底鼓的有效方法之一。通过对底板施加混凝土拱或预制的 U 型钢反底拱可提高底板的初始支护阻力,抑制底板围岩向巷道空间自由挤出,减少变形量,控制底鼓。本方案采用预制的 U29 型钢拱配合注浆锚杆联合支护(图 4-24),其主要支护参数为:采用 U29 型钢制作预制反底拱,拱弧长 5 200 mm,拱高 600 mm,拱两端水平长度为 5 000 mm,曲率半径为 5 500 mm,U 型钢反底拱排距为 1.0 m。

(3) 方案 3——锚索束+混凝土条块中深部注浆支护方案

针对巷道底板破坏严重,底鼓量较大,采用锚索束+混凝土条块中深部注浆(锚混凝土梁)加固底板。① 通过对底板施加高应力预紧锚索束,提高底板围岩的承载能力和抗采动扰动能力;② 通过对底板进行深、浅注浆,提高底板岩体抗破裂的黏聚力,改善底板应力场分布。支护方案如图 4-25 所示。

底板主要支护参数:

① 锚索规格:组合锚索束由 3 根(M7.8X6300)高强度钢绞线组成。

② 钢梁:采用两段长为 3 400 mm 废旧矿用钢梁焊接而成。

③ 托盘:规格为 400 mm×400 mm×8 mm (长×宽×厚)。

④ 孔径:100 mm,可采用 ϕ80 mm 的钻头打孔,孔深 7 m。

⑤ 底板锚索束布置参数:间、排距为 1 500 mm×3 000 mm。

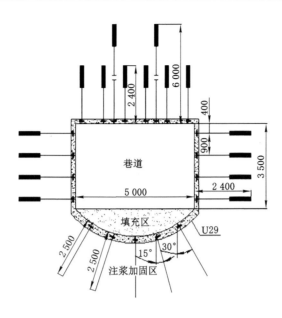

图 4-24 U29 型钢反底拱支护方案(单位:mm)

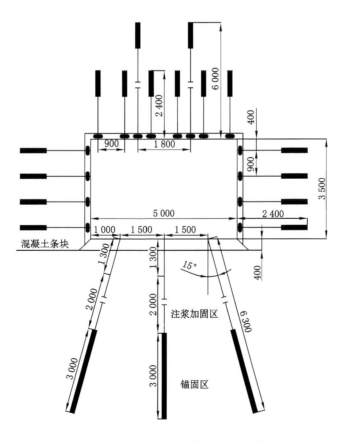

图 4-25 锚杆混凝土注浆支护示意图(单位:mm)

4.6 本章小结

(1) 提出了 O 形支护理论与技术,并分析了 O 形支护原理,提出了"改变浅部围岩结构、初次支护让压、二次支护抗压"的支护理念。

(2) 对于深部厚煤层软煤巷道,确定锚杆合理间、排距为 0.8 m×0.8 m。通过锚杆数值模拟比较分析,确定短、密锚杆合理长度为 2.4 m。

(3) 对于深部松软煤层巷道所采用的全断面锚杆支护方式,采取锚索加强支护。通过数值计算进行比较,ϕ18.9 mm×7 300 mm 的锚索能够较好地调动深部围岩强度,使剪应力向巷道深部围岩延伸转移,使得浅部围岩剪应力集中程度明显降低,控制了浅部岩体的稳定性。

(4) 将上述理论应用到王庄煤矿 9105 工作面运输大巷,采用 O 形支护技术与方法,并确定了辅助运输大巷的合理支护参数。

(5) 提出了在王庄煤矿 9105 工作面回风巷道打设管缝式底脚锚杆,比打设高强预应力底脚锚杆能更有效地控制底鼓,并且沿底板与水平方向成 45°打设 2 根时效果最佳,表明软煤巷道支护不能忽略对底角的支护,否则 O 形支护就没有整体效果。

5 低渗透煤层超长距离掘进巷道瓦斯涌出机理与治理技术

5.1 低渗透煤层超长距离掘进巷道瓦斯超限分析

5.1.1 掘进工作面瓦斯来源分析

掘进工作面的瓦斯主要来源于工作面落煤、工作面周围卸压区煤体和围岩裂隙。由于煤的赋存条件和性质不同,故掘进工作面的瓦斯来源也不同。根据王庄煤矿的实际情况,王庄煤矿掘进工作面的瓦斯主要来源于:

(1)工作面掘进落煤时产生的瓦斯。掘进工作面在落煤时由于矿压作用和煤体破碎,使得原来煤体中处于吸附状态的瓦斯迅速解吸变为游离状态的瓦斯,工作面的瓦斯浓度和瓦斯绝对涌出量增大。

(2)工作面周围卸压区煤体裂隙瓦斯。掘进工作面落煤后,工作面周围煤体、围岩的压力重新分布,工作面前方超前压力增大、裂隙增多,导致新暴露煤壁中的瓦斯快速涌入工作面,造成工作面瓦斯浓度增大,涌出量增大。两侧煤体随着工作面的推进和煤壁暴露时间的延长,巷道两侧煤壁中的瓦斯压力衰减,巷道和煤体内的瓦斯逐渐趋于平衡,瓦斯涌出趋于稳定。煤质松软、裂隙发育的煤层,两侧煤体瓦斯涌出衰减的速度相对快一些。

5.1.2 煤层瓦斯的赋存

煤层中赋存瓦斯的量不但对煤层瓦斯含量产生影响,而且还直接影响煤层中瓦斯流动及其发生灾害的可能性。因此,研究煤层中瓦斯的赋存状况是研究矿井瓦斯的重要一环,也是研究瓦斯在煤体中运移及涌出首要解决的问题。

(1)煤层中瓦斯的赋存状态

瓦斯在煤层中的赋存状态主要有吸附状态和游离状态两种。在煤体中,吸附瓦斯和游离瓦斯在外界条件不变的情况下处于动态平衡,吸附状态的瓦斯分子和游离状态的瓦斯分子处于不断交换之中。当外界的瓦斯压力和温度发生变化或给予冲击和振荡而影响分子的能量时,其原动态平衡被破坏,产生新的平衡。因此,由于瓦斯吸附分子和游离分子不断交换,在瓦斯缓慢流动过程中不存在游离瓦斯易放散和吸附瓦斯不易放散的问题。但是,在突出较短时间内,游离瓦斯会首先释放,然后吸附瓦斯迅速补充。

(2)煤的吸附理论

煤是一种包含微孔和大孔双重孔隙系统的介质。煤体吸附瓦斯是煤的一种自然属性。

微孔存在于煤基质,大孔系统包围煤基质,被称为割理系统的天然裂隙网络组成,通常正交或近似正交,垂直或近似垂直于煤层面。煤本身具有极其发育的微孔隙,有很大的比表面积。天然孔隙率和裂隙率是煤的一个主要特征,决定了煤的吸附容积和储存性能。瓦斯以吸附形式存储在煤中,其吸附量与多种因素有关,故存在不同的瓦斯吸附理论。

① 单分子层吸附理论等温吸附方程,该方程描述的是 I 型吸附等温线,目前广泛应用于瓦斯吸附的状态方程,其表达式为:

$$V = \frac{V_L P}{P_L + P} \tag{5-1}$$

式中,V 为吸附量,cm^3;P_L 为气体朗缪尔压力,Pa;P 为气体压力,Pa;V_L 为朗缪尔体积,cm^3。

② Freundlich 方程,等温吸附的表达式为:

$$q = ap^{\frac{1}{n}} \tag{5-2}$$

式中,a、n 为常数。

该方程由于形式简单,使用方便,故应用较广,但该方程为经验方程,没有明确的物理意义。

③ 分子层吸附理论 BET 方程,是朗缪尔单分子层吸附理论的扩展。该理论将朗缪尔对单分子层假定的动态平衡状态用于各个不连续的分子层,且假设第一层中的吸附依靠固体分子与气体分子间的范德瓦尔斯力,而第二层以外的吸附依靠气体分子间的范德瓦尔斯力。吸附是多分子层的,每一层都是不连续的。

(3)煤的吸附性及其影响因素

煤的吸附性是煤结构中分子的不均匀分布和分子作用力不同所致,其吸附性大小主要取决于三个因素:煤结构、煤的有机组成和煤的变质程度,被吸附物质的性质,煤体吸附所处环境条件。由于煤对瓦斯的吸附是一种可逆现象,吸附瓦斯所处环境条件显得尤为重要。煤的吸附能力不仅受煤岩自身的性质制约,还受许多外部因素的影响,如温度、湿度、气体成分、瓦斯压力、粒度等。

5.1.3 瓦斯在煤层中的运移规律

成煤过程中,在高温、高压的作用下,煤中形成了大量的相互连通的微孔。而在漫长的地质年代中,地层的运动对煤体的破坏和搓揉又将煤层破坏成若干煤粒和煤块的集合体,因而煤层中存在一个巨大的孔隙、裂隙网。巷道空间内的气压约为一个大气压,而煤层瓦斯往往处于高压状态,故瓦斯从高压区向低压区运移,即表现出掘进与回采工作面的瓦斯涌出。瓦斯在煤层中的运移可以看作流体在多孔介质中的运移。

(1)多孔介质的基本特征

瓦斯以吸附状态和游离状态赋存于煤体中,并在其中运移。一般富含孔隙和裂隙的煤体可看作多孔介质,但要对多孔介质给出确切的定义是比较困难的。目前的研究认为多孔介质应具有如下特点:

① 多相性,即同时存在固相、液相和气相或同时存在固相和液相、固相和气相。固相部分称为固体骨架,固体骨架以外部分称为孔隙空间。

② 在多孔介质所占据的范围内,固体骨架遍布于整个多孔介质中。固体骨架具有很大的比表面积,孔隙空间的空隙比较狭窄。

③ 孔隙空间绝大多数空隙是连通的,只有少量的空隙是封闭的,流体在连通的空隙中流动。当流体在多孔介质中流动时,不但多孔介质的性质对流体的运动有影响,而且流体的性质也对流动产生影响。

（2）影响瓦斯流动的主要参数

① 煤层瓦斯压力。煤层瓦斯压力是指煤层孔隙中所含游离瓦斯呈现的压力,即瓦斯作用于孔隙壁的压力。煤层瓦斯含量是决定煤层瓦斯压力的一个主要因素,不论是煤中的游离瓦斯量,还是吸附瓦斯量,都与瓦斯压力密切相关。当煤的孔隙相同时,游离瓦斯量与瓦斯压力成正比;当煤的吸附能力相同时,煤层瓦斯压力越高,煤的吸附瓦斯量越大。

当前煤层所含的瓦斯量是地质残余瓦斯量,除了与煤的吸附性、孔隙率、温度和水分有关外,还与煤层中的瓦斯压力相关。煤层瓦斯压力取决于煤生成后煤层瓦斯的排放条件。在漫长的地质年代中,煤层瓦斯排放条件极其复杂,除了与覆盖层厚度和透气性、煤层透气性及煤地质构造条件有关外,还与覆盖层的含水性密切相关。当煤层瓦斯压力小于静水压力时,煤层瓦斯停止排放,瓦斯压力得以保存。对煤层瓦斯排放最不利的条件是覆盖层孔隙充满了水,这时煤层瓦斯压力最大,等同于水平静水压力。

② 煤层透气性。煤层透气性表征煤层对瓦斯流动的阻力,反映瓦斯沿煤层流动的难易程度,通常用透气性系数表示。原始煤层的渗透性通常很低,瓦斯在煤层中的流速也很小,每 24 h 流动几厘米到几米,属于层流,符合达西定律。

我国煤层透气性系数常用单位为 $m^2/(MPa^2 \cdot d)$,其物理意义是:在 1 m 长的煤体上,当压力平方差为 1 MPa^2 时,通过 1 m^2 煤体的断面上每日流过的瓦斯量（m^3）。1 $m^2/(MPa^2 \cdot d)$ 相当于 0.025 mD。王庄煤矿 9105 工作面所在的 3# 煤层属于高瓦斯浓度煤层,且透气性差,透气性系数为 0.120 9～1.741 5 $m^2/(MPa^2 \cdot d)$,属于较难抽放煤层。

煤层透气性主要取决于煤层内裂隙的大小和分布。煤层中的裂隙一般包括两个部分:一部分是煤体内部作用形成的裂隙,其中包含煤层层理和煤的胶粒结构间的裂隙;另一部分是煤体受外部作用形成的裂隙,即地质构造应力作用产生的裂隙和由采掘工作引起的新裂隙。由于煤层层理具有方向性,沿层理和垂直层理方向的透气性差别很大,相差数倍乃至数十倍。地质破坏造成的裂隙对透气性也有影响,加上煤质不均一和地应力活动的不均匀,因而煤层各处的透气系数相差较大,只能用平均值代表某一区域煤层的透气系数。在软煤带中进行采掘时,由于在采动地压作用下煤壁附近的软煤卸压,且煤层易破碎,煤壁附近卸压带宽,因此煤体透气系数增大,造成瓦斯涌出量增大。在地质破坏带的煤层中打钻时,也经常出现瓦斯剧烈涌出的现象。

5.1.4　瓦斯超限原因

在巷道掘进及工作面回采期间,瓦斯超限的主要原因包括:

（1）煤体原始瓦斯含量较大,当工作面割煤速度变快时,落煤量增多,导致落煤瓦斯涌出量突然增大。

（2）工作面割煤,煤体松软,小面积垮落,导致瓦斯涌出量瞬时增大。

（3）掘进机清底煤时,幅度大,煤量大,导致瓦斯涌出量瞬时增大。

（4）机尾错刀拉架,顶煤垮落,瓦斯瞬时涌出。

（5）巷道过长,在巷道掘进过程中通风困难,涌出的瓦斯得不到有效排出。

针对瓦斯报警情况,在生产过程中要严格控制放煤量,降低割煤速度,注意煤壁片帮,加强放煤期间的瓦斯管理,尽量控制清煤幅度,做到次数多、幅度小、煤量小,防止瓦斯突然大量涌出。

5.2 超长距离巷道瓦斯涌出机理与数值模拟

9105 工作面掘进长度为 3 400 m,属于超长高瓦斯浓度巷道掘进,为了实现对该巷道安全、高效掘进,需要对该巷道掘进过程中瓦斯涌出规律进行模拟分析。目前钻孔抽采瓦斯技术是治理和利用瓦斯最有效的方法和途径。本章采用 COMSOL Multiphysics 软件建立径向瓦斯流动模型,模拟分析上述超长距离巷道瓦斯涌出及流动规律,并对多钻孔抽采效果叠加现象进行分析,对现场瓦斯抽采具有指导意义。

5.2.1 数值模拟软件 COMSOL 简介

COMSOL Multiphysics 是一款大型的专业有限元数值仿真系统,是一种针对多物理场模型进行建模和仿真计算的交互式开发环境系统。因该软件的建模求解功能基于一般偏微分方程的有限元求解,不仅适用于模拟科学和工程领域各种物理过程,还能够以高效的计算性能和强大的多场直接耦合分析能力实现任意多物理场的高精度数值仿真,得到了广泛应用。

COMSOL Multiphysics 软件通过偏微分方程组(PDEs)建模求解任意物理场耦合方程。定义和耦合任意数量偏微分方程的能力使得 COMSOL Multiphysics 成为所有科学和工程领域内物理过程的建模和仿真的强大分析工具。除软件系统自带的结构力学模块、化学工程模块、热传递模块、AC/DC 模块、射频模块、微机电模块、地球科学模块和声学模块外,用户还可以基于自定义偏微分方程进行模型的二次开发,如图5-1所示。

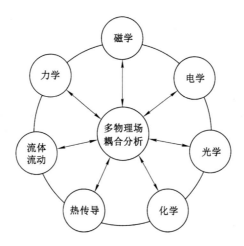

图 5-1　COMSOL Multiphysics 多物理场耦合示意图

现实中的问题(尤其是很多交叉学科)往往是多种物理场的叠加和耦合。应用 COM-SOL Multiphysics 的多物理场功能,可以针对同一几何模型定义几种物理模型,友好的软件操作界面帮助用户比较容易定义耦合量,从而实现多物理场的耦合分析。近年来,随着耦合模型研究的不断进步,将某种耦合桥梁引入多场耦合分析中越来越受到重视,通过该耦合桥梁可以实现考虑参数动态演化的多场耦合分析。COMSOL Multiphysics 的多物理场耦合分析的特点是以偏微分方程为基础建立耦合模型以解决科学与工程问题,通过友好的操作界面,用户可以根据需要选择或建立适合自己的耦合方程组,从而得到所研究问题的非线性耦合数学模型。

5.2.2　煤层流-固耦合模型的研究现状

煤储层是含有孔隙和裂隙的多孔介质,其中固相、液相和气相并存。关于岩石(煤)中流体流动问题,学者们采用经典渗流力学已进行了广泛研究,但没有考虑流体流动和岩石(煤)变形之间的作用。而实际中,例如本书所研究的深部不可采煤层中封存 CO_2 ,由于孔隙流体压力变化,一方面,会引起煤储层骨架应力变化,从而导致煤体渗透特性发生变化;另一方面,这些变化又反过来影响孔隙流体的流动和压力。因此,许多情况下必须考虑流体,包括液体(水等)、气体(煤层气、天然气等)在多孔介质中的流动规律及其对岩石(煤)变形或强度的影响,即应考虑煤、岩体应力场与渗流场之间的耦合作用。

在煤层瓦斯流动的流-固耦合研究方面,矿井下煤层 CH_4 流动的固结数学模型由赵阳升等[141]提出,采用有限元软件建立均质岩体的固气耦合数学模型并求解,从而奠定了这一研究的基础。梁冰等[142]利用塑性力学的内变量理论进一步发展了 CH_4 突出的固-气耦合数学模型。刘建军等[143]研究了煤层气的运移产出和煤体变形的流-固耦合问题,建立了比较完善的煤层气储层流固耦合模型。孙可明等[144]在考虑气溶于水的情况下建立了煤层气开采过程中的气、水两相流阶段的渗流场与煤岩体变形场以及物性参数间耦合作用的多相流-固耦合渗流模型。通过将岩土质点的位移分量引入渗流场、渗流场中的孔隙流体压力引入变形场、有效应力和孔隙流体压力引入渗流物性参数中,实现了渗流场和煤岩变形场的流固耦合。孙可明等[145]对低渗透煤层注气开采煤层气增产规律进行了研究,将煤层抽象描述为双孔隙率、单渗透率的双重孔隙介质模型,给出了煤储层中煤层气的储集、运移和产出机理,并建立了反映解吸、扩散、渗流过程的低渗透双重介质气、水两相流流-固耦合模型和注气增产煤层气多组分流体流-固耦合模型。李祥春等[146]在考虑煤吸附 CH_4 产生膨胀应力的前提下,根据煤体受力平衡条件建立煤体有效应力表达式,并根据流-固耦合渗流理论的基本思想,建立煤层 CH_4 流-固耦合数学物理模型。王惠芸等[147]在考虑气体滑脱效应情况下建立了煤层气在低渗透储层中渗流的数学模型,采用拉普拉斯变换和留数计算方法进行解析,得出了气体非线性渗流的压力分布规律,并将其与达西渗流条件下计算的结果进行对比分析。李小春等[148]研究了二氧化碳煤层封存流动流-固耦合问题,给出了 CO_2-ECBM 过程中固-气耦合分析的完整数学模型,提出了考虑吸附膨胀效应的煤岩孔隙率、渗透率的动态演化方程。冯启言等[149]将煤体看作单孔介质,建立了气体竞争吸附、竞争扩散、气体渗流以及煤体变形的多物理场耦合数学模型,模型中包含煤层变形方程、适用于变应力边界的孔隙率和渗透率方程、二氧化碳和 CH_4 气体的对流扩散耦合方程以及三者的耦合方程。

5.2.3 瓦斯运移的多物理场耦合方程

5.2.3.1 煤层变形的控制方程

本节公式的相关规定如下:逗号后面的下标表示对某一方向坐标求导,同一个字母中重复的下标表示求和。

煤体变形的几何方程为:

$$\varepsilon_{ij} = \frac{1}{2}(u_{i,j} + u_{j,i}) \quad (i = 1,2,3; j = 1,2,3) \tag{5-3}$$

式中,ε_{ij} 为应变张量的分量;u_i 为位移分量;i,j 表示空间坐标。

忽略惯性力作用,平衡方程可以表示为:

$$\sigma_{ij,j} + f_i = 0 \tag{5-4}$$

式中,σ_{ij} 为应力张量的分量;f_i 为体力的分量。

此处假设吸附力产生的应变仅使体积应变产生变化,即吸附应变在空间三个方向上的分量是相同的。这样由吸附引起的基质块的膨胀作用与由温度变化引起的体积变化是相似的,均为均匀变形。基于多孔介质弹性理论,在吸附力作用下煤的本构方程为:

$$\varepsilon_{ij} = \frac{1}{2G}\sigma_{ij} - \left(\frac{1}{6G} - \frac{1}{9K}\right)\sigma_{kk}\delta_{ij} + \frac{\alpha}{3K}p_m\delta_{ij} + \frac{\beta}{3K}p_f\delta_{ij} + \frac{\varepsilon_s}{3}\delta_{ij} \tag{5-5}$$

对于双重孔隙介质模型,裂隙的存在对煤的物理、力学性能产生很大影响。式(5-5)中的弹性参数由以下公式定义:

$$\begin{cases} C_1 = \dfrac{1}{E} \\[2mm] C_2 = \dfrac{1}{K_n a} \\[2mm] D = \dfrac{1}{C_1 + C_2} \end{cases} \tag{5-6}$$

$$G = \frac{D}{2(1+\nu)} \tag{5-7}$$

$$K = \frac{D}{3(1-2\nu)} \tag{5-8}$$

$$\alpha = 1 - \frac{K}{K_s} \tag{5-9}$$

$$\beta = 1 - \frac{K_p}{K_s} \tag{5-10}$$

式中,E 为弹性模量;G 为剪切模量;σ_{kk} 为正应力分量;p 为孔隙压力;下标 m 表示基质块的参数,下标 f 表示裂隙的参数;ε_s 为吸附应变;α,β 分别为基质块和裂隙中的 Biot 系数;K 为煤的体积模量;K_s 为煤基质的体积模量;K_n 为单个裂隙的法向刚度;δ_{ij} 为 Kronecker 符号。

联立式(5-3)、式(5-4)、式(5-5),得到 Navier 型的公式:

$$Gu_{i,kk} + \frac{G}{1-2\nu}u_{k,ki} - \alpha p_{m,i} - \beta p_{f,i} - K\varepsilon_{s,i} + f_i = 0 \tag{5-11}$$

式(5-11)即煤层变形的控制方程。在该式中,基质块中的孔隙压力 p_m、裂隙中的孔隙压力 p_f 和气体的吸附应变 ε_s 与气体的流动方程相关联。

5.2.3.2 气体流动的控制方程

煤层中气体的质量平衡方程为：

$$\frac{\partial m}{\partial t} + \nabla \cdot (\rho_g \boldsymbol{q}_g) = Q_s \tag{5-12}$$

式中，m 为单位体积煤中所含气体的质量，包含自由态的气体（游离相）和吸附在煤基质表面的吸附相气体；ρ_g 是煤层中气体的密度；$\boldsymbol{q}_g$ 是达西定律的速度矢量；Q_s 为气体的补给源；t 为时间。

单位体积煤中的气体质量可用式（5-13）来定义：

$$m = \rho_g \varphi + (1 - \varphi) \rho_{ga} \rho_c \frac{V_L p}{p + p_L} \tag{5-13}$$

式中，下标 g 表示气体；下标 c 表示煤；φ 为孔隙率；ρ_{ga} 为标准状态下气体的密度；V_L 为朗缪尔体积常数；p_L 为朗缪尔压力常数。

根据理想气体的状态方程可得到气体密度与压力之间的关系式：

$$\rho_g = \frac{M_g}{RT} p \tag{5-14}$$

式中，M_g 为气体的分子质量；R 为理想气体常数；T 为气体的绝对温度。

由于气体的质量很小，气体重力在煤层中的流动和扩散过程中的影响非常小，故此处忽略重力的影响，根据达西定律得到气体的速度矢量：

$$\boldsymbol{q}_g = -\frac{k}{\mu} \nabla \cdot p \tag{5-15}$$

式中，k 为煤的渗透率；μ 为气体的动力黏度系数。

根据菲克定律得到气体在基质块中的扩散速度：

$$\boldsymbol{J}_g = -D \nabla \cdot C \tag{5-16}$$

式中，$\boldsymbol{J}_g$ 为气体的扩散速度；C 为气体的浓度；D 为气体的扩散系数。

本章只研究单一组分气体（CH_4 或 CO_2），根据理想气体的假设，孔隙压力和气体浓度之间的关系式为：

$$p = RTC \tag{5-17}$$

将式（5-17）代入达西定律速度矢量表达式（5-15）中可得：

$$\boldsymbol{q}_g = -\frac{kRT}{\mu} \nabla \cdot C \tag{5-18}$$

对比式（5-15）和式（5-18）可知两式是等效的，因此本节推导气体流动扩散方程均采用达西定律的速度矢量。

将式（5-13）、式（5-14）、式（5-15）代入式（5-12）中，得到煤层中的气体渗流和扩散的控制方程：

$$\left[\varphi + (1 - \varphi_m) p_{ga} \rho_c \frac{V_L p}{p + p_L} \right] \frac{\partial p}{\partial t} + p \frac{\partial \varphi}{\partial t} + \nabla \cdot \left(-\frac{k}{\mu} p \nabla \cdot p \right) = Q_s \tag{5-19}$$

5.2.3.3 孔隙率与渗透率方程

煤层气开采过程中，气体压力逐渐降低，原来吸附在煤基质中呈固态的气体吸附物逐渐解吸还原为气态扩散到裂隙中。气体在煤基质表面的吸附和解吸会使煤基质产生变形。这种变形对煤基质中的孔隙有非常重要的影响，同时煤基质的膨胀和收缩对裂隙的渗透率也有非常大的影响。因此研究煤层孔隙率和渗透率的动态变化规律对煤层气开采具有重要的意义。

多孔介质包含固体体积 V_s 和孔隙体积 V_p，假设总体积 $V = V_p + V_s$，孔隙率 $n = V_p/V$。根据式(5-6)，随着 $\bar{\sigma}$ 和 p 的加载，该多孔介质的体积变化可以用 $\dfrac{\Delta V}{V}$ 和 $\dfrac{\Delta V_p}{V_p}$ 来描述，分别表示煤块的体积应变和孔洞的体积应变。

$$\frac{\Delta V}{V} = -\frac{1}{K}(\bar{\sigma} - \alpha p) + \varepsilon_s \tag{5-20}$$

$$\frac{\Delta V_p}{V_p} = -\frac{1}{K_p}(\bar{\sigma} - \beta p) + \varepsilon_s \tag{5-21}$$

式中，$\beta = 1 - \dfrac{K_p}{K_s}$。

假设由吸附作用引起的应变对煤块和孔洞是一样的。不考虑气体吸附效应，多孔介质的体积变化满足麦克斯韦倒数定理，即 $(\partial V/\partial P)_{\bar{\sigma}} = (\partial V_p/\partial \bar{\sigma})_p$，故可得到：

$$K_p = \frac{n}{\alpha} K \tag{5-22}$$

根据孔隙率的定义可以推导得出下面的表达式：

$$\frac{\Delta V}{V} = \frac{\Delta V_s}{V_s} + \frac{\Delta n}{1-n} \tag{5-23}$$

$$\frac{\Delta V_p}{V_p} = \frac{\Delta V_s}{V_s} + \frac{\Delta n}{n(1-n)} \tag{5-24}$$

解式(5-20)、式(5-21)、式(5-23)、式(5-24)，得到：

$$\Delta n = n\left(\frac{1}{K} - \frac{1}{K_p}\right)(\bar{\sigma} - p) \tag{5-25}$$

将式(5-4)、式(5-22)代入式(5-25)，得到：

$$\Delta n = (\alpha - n)\left(\varepsilon_v + \frac{p}{K_s} - \varepsilon_s\right) \tag{5-26}$$

如果压力为 p_0 时初始孔隙率为 n_0，初始体积应变为 0，则孔隙率可表示为：

$$n = \frac{1}{1+S}\left[(1+S_0)n_0 + \alpha(S - S_0)\right] \tag{5-27}$$

式中，$S = \varepsilon_v + \dfrac{p}{K_s} - \varepsilon_s$；$S_0 = \dfrac{p_0}{K_s} - \varepsilon_L \dfrac{p_0}{p_0 + p_L}$。

根据 G. V. Chilingar 在 1964 年提出的立方规律，得出多孔介质的渗透率和孔隙率之间的关系式：

$$\frac{k}{k_0} = \left\{\frac{1}{1+S}\left[(1+S_0) + \frac{\alpha}{n_0}(S - S_0)\right]\right\}^3 \tag{5-28}$$

式中，k_0 为初始压力为 p_0 和初始孔隙率为 n_0 时的初始渗透率。

式(5-27)和式(5-28)分别表示一个一般的孔隙率模型和一个一般的渗透率模型，这些模型可以应用于变应力情况。如果考虑 $S \ll 1$ 和 $S_0 \ll 1$，可得到孔隙率的简化表达式：

$$n = n_0\left\{1 + \frac{\alpha}{n_0}\left[\varepsilon_v + \frac{p - p_0}{K_s} + \frac{S_L p_L(p_0 - p)}{(p_0 + p_L)(p + p_L)}\right]\right\} \tag{5-29}$$

因此煤块的孔隙率和渗透率是由与有效应力相关的体积应变[式(5-5)]、颗粒体积应变和气体解吸附作用引起的体积应变控制的。由式(5-5)注意到体积应变或者有效应力与气体解吸附作用引起的体积应变都不是独立的。很明显,一般的煤块孔隙率模型和渗透率模型与煤层的变形是耦合的。而孔隙率模型和渗透率模型都限定了煤块变形和气体解吸的相互作用。

如果 $S \ll 1, S_0 \ll 1, K_s \gg K$,煤层是在单轴应变的条件下且超负荷保持不变,那么由式(5-27)可以得到孔隙率的简化表达式:

$$n = n_0 + \frac{(1+\nu)(1-2\nu)}{E(1-\nu)}(p-p_0) - \frac{2(1-2\nu)}{3(1-\nu)}\left(\frac{\varepsilon_L p}{p+p_L} - \frac{\varepsilon_L p_0}{p_0+p_L}\right) \tag{5-30}$$

这与 Palmer 和 Mansoori 所提出的模型是一样的。应用应力-应变关系,并且假设 ε_{33} 是单轴应变与荷载的方向一致,Palmer-Mansoori 模型也可表达为:

$$n = n_0 \left\{1 + \frac{1}{n_0}\left[\varepsilon_{33} + \frac{\varepsilon_L p_L (p_0 - p)}{(p_0 + p_L)(p + p_L)}\right]\right\} \tag{5-31}$$

比较式(5-30)与式(5-31)可知 Palmer-Mansoori 模型仅适用于单轴应变、持续的超负荷和颗粒的体积模量无穷大的情况。

5.2.3.4 耦合控制方程

将式(5-10)、式(5-22)代入式(5-11),将煤层变形的控制方程[式(5-11)]重新写为:

$$Gu_{i,kk} + \frac{G}{1-2\nu}u_{k,ki} - \alpha p_{,i} - \frac{K\varepsilon_L p_L}{(p+p_L)^2}p_{,i} + f_i = 0 \tag{5-32}$$

由式(5-27)可得到 n 对时间的偏导数为:

$$\frac{\partial n}{\partial t} = \frac{\alpha - n}{1+S}\left[\frac{\partial \varepsilon_v}{\partial t} + \frac{1}{K_s}\frac{\partial p}{\partial t} - \frac{\varepsilon_L p_L}{(p+p_L)^2}\frac{\partial p}{\partial t}\right] \tag{5-33}$$

将式(5-33)代入式(5-12)可以得到伴随吸附作用的气体通过煤层流动的控制方程为:

$$n + \frac{\rho_c p_a V_L p_L}{(p+p_L)^2} + \frac{(\alpha-n)p}{(1+S)K_s} - \frac{(\alpha-n)\varepsilon_L p_L p}{(1+S)(p+p_L)^2} - \nabla \cdot \left(\frac{k}{\mu}p\Delta p\right) = Q_s - \frac{(\alpha-n)p}{(1+S)}\frac{\partial \varepsilon_v}{\partial t} \tag{5-34}$$

5.2.3.5 边界条件和初始条件

对于 Navier 型的方程,位移边界条件和应力边界条件可以定义为:

$$\begin{cases} u_i = u_i(t) \\ \sigma_{ij}n_j = F_i(t) \end{cases} \tag{5-35}$$

式中,$u_i(t), F_i(t)$ 分别为作用在边界 $\partial\Omega$ 上的位移分量和应力分量;n_j 为垂直于边界的法向矢量的方向余弦。

求解域 Ω 的初始位移条件和初始应力条件可以定义为:

$$\begin{cases} u_i(0) = u_0 \\ \sigma_{ij}(0) = \sigma_0 \end{cases} \tag{5-36}$$

式中,u_0, σ_0 分别为求解域 Ω 中的初始位移和初始应力。

对于气体流动方程,可以采用 Dirichlet 边界条件和 Neumann 边界条件进行描述:

$$\begin{cases} p = p(t) \\ \boldsymbol{n} \cdot \frac{k}{\mu}\nabla p = Q_s(t) \end{cases} \tag{5-37}$$

式中,$p(t), Q_s(t)$ 分别为求解域边界 $\partial\Omega$ 上的气体压力和气体流动速度。

气体流动的初始条件可以表述为：

$$p(0) = p_0 \tag{5-38}$$

5.2.4 煤层巷道瓦斯涌出数值模拟

5.2.4.1 数值模型的建立及参数选取

建立如图 5-2 所示三维模型来求解前面建立的多孔介质耦合方程。由于该模型耦合了变形和流动方程,需要给出求解各个方程所需要的初始条件和边界条件。对于气体流动方程,假设煤层中的初始压力为 3 个大气压;气体从前、后壁面和 2 个钻孔面流出。模型求解所需要的参数见表 5-1。

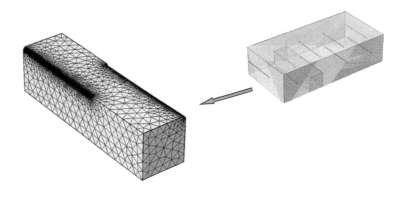

图 5-2 数值模型

表 5-1 数值模型的求解参数

参　　数	值
煤的弹性模量 E/MPa	2 713
煤基质的弹性模量 E_s/MPa	8 143
泊松比 ν	0.339
煤的密度 ρ_c/(kg/m³)	1 400
标准状态下 CH_4 的密度 ρ_g/(kg/m³)	0.717
CH_4 的动力黏度 μ/(Pa·s)	1.84×10^{-5}
CH_4 的朗缪尔压力常数 P_L/MPa	6.109
CH_4 的朗缪尔体积常数 V_L/(m³/kg)	0.015
CH_4 的朗缪尔体积应变常数 ε_L	0.022 95
基质块的初始孔隙率 φ_0	0.02
基质块的初始渗透率 k_0/m²	10^{-18}

5.2.4.2 瓦斯压力演化规律模拟结果分析

巷道开挖后煤层内瓦斯压力随时间的演化如图 5-3 所示。从图中可以明显看出:随着时间的推移,瓦斯不断渗出,煤层中瓦斯压力不断减小,而瓦斯压力与瓦斯含量成正比,煤层中的瓦斯含量也不断减小。巷道煤壁处的瓦斯压力在其开挖后立即降低,随着时间的推移,瓦斯压力的降低从巷道煤壁向煤层深部发展,这是由于瓦斯逐渐发生渗流,渗出到巷道的空气中,从而导致煤层内的瓦斯压力逐渐减小。

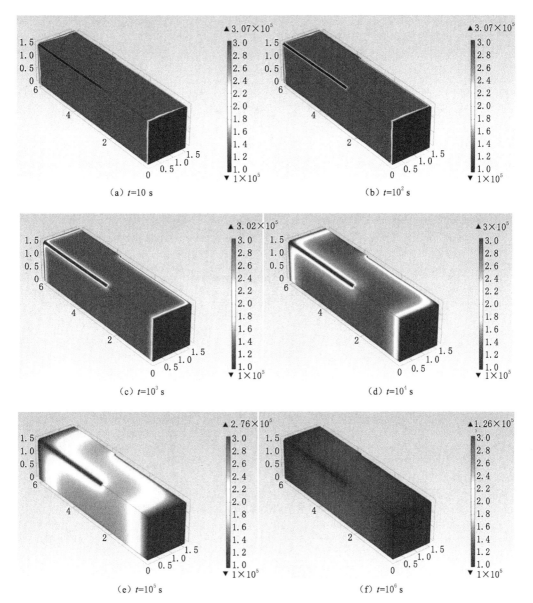

图 5-3 煤层中瓦斯压力随着时间的演化(单位:Pa)

某一时刻($t=10^6$ s)煤层中钻孔附近瓦斯压力等值线如图 5-4 所示,其抽采钻孔周围瓦斯流速场如图 5-5 所示。

从图 5-4 可以看出:越靠近钻孔附近区域,瓦斯的压力等值线越密,瓦斯的压力梯度越大,这样更有利于瓦斯的解吸和析出。

从图 5-6 和图 5-7 可以看出:越靠近抽采孔位置,煤壁表面的瓦斯流量越小,流速等值线越密。在远离抽采孔区域,瓦斯流量越大,流速等值线越疏,即钻孔附近瓦斯渗出量少,渗出速度慢,而离抽采孔越远,瓦斯渗出量越大,渗流速度越快。

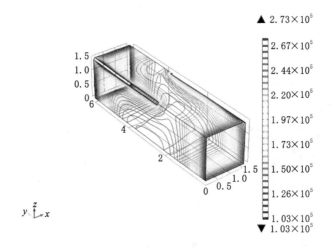

图 5-4 某一时刻($t=10^6$ s)煤层中钻孔附近瓦斯压力的等值线图(单位:Pa)

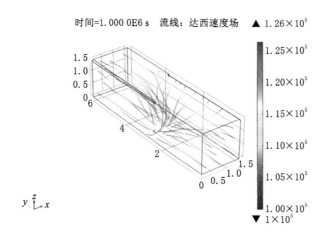

图 5-5 钻孔附近煤层中单位面积瓦斯压力的等值线图(单位:Pa)

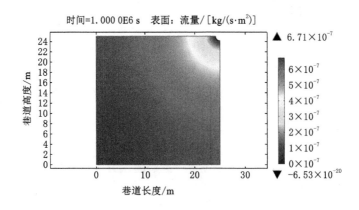

图 5-6 巷道壁表面瓦斯流量图

　　巷道中的瓦斯主要是从巷道两帮的煤层中渗出来的,钻孔抽采能有效降低巷道中的

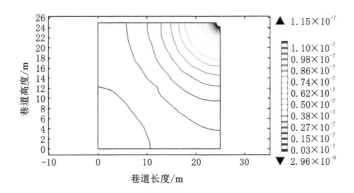

图 5-7　巷道壁单位体积表面瓦斯流速等值线图(单位:m/s)

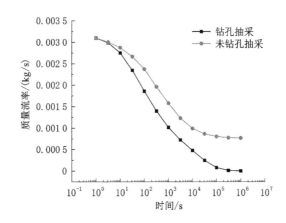

图 5-8　巷道煤壁瓦斯渗出质量流率随时间的变化曲线

瓦斯含量,但仍有部分瓦斯会从巷道壁渗入巷道,图 5-8 为数值模拟计算得到的瓦斯渗出质量流率随时间的变化曲线。瓦斯开始渗出较快,但随着时间的推移,瓦斯质量流量速度变化减缓。而且通过比较,钻孔抽采对减小巷道中的瓦斯排放量有显著效果。

5.2.4.3　瓦斯抽采影响因素模拟分析

为了预防煤巷中瓦斯超限,采用钻孔抽采瓦斯。影响瓦斯抽采效率的 3 个主要因素:抽采负压、钻孔深度、钻孔间距。下面通过数值模拟对 3 个因素分别进行模拟分析其对煤层瓦斯抽采效率的影响机制。

(1)抽采负压对瓦斯抽采的影响机制

通过数值模拟,分别分析钻孔内为大气压(无负压)、0.5 个大气压和真空状态下的模型侧表面和上表面瓦斯的渗流情况。

图 5-9 至图 5-11 是模型侧表面的流线及压力等值线图。从图中可以明显看出:瓦斯的流场分为三个部分:① 最左侧梯形部分流线最后都从左边界流出;② 最右侧三角部分的流线从右边界流出;③ 中间面积最大部分的流线从上面钻孔边界流出。

从左右边界流出的区域面积越小,从钻孔流出去的区域面积越大,说明瓦斯抽采的效果越好。通过比较上面三个图可以看出:钻孔内负压值越小,从左边界和右边界流出的区域面积越

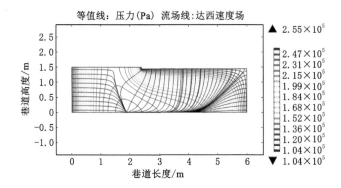

图 5-9　钻孔内无负压条件下侧表面流线及压力等值线图

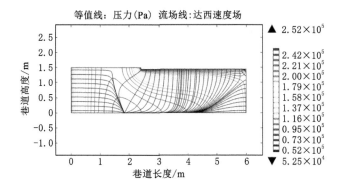

图 5-10　钻孔内为 0.5 个大气压的条件下侧表面流线及压力等值线图

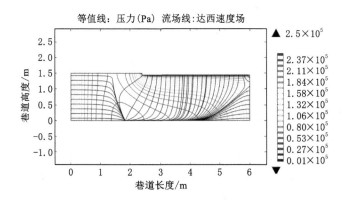

图 5-11　钻孔内为真空条件下侧表面流线及压力等值线图

小,从中间抽采孔流出的区域面积越大,即钻孔内负压值越小时瓦斯抽采效果越好。

图 5-12 至图 5-14 是模型上表面的流线及压力等值线图。从图中可以明显看出:瓦斯的流场也分为 3 个部分,最左侧三角形部分流线最后都从左边界流出,最右侧三角部分的流线从右边界流出,中间面积最大部分的近似平行四边形部分流线从上、下两边的钻孔边界流出。通过比较上面 3 个图也可得相同的结论:钻孔内负压值越小,瓦斯抽采效果越好。

在煤层中任取一点,对该点的孔隙压力在不同钻孔负压条件下随时间的变化规律进行分析,所得结果如图 5-15 所示。

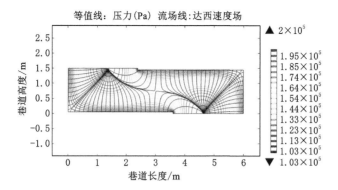

图 5-12　钻孔内无负压条件下上表面流线及压力等值线图

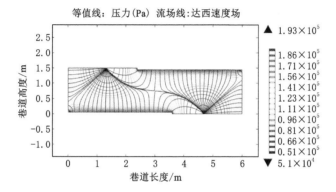

图 5-13　钻孔内为 0.5 个大气压条件下侧表面流线及压力等值线图

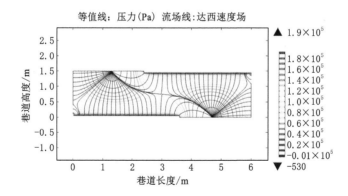

图 5-14　钻孔内为真空条件下侧表面流线及压力等值线图

从图 5-15 可以看出:无论钻孔中负压值为多大,煤层中的孔隙压力都随着时间增加而减小。当负压值不同时,负压值越小,其孔隙压力随时间变化越快。由此可知:钻孔内负压值越小,对煤层中瓦斯的抽采效果影响越明显。

(2) 钻孔深度对瓦斯抽采的影响机制

通过数值模拟分别分析钻孔深度为 2.4 m、3 m 和 3.6 m 时模型侧表面和上表面瓦斯的渗流情况,结果如图 5-16 至图 5-21 所示。

图 5-16 至图 5-18 是模型侧表面的流线及压力等值线图。从图中可以明显看出:钻孔

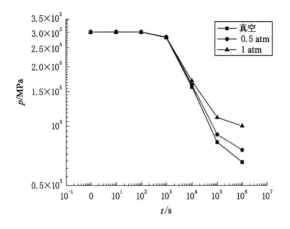

图 5-15　煤层中某点在钻孔内不同压力条件下压力随时间的变化曲线

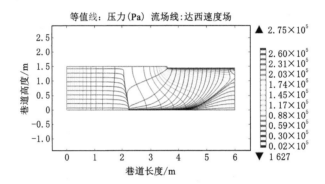

图 5-16　钻孔深度为 2.4 m 时侧表面流线及压力等值线图

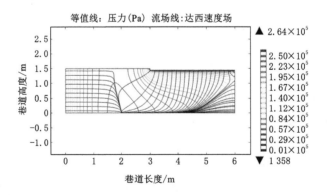

图 5-17　钻孔深度为 3 m 时侧表面流线及压力等值线图

深度的变化主要对左侧梯形区域和中间部分的面积有影响,钻孔加深,左侧梯形区域面积减小(释放到巷道中的瓦斯越少),中间部分面积增大(从钻孔中抽采的瓦斯量越大),瓦斯抽采效果越好。

图 5-19 至图 5-21 是模型上表面的流线及压力等值线图。从图中可以明显看出:钻孔越深,左、右两侧三角形区域的面积越小(释放到巷道中的瓦斯越少),中间平行四边形区域的面积越大(从钻孔中抽采的瓦斯量越大),瓦斯抽采效果越好。

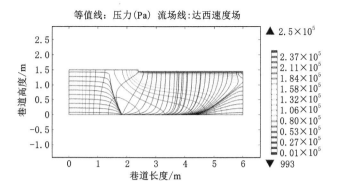

图 5-18　钻孔深度为 3.6 m 时侧表面流线及压力等值线图

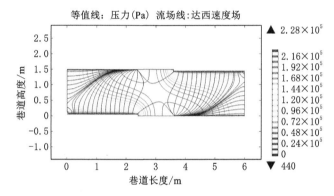

图 5-19　钻孔深度为 2.4 m 时上表面流线及压力等值线图

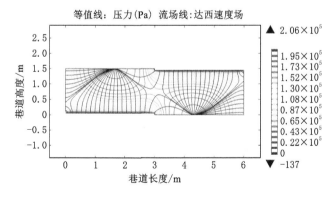

图 5-20　钻孔深度为 3 m 时上表面流线及压力等值线图

　　在煤层中任取一点,对该点孔隙压力在不同钻孔深度时随时间的变化规律进行分析,所得结果如图 5-22 所示。

　　从图 5-22 可以看出:无论孔深为多少,煤层中的孔隙压力都随着时间的推移而减小,这是瓦斯解吸和渗出的缘故。当孔深越大时,同一时间点的煤层孔隙压力越小。由此可知:钻孔深度的变化对煤层中瓦斯的抽采效果影响明显,且钻孔越深,效果越好。

　　(3)钻孔间距对瓦斯抽采的影响机制

　　通过数值模拟分别分析钻孔间距为 1 m、1.5 m 和 2 m 时模型上表面瓦斯的渗流情况。

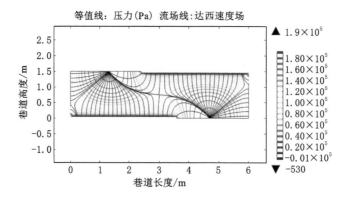

图 5-21　钻孔深度为 3.6 m 时上表面流线及压力等值线图

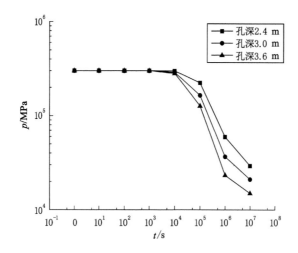

图 5-22　煤层中某点在不同钻孔深度时压力随时间的变化曲线

图 5-23 至图 5-25 是模型上表面的压力分布图。从图中可以明显看出：孔隙压力较大区域都集中在远离钻孔区域，而钻孔附近的孔隙压力很小，这说明抽采钻孔附近的瓦斯首先解吸，之后逐渐向远离钻孔区域扩展。另外，相同时间时，钻孔间距越小，高压区域越小，压力最大值也越小，说明瓦斯抽采钻孔间距越小，瓦斯抽采量越大，抽采效果越好。

在煤层中任取一点，对该点的孔隙压力在不同钻孔间距时随时间的变化规律进行分析，所得结果如图 5-26 所示。由图 5-26 可以看出：在开始的一段时间内，孔隙压力并未出现变化，这是因为瓦斯的解吸需要一定的时间。随着时间的推移，当解吸降压范围扩展至该点时，煤层孔隙压力才逐渐减小，并且压力减小程度随着孔间距的减小而增大。由此可知：钻孔间距的变化对煤层中瓦斯的抽采效果影响明显，且钻孔间距越小，效果越好。

综上所述，钻孔抽采瓦斯可以有效地抽采瓦斯，防止巷道中的瓦斯浓度超标。钻孔内负压越小，钻孔深度越大，钻孔间距越小，则瓦斯抽采效率越高，效果越好。但考虑到工程成本，在保证巷道内瓦斯含量在安全范围内的前提下，可适当调节钻孔深度和钻孔间距，以减小工程量。

下面通过数值模拟分析抽采效果相近时探讨钻孔深度和钻孔间距的合理设计方案。

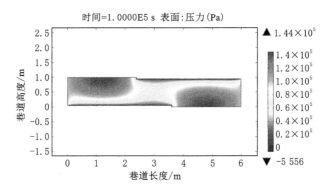

图 5-23　钻孔间距为 1 m 时上表面的应力分布图

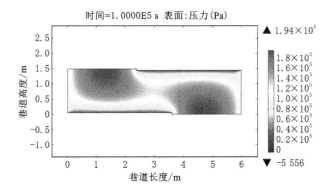

图 5-24　钻孔间距为 1.5 m 时上表面的应力分布图

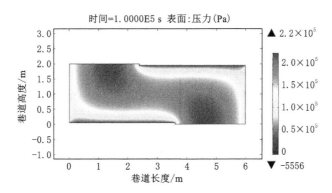

图 5-25　钻孔间距为 2 m 时上表面的应力分布图

图 5-27 至图 5-29 中的 3 种组合分别为钻孔间距 1 m、孔深 2 m,钻孔间距 1.5 m、孔深 3 m 和钻孔间距 2 m、孔深 4 m。从图中可以看出:3 种钻孔布置方式的瓦斯抽采效果相近,且钻孔深度与钻孔间距之比相同。因此可以适当增大钻孔间距并增大单孔深度,减小挪动钻孔机械的工作量。

5.2.4.4　超长巷道中瓦斯流动模拟结果

由图 5-30 和图 5-31 可以看出:巷道中间部分气体流速较快,贴近巷道顶、底板和两帮附近时流速较慢,这是气体的黏滞性导致的。由于气体黏度较小,故这种黏滞效应影响范围

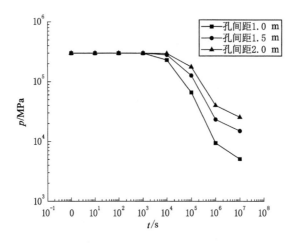

图 5-26　煤层中某点在不同钻孔间距条件下的压力随时间变化曲线

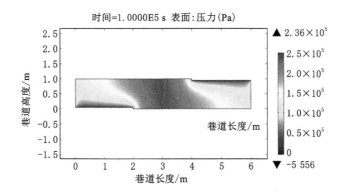

图 5-27　钻孔间距 1 m、孔深 2 m 时上表面的压力分布图

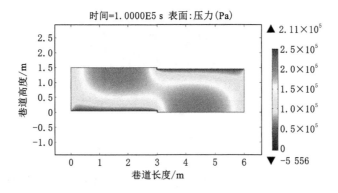

图 5-28　钻孔间距 1.5 m、孔深 3 m 时上表面的压力分布图

较小。因此可以初步判断瓦斯更容易在巷道顶、底板及两帮附近聚集,尤其是巷道 4 个交角处(瓦斯浓度最高)。

　　图 5-32 至图 5-35 为 9105 工作面回采巷道中瓦斯浓度的分布图与切面图。图中通风是从左向右。随着煤巷的开挖,巷道深度不断增加,早期开挖的部分,两帮的瓦斯渗出速率已

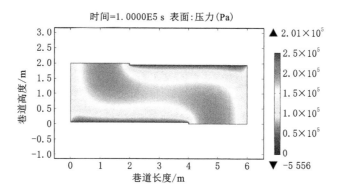

图 5-29　钻孔间距 2 m、孔深 4 m 时上表面的压力分布图

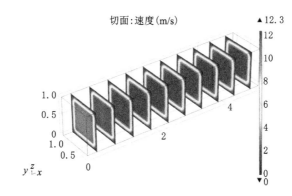

图 5-30　巷道中的气体流速图

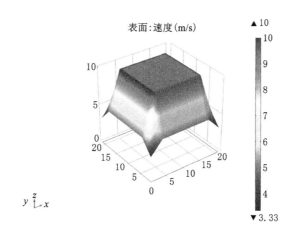

图 5-31　巷道中间切面的瓦斯流动速度图

经很小,所以会出现两帮瓦斯浓度渗出速率随位置而不同的现象。将钻孔抽采与未钻孔抽采的巷道进行对比,可以明显看出钻孔抽采可以有效降低巷道中的瓦斯含量。

　　下面针对钻孔抽采和未钻孔抽采巷道中的瓦斯浓度切面图进行具体分析,对不同位置

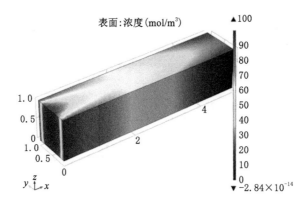

图 5-32　钻孔抽采巷道中的瓦斯浓度分布图

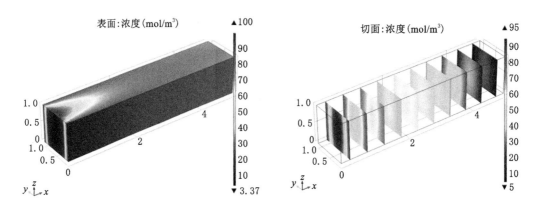

图 5-33　未钻孔抽采巷道中的瓦斯浓度分布图　　　图 5-34　钻孔抽采巷道中的瓦斯浓度切面图

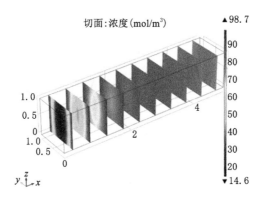

图 5-35　未钻孔抽采巷道中的瓦斯浓度切面图

切面处的瓦斯浓度进行分析。

　　图 5-36 是钻孔抽采巷道不同位置切面的瓦斯浓度图。可以看出：靠近进风口位置（$x=0$）处以及靠近两帮位置的瓦斯浓度较高，这主要是由于两帮处煤壁瓦斯渗出速率最快，而空气进入后，在煤壁附近流速较慢，所以瓦斯对流扩散慢，形成聚集，但该区域较小；而中间部分瓦斯浓度较低，是由于瓦斯还未扩散到中间，且空气流动速度快。随着 x 增大，中间部分瓦斯浓度

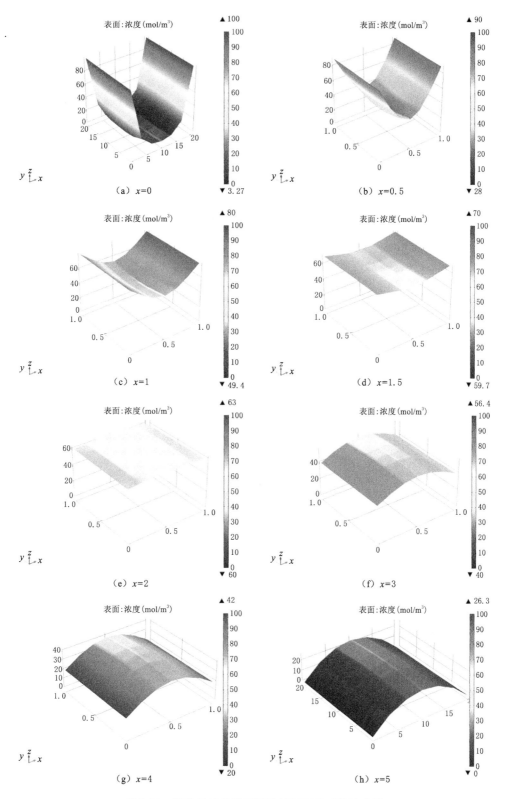

图 5-36　钻孔抽采巷道不同位置切面的瓦斯浓度图

逐渐升高,这主要是由于随着空气的流动,瓦斯在巷道中扩散。$x=1.5\sim2$ 时,瓦斯分布比较均匀,且浓度较高,这一段是巷道中的危险区域,应该重点监测。后半段逐渐形成两帮浓度低、中间浓度高的状况,这是由于两帮的瓦斯渗出量已经很少,而靠近两壁的流速又较慢,上风向吹过来的瓦斯较难扩散到靠近煤壁位置,因此形成了小块的瓦斯浓度较低区域。

图 5-37 是未钻孔抽采巷道不同位置切面的瓦斯浓度图。在 $x=1$ 之前与钻孔开采的巷道内瓦斯浓度分布相似,主要区别在于 $x=1$ 以后的位置。后面的瓦斯浓度分布都比较均匀,且浓度较高,这主要是由于未进行钻孔抽采,煤壁长时间源源不断地向巷道内渗出瓦斯,

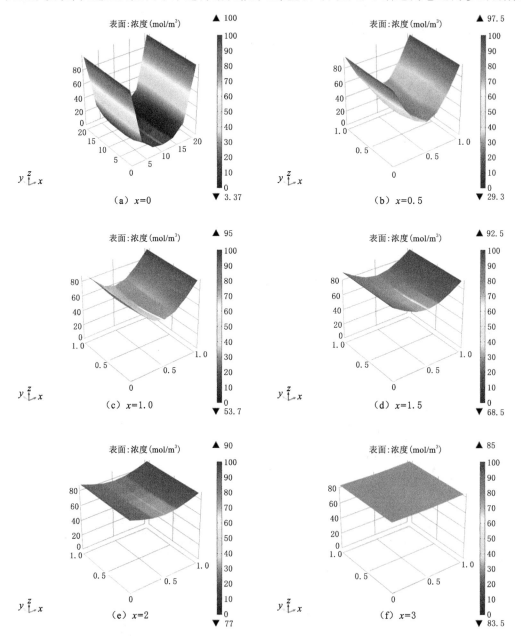

图 5-37　未钻孔抽采巷道不同位置切面的瓦斯浓度图

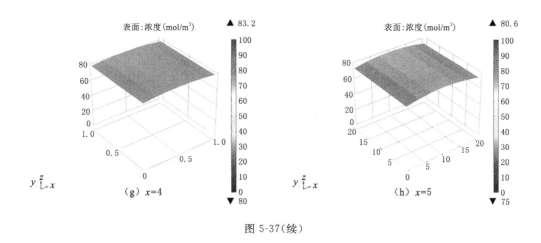

图 5-37(续)

靠近出口位置的煤壁瓦斯渗出率仍然较高,导致巷道中瓦斯浓度降不下来。由此可以更清楚地比较得出钻孔抽采瓦斯降低巷道中的瓦斯浓度效果显著。

5.3 9105 工作面超长巷道瓦斯抽采技术

5.3.1 9105 工作面超长巷道瓦斯涌出量计算

在布置工作面巷道之前,根据《煤的工业分析方法》(GB/T 212—2008),对王庄煤矿 9105 工作面的煤样进行了工业分析,分析结果见表 5-2。

表 5-2 煤样工业分析表

水分含量/%	空干基挥发分/%	干基挥发分/%	空干基灰分/%	干基灰分/%	固定碳/%
$\dfrac{1.06\sim1.64}{1.29}$	$\dfrac{10.75\sim11.32}{11.11}$	$\dfrac{10.72\sim11.45}{11.28}$	$\dfrac{7.68\sim11.05}{9.23}$	$\dfrac{7.75\sim11.08}{9.35}$	$\dfrac{76.47\sim79.80}{77.85}$

并根据《煤的甲烷吸附量测定方法(高压容量法)》(MT/T 752—1997)测定了煤样的吸附常数 a、b;根据《煤的瓦斯放散初速度指标(Δp)测定方法》(AQ 1080—2009)测定了煤样的瓦斯放散初速度 Δp;根据《煤的坚固性系数测定方法》(MT 49—1987)测定了煤样的坚固性系数,结果见表 5-3。

表 5-3 煤样瓦斯参数

瓦斯放散初速度 Δp/mmHg	煤层原始瓦斯含量 W_0/(m³/t)	坚固性系数 f	吸附常数	
			a/(cm³/g)	b/MPa^{-1}
7.6~13.7	6.78~9.24	0.513~0.538	35.15~39.81	0.63~0.84

注:1 mmHg=133.32 Pa。

根据分析得到煤样数据和瓦斯参数,可以数值模拟瓦斯在巷道掘进过程中的解吸过程,并为瓦斯超限治理提供参考。

王庄煤矿 9105 工作面所在的 $3^{\#}$ 煤层属于高浓度瓦斯煤层,且透气性差。9105 工作面运输巷道及回风巷道总长都超过 3 000 m,目前完成掘进 1 900 m,均采用局部通风法。利用风机和通风管道将风流送至掘进工作面最前端,已采空的巷道作为回风口形成空气流动通道。但是由于掘进深度的增加,煤层瓦斯含量逐渐增加,煤层的可解吸瓦斯量较大,掘进工作面割煤及煤壁落煤瓦斯涌出量较大,给局部通风带来了较大的困难,因此高浓度瓦斯煤层中超长距离单巷掘进治理瓦斯问题亟待解决。为较好地掌握工作面瓦斯涌出情况,应对矿井进行瓦斯涌出量计算,不但能够为矿井通风及瓦斯抽采提供理论依据,而且为王庄煤矿有效解决局部通风问题及瓦斯治理问题和保证矿井安全生产提供重要的理论指导。

掘进工作面瓦斯涌出量包括两个部分:掘进巷道煤壁瓦斯涌出量和掘进巷道落煤的瓦斯涌出量。

(1)掘进巷道煤壁瓦斯涌出量

掘进巷道煤壁瓦斯涌出量按式(5-39)计算:

$$q_1 = Dvq_0\left(2\sqrt{\frac{L}{v}} - 1\right) \tag{5-39}$$

式中　q_1——掘进巷道煤壁瓦斯涌出量,m³/min。

　　　D——巷道断面内暴露煤壁面的周边长度,m。对于薄及中厚煤层,$D=2m_0$,m_0 为开采层厚度;对于厚煤层,$D=2h+b$,h 和 b 分别为巷道的高度和宽度。

　　　v——巷道平均掘进速度,m/min。

　　　L——巷道开挖长度,m。

　　　q_0——煤壁瓦斯涌出强度,m³/(m²·min),按式(5-40)计算:

$$q_0 = 0.026W_0(0.000\ 4V_{daf}^2 + 0.16) \tag{5-40}$$

式中　V_{daf}^2——煤中挥发份含量,取平均值 15.2%。

　　　W_0——煤层原始瓦斯含量,取 9.1 m³/t。

根据王庄煤矿 9105 工作面的地质资料,各项参数取值如下:$D=12.6$ m;$v=0.006\ 95$ m/min;$L=3\ 102$ m;$q_0=0.029\ 5$ m³/(m²·min)。将其代入式(5-39)得到掘进巷道煤壁瓦斯涌出量 $q_1=3.45$ m³/min。9105 工作面超长巷道煤壁瓦斯涌出量计算结果见表 5-4。

表 5-4　9105 工作面超长巷道煤壁瓦斯涌出量计算结果

周长 D/m	掘进速度 /(m/min)	巷道开挖长度 L/m	涌出强度 q_0/[m³/(m²·min)]	原始瓦斯含量 W_0/(m³/t)	煤壁涌出量 q_1/(m³/min)
12.6	0.006 95	100	0.029 5	9.1	0.62
12.6	0.006 95	200	0.029 5	9.1	0.87
12.6	0.006 95	300	0.029 5	9.1	1.07
12.6	0.006 95	400	0.029 5	9.1	1.24
12.6	0.006 95	500	0.029 5	9.1	1.38
12.6	0.006 95	600	0.029 5	9.1	1.52
12.6	0.006 95	700	0.029 5	9.1	1.64
12.6	0.006 95	800	0.029 5	9.1	1.75
12.6	0.006 95	900	0.029 5	9.1	1.86

表 5-4(续)

周长 D/m	掘进速度 $/(\text{m/min})$	巷道开挖长度 L/m	涌出强度 $q_0/[\text{m}^3/(\text{m}^2 \cdot \text{min})]$	原始瓦斯含量 $W_0/(\text{m}^3/\text{t})$	煤壁涌出量 $q_1/(\text{m}^3/\text{min})$
12.6	0.006 95	1 000	0.029 5	9.1	1.96
12.6	0.006 95	1 100	0.029 5	9.1	2.05
12.6	0.006 95	1 200	0.029 5	9.1	2.14
12.6	0.006 95	1 300	0.029 5	9.1	2.23
12.6	0.006 95	1 400	0.029 5	9.1	2.32
12.6	0.006 95	1 500	0.029 5	9.1	2.40
12.6	0.006 95	1 600	0.029 5	9.1	2.48
12.6	0.006 95	1 700	0.029 5	9.1	2.55
12.6	0.006 95	1 800	0.029 5	9.1	2.63
12.6	0.006 95	1 900	0.029 5	9.1	2.70

(2) 掘进巷道落煤的瓦斯涌出量

掘进巷道落煤的瓦斯涌出量按式(5-41)计算：

$$q_2 = Sv\rho(W_0 - W_c) \tag{5-41}$$

式中　q_2——掘进巷道落煤的瓦斯涌出量，m^3/min。

　　　S——掘进巷道截面面积，m^2。

　　　v——巷道平均掘进速度，m^3/min。

　　　ρ——煤的密度，t/m^3。

　　　W_0——煤层原始瓦斯含量，m^3/t。

　　　W_c——运出矿井后煤的残存瓦斯含量，m^3/t。

根据王庄煤矿 9105 工作面的生产地质资料，各项参数取值如下：$S = 5\ \text{m} \times 3.8\ \text{m} = 19\ \text{m}^2$；$v = 0.006\ 95\ \text{m/min}$；$\rho = 1.39\ \text{t/m}^3$。查表得到 $W_0 = 9.1\ \text{m}^3/\text{t}$；$W_c = 3\ \text{m}^3/\text{t}$。将其代入式(5-41)得到掘进巷道落煤的瓦斯涌出量 $q_2 = 1.12\ \text{m}^3/\text{min}$。9105 工作面超长巷道落煤瓦斯涌出量计算结果见表 5-5。

表 5-5　9105 工作面超长巷道落煤瓦斯涌出量计算结果

巷道截面面积 S/m^2	掘进速度 $/(\text{m/min})$	煤的密度 $\rho/(\text{t/m}^3)$	原始瓦斯含量 $W_0/(\text{m}^3/\text{t})$	残存瓦斯含量 $W_c/(\text{m}^3/\text{t})$	落煤涌出量 $q_2/(\text{m}^3/\text{min})$
19	0.006 95	1.39	9.1	3	1.12
19	0.006 95	1.39	9.1	3	1.12
19	0.006 95	1.39	9.1	3	1.12
19	0.006 95	1.39	9.1	3	1.12
19	0.006 95	1.39	9.1	3	1.12
19	0.006 95	1.39	9.1	3	1.12
19	0.006 95	1.39	9.1	3	1.12
19	0.006 95	1.39	9.1	3	1.12

表 5-5(续)

巷道截面面积 S/m^2	掘进速度 /(m/min)	煤的密度 $\rho/(t/m^3)$	原始瓦斯含量 $W_0/(m^3/t)$	残存瓦斯含量 $W_c/(m^3/t)$	落煤涌出量 $q_2/(m^3/min)$
19	0.006 95	1.39	9.1	3	1.12
19	0.006 95	1.39	9.1	3	1.12
19	0.006 95	1.39	9.1	3	1.12
19	0.006 95	1.39	9.1	3	1.12
19	0.006 95	1.39	9.1	3	1.12
19	0.006 95	1.39	9.1	3	1.12
19	0.006 95	1.39	9.1	3	1.12
19	0.006 95	1.39	9.1	3	1.12
19	0.006 95	1.39	9.1	3	1.12
19	0.006 95	1.39	9.1	3	1.12
19	0.006 95	1.39	9.1	3	1.12

（3）掘进工作面瓦斯涌出量

9105 工作面超长巷道瓦斯涌出量计算结果见表 5-6。

表 5-6　9105 工作面超长巷道瓦斯涌出量计算结果

煤厚/m	原始瓦斯含量 $W_0/(m^3/t)$	巷道开挖 长度/m	平均掘进速度 /(m/月)	瓦斯涌出量/(m^3/min)		
				煤壁	落煤	合计
6.52	9.1	100	300	0.62	1.12	1.74
6.52	9.1	200	300	0.87	1.12	1.99
6.52	9.1	300	300	1.07	1.12	2.19
6.52	9.1	400	300	1.24	1.12	2.36
6.52	9.1	500	300	1.38	1.12	2.50
6.52	9.1	600	300	1.52	1.12	2.64
6.52	9.1	700	300	1.64	1.12	2.76
6.52	9.1	800	300	1.75	1.12	2.87
6.52	9.1	900	300	1.86	1.12	2.98
6.52	9.1	1 000	300	1.96	1.12	3.08
6.52	9.1	1 100	300	2.05	1.12	3.17
6.52	9.1	1200	300	2.14	1.12	3.26
6.52	9.1	1300	300	2.23	1.12	3.35
6.52	9.1	1400	300	2.32	1.12	3.44
6.52	9.1	1 500	300	2.40	1.12	3.52
6.52	9.1	1 600	300	2.48	1.12	3.60
6.52	9.1	1 700	300	2.55	1.12	3.67
6.52	9.1	1 800	300	2.63	1.12	3.75
6.52	9.1	1 900	300	2.70	1.12	3.82

因此,掘进工作面瓦斯涌出总量:

$$q_{掘} = q_1 + q_2 = 3.45 + 1.12 \ m^3/min = 4.57 \ m^3/min$$

按照安监总煤装〔2011〕162 号文件《煤矿瓦斯等级鉴定暂行办法》规定,王庄煤矿属于高瓦斯浓度矿井。根据《煤矿安全规程》(2011 年)、《矿井瓦斯抽采管理规范》、《煤矿瓦斯抽采规范》、《煤矿瓦斯抽采工程设计规范》(GB 50471—2018)、《煤矿瓦斯抽采达标暂行规定》相关条款规定,一个掘进工作面的瓦斯涌出量大于 3 m^3/min 时必须进行瓦斯抽采。

根据《煤矿瓦斯等级鉴定办法》(煤安监技装〔2018〕9 号)规定王庄煤矿为高瓦斯浓度矿井,再根据《煤矿瓦斯抽采达标暂行规定》(安监总煤装〔2011〕163 号)第十四条规定:煤与瓦斯突出矿井和高瓦斯浓度矿井必须建立地面固定抽采瓦斯系统,其他应当抽采瓦斯的矿井可以建立井下临时抽采瓦斯系统;同时具有煤层瓦斯预抽和采空区瓦斯抽采方式的矿井,根据需要分别建立高、低负压抽采瓦斯系统。因此,王庄煤矿 9105 工作面应该建立瓦斯抽采系统。

5.3.2 超长巷道瓦斯抽采控制技术

根据瓦斯涌出量计算以及现场情况,对 9105 工作面运输巷道和通风巷道采取迈步式钻场预抽瓦斯和迎头释放孔措施进行治理。

5.3.2.1 迈步式钻场设计

(1)抽采钻场参数确定

在回风绕道开口往内 80 m 前进右帮进行第一个迈步式钻场施工,钻场步距为 60 m。为了方便在钻场中施工,同时考虑不增加局部通风设备和方便机组掘进等,钻场设计如下:内宽 4 m、外宽 6 m、深 4.5 m,与巷道等高,呈直角梯形。

(2)抽采钻孔参数确定

每个掘进预抽钻场呈 2 排 3 列平行布置 6 个钻孔,钻孔设计深 180 m,孔径 120 mm,控制范围为巷道两侧轮廓线各 15 m。第 1 列钻孔距巷帮 2.5 m,第 2 列钻孔距巷帮 3.0 m,第 3 列钻孔距巷帮 3.5 m,钻孔间距为 0.5 m。1#、3#、5# 孔距底板距离为 1.5 m,倾角为 3°;2#、4#、6# 孔距底板距离为 1.0 m,倾角为 2°;5#、6# 钻孔与巷道中线呈 7° 外夹角。为保证钻孔在煤层内成孔,钻孔倾角根据煤层倾角进行调整。预抽钻场内钻孔若穿透同帮的下一个钻场或预抽时在下个钻场出现漏气现象,预抽钻场内钻孔须采取措施进行封堵。图 5-38 为抽采钻孔布置图。

5.3.2.2 迎头预抽钻孔设计

迎头预抽每 80 m 为一个循环,施工一组预抽孔,进行机头返掘段时,由抽采队进行第 1 组钻孔施工。迎头预抽孔布置 3 排平行孔,钻孔深 180 m,孔径 120 mm,控制范围为巷道两侧轮廓线各 15 m。第 1 排开口位置距底板 1.1 m,倾角为 0°;第 2 排开口位置距底板 1.5 m,倾角为 2°;第 3 排开口位置距底板 1.9 m,倾角为 4°。为保证钻孔在煤层内成孔,钻孔倾角根据煤层倾角进行调整。第 1 排、第 3 排中间 2 个孔垂直正头施工,两边的钻孔与巷道壁成 2° 夹角进行施工;第 2 排中间 2 个钻孔垂直正头施工,两边的钻孔与巷道壁成 6° 夹角进行施工。

5.3.2.3 释放孔设计

根据相关要求,掘进巷道内采用迈步式钻场对巷道实施了边掘边抽后,采取在迎头施工

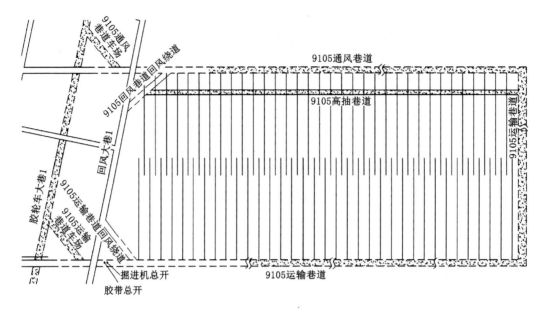

图 5-38　抽采钻孔布置图

释放孔的局部措施,每平方米断面需布置 2 个钻孔,达标后方可继续掘进。迎头释放孔采用手持式气动钻机施工。在巷道正头布置 5 排 8 列平行孔,钻孔深 20 m,孔径 42 mm。第 1 排开口位置距底板 0.5 m,倾角为 0°;第 2 排开口位置距底板 1.0 m,倾角为 0°;第 3 排开口位置距底板 1.5 m,倾角为 0°;第 4 排开口位置距底板 2.0 m,倾角为 0°,第 5 排开口位置距底板 2.5 m,倾角为 10°。为保证钻孔在煤层内成孔,钻孔倾角须根据煤层倾角进行调整。第 1 列、第 8 列与巷帮成 14°夹角,第 2 列、第 7 列与巷帮成 6°夹角,第 3、4、5、6 列垂直正头施工。释放孔布置情况如图 5-39 所示。

根据现场实际情况,9105 工作面运输巷道及回风巷道瓦斯抽采方案必须严格按照区域分级管理规定执行,采取迎头预抽和迈步钻场边掘边抽方案时,区域预抽 15 d 后检验效果。掘进过程中对巷道掘进机、工作面以及回风流中瓦斯和 CO_2 浓度进行实时监测和记录,具体实施过程如下:

(1) 9105 工作面运输巷道掘进时,瓦斯传感器悬挂于距工作面不大于 5 m、距基本顶不大于 300 mm、距帮部小于 200 mm 的顶板上,要随着掘进逐段向内延伸,延伸接线时各接头的接线按同色芯线相连。

(2) 工作面回风流中 CO_2 浓度达到 1.5% 时必须停止工作,撤出人员,查明原因,采取措施处理。

(3) 工作面回风流中瓦斯浓度超过 0.8% 或 CO_2 浓度超过 1.5% 时必须停止工作,采取措施处理。体积大于 0.5 m³ 的空间内积存的瓦斯浓度大于 2.0% 时(即瓦斯积聚),必须停止工作,采取措施处理。

(4) 对因瓦斯超过规定而被切断电源的电气设备,必须在瓦斯浓度降到 0.8% 以下时方可人工送电。

(5) 局部通风机因故停止运转,恢复通风前必须检查瓦斯浓度,只有局部通风机及其开关附近 10 m 以内风流中的瓦斯浓度都不超过 0.5% 时方可人工开启局部通风机,恢复正常

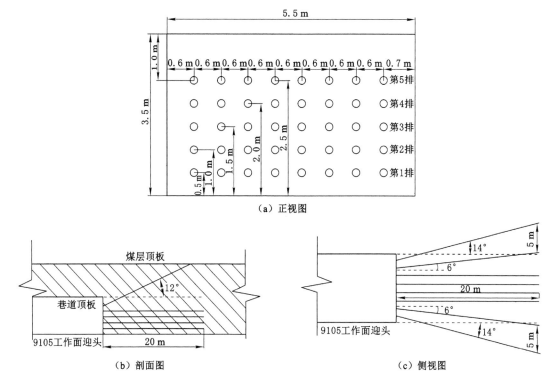

图 5-39　掘进工作面瓦斯释放孔布置图

通风,否则必须制定排放瓦斯或 CO_2 措施。

（6）割煤时按照从上到下的顺序,并严格控制割煤时间。工作面瓦斯浓度超过0.6%时立即停机停止工作,待瓦斯浓度降至 0.4% 时方能开机工作。

（7）出煤系统不正常时不得进行割煤作业,防止造成瓦斯超限。

9105 工作面运输巷道和通风巷道掘进过程中具体的瓦斯治理措施以实际测量的瓦斯参数为准,若出现特殊地质构造（断层或陷落柱）,须重新制定相应的抽采方案。

5.3.3　瓦斯抽采效果现场监测分析

通过以上抽采方案的严格布置和实施,并对巷道掘进工作面瓦斯浓度进行了实时监测,9105 工作面运输巷道及回风巷道瓦斯浓度并未再次超限。掘进比较平稳、正常的 2018 年11 月 1 日至 11 月 10 日的瓦斯浓度数据见表 5-7 和图 5-40。

表 5-7　运输巷道瓦斯浓度监测数据（2018 年）

11 月 1 日监测数据			
监测时间	瓦斯浓度/%		
	工作面掘进机处	工作面	回风流
0:30	0.14	0.14	0.3
1:30	0.15	0.16	
3:30	0.17	0.18	

表 5-7(续)

11月1日监测数据

监测时间	瓦斯浓度/%		
	工作面掘进机处	工作面	回风流
4:30	0.16	0.16	
6:30	0.14	0.15	
7:30	0.14	0.15	
8:30	0.18	0.16	0.26
9:30	0.16	0.15	
11:30	0.16	0.15	
12:30	0.16	0.14	
14:30	0.19	0.18	
15:30	0.18	0.16	
16:30	0.14	0.12	0.3
17:30	0.11	0.11	
19:30	0.16	0.15	
20:30	0.15	0.13	
22:30	0.13	0.11	
23:30	0.14	0.12	

11月2日监测数据

监测时间	瓦斯浓度/%		
	工作面掘进机处	工作面	回风流
0:30	0.16	0.16	0.30
1:30	0.17	0.16	
3:30	0.14	0.15	
4:30	0.16	0.17	
6:30	0.15	0.16	
7:30	0.14	0.15	
8:30	0.18	0.16	0.30
9:30	0.16	0.15	
11:30	0.17	0.16	
12:30	0.17	0.16	
14:30	0.18	0.17	
15:30	0.17	0.16	
16:30	0.16	0.15	0.32
17:30	0.15	0.14	
19:30	0.15	0.14	
20:30	0.18	0.16	
22:30	0.16	0.14	
23:30	0.16	0.15	

表 5-7(续)

监测时间	瓦斯浓度/%		
	工作面掘进机处	工作面	回风流

11 月 3 日监测数据

监测时间	瓦斯浓度/%		
	工作面掘进机处	工作面	回风流
0:30	0.18	0.16	0.30
1:30	0.20	0.18	
3:30	0.19	0.18	
4:30	0.21	0.20	
6:30	0.22	0.20	
7:30	0.17	0.16	
8:30	0.12	0.10	0.30
9:30	0.12	0.10	
11:30	0.14	0.12	
12:30	0.14	0.12	
14:30	0.12	0.10	
15:30	0.12	0.10	
16:30	0.21	0.18	0.32
17:30	0.09	0.17	
19:30	0.31	0.28	
20:30	0.23	0.21	
22:30	0.25	0.22	
23:30	0.25	0.23	

11 月 4 日监测数据

监测时间	瓦斯浓度/%		
	工作面掘进机处	工作面	回风流
0:30	0.15	0.16	0.30
1:30	0.14	0.15	
3:30	0.16	0.17	
4:30	0.17	0.17	
6:30	0.14	0.15	
7:30	0.15	0.16	
8:30	0.12	0.10	0.28
9:30	0.12	0.10	
11:30	0.14	0.12	
12:30	0.12	0.10	
14:30	0.12	0.10	
15:30	0.12	0.10	
16:30	0.10	0.14	0.30
17:30	0.09	0.13	
19:30	0.09	0.13	

表 5-7(续)

11 月 4 日监测数据

监测时间	瓦斯浓度/%		
	工作面掘进机处	工作面	回风流
20:30	0.11	0.14	
22:30	0.10	0.14	
23:30	0.11	0.14	

11 月 5 日监测数据

监测时间	瓦斯浓度/%		
	工作面掘进机处	工作面	回风流
0:30	0.13	0.14	0.30
1:30	0.14	0.15	
3:30	0.17	0.18	
4:30	0.16	0.16	
6:30	0.13	0.15	
7:30	0.13	0.14	
8:30	0.14	0.12	0.32
9:30	0.16	0.14	
11:30	0.18	0.16	
12:30	0.14	0.12	
14:30	0.22	0.20	
15:30	0.18	0.16	
16:30	0.14	0.12	0.30
17:30	0.14	0.12	
19:30	0.18	0.16	
20:30	0.16	0.15	
22:30	0.16	0.15	
23:30	0.16	0.14	

11 月 6 日监测数据

监测时间	瓦斯浓度/%		
	工作面掘进机处	工作面	回风流
0:30	0.15	0.16	0.30
1:30	0.15	0.15	
3:30	0.18	0.20	
4:30	0.16	0.16	
6:30	0.15	0.16	
7:30	0.14	0.14	
8:30	0.12	0.10	0.30

表 5-7（续）

11 月 6 日监测数据

监测时间	瓦斯浓度/%		
	工作面掘进机处	工作面	回风流
9:30	0.12	0.10	
11:30	0.18	0.16	
12:30	0.18	0.16	
14:30	0.20	0.14	
15:30	0.26	0.20	
16:30	0.13	0.12	0.30
17:30	0.18	0.16	
19:30	0.12	0.11	
20:30	0.16	0.15	
22:30	0.16	0.15	
23:30	0.13	0.11	

11 月 7 日监测数据

监测时间	瓦斯浓度/%		
	工作面掘进机处	工作面	回风流
0:30	0.13	0.13	0.33
1:30	0.13	0.13	
3:30	0.15	0.15	
4:30	0.14	0.14	
6:30	0.14	0.14	
7:30	0.12	0.12	
8:30	0.12	0.10	0.30
9:30	0.12	0.12	
11:30	0.20	0.18	
12:30	0.16	0.14	
14:30	0.21	0.16	
15:30	0.16	0.12	
16:30	0.18	0.16	0.31
17:30	0.21	0.18	
19:30	0.26	0.23	
20:30	0.28	0.26	
22:30	0.21	0.18	
23:30	0.21	0.17	

表 5-7(续)

11 月 8 日监测数据

监测时间	瓦斯浓度/%		
	工作面掘进机处	工作面	回风流
0:30	0.14	0.16	0.27
1:30	0.14	0.16	
3:30	0.13	0.15	
4:30	0.13	0.15	
6:30	0.12	0.14	
7:30	0.12	0.14	
8:30	0.16	0.14	0.30
9:30	0.16	0.14	
11:30	0.18	0.16	
12:30	0.18	0.16	
14:30	0.21	0.20	
15:30	0.20	0.18	
16:30	0.13	0.12	0.32
17:30	0.16	0.15	
19:30	0.18	0.16	
20:30	0.16	0.14	
22:30	0.15	0.13	
23:30	0.13	0.12	

11 月 9 日监测数据

监测时间	瓦斯浓度/%		
	工作面掘进机处	工作面	回风流
0:30	0.14	0.16	0.27
1:30	0.14	0.16	
3:30	0.13	0.15	
4:30	0.13	0.15	
6:30	0.12	0.14	
7:30	0.12	0.14	
8:30	0.16	0.14	0.30
9:30	0.16	0.14	
11:30	0.18	0.16	
12:30	0.18	0.16	
14:30	0.21	0.20	
15:30	0.20	0.18	
16:30	0.13	0.12	0.32

表 5-7(续)

11 月 9 日监测数据

监测时间	瓦斯浓度/%		
	工作面掘进机处	工作面	回风流
17:30	0.16	0.15	
19:30	0.18	0.16	
20:30	0.16	0.14	
22:30	0.15	0.13	
23:30	0.13	0.12	

11 月 10 日监测数据

监测时间	瓦斯浓度/%		
	工作面掘进机处	工作面	回风流
0:30	0.13	0.13	0.30
1:30	0.14	0.15	
3:30	0.15	0.16	
4:30	0.16	0.16	
6:30	0.15	0.15	
7:30	0.14	0.15	
8:30	0.14	0.12	0.32
9:30	0.14	0.12	
11:30	0.16	0.14	
12:30	0.16	0.14	
14:30	0.20	0.18	
15:30	0.18	0.14	
16:30	0.12	0.10	0.32
17:30	0.11	0.10	
19:30	0.18	0.16	
20:30	0.14	0.12	
22:30	0.14	0.12	
23:30	0.12	0.10	

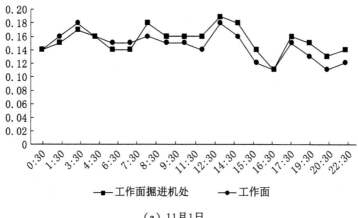

（a）11月1日

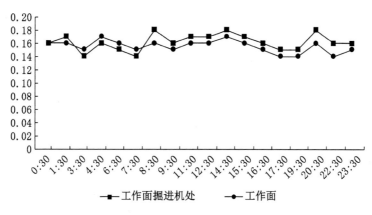

（b）11月2日

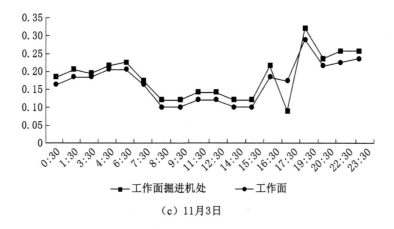

（c）11月3日

图 5-40　9105 工作面超长巷道瓦斯浓度监测曲线

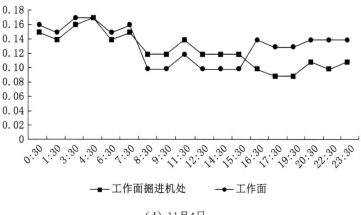

（d）11月4日

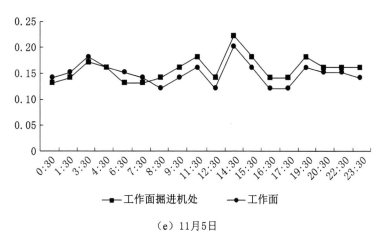

（e）11月5日

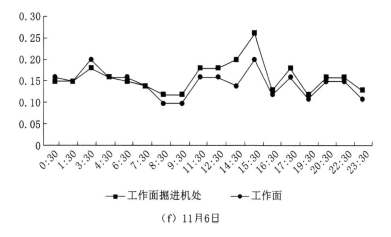

（f）11月6日

图 5-40（续）

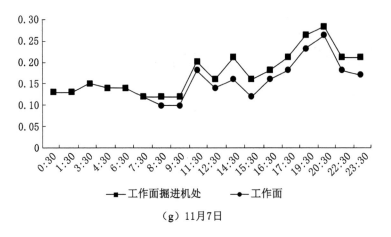

（g）11月7日

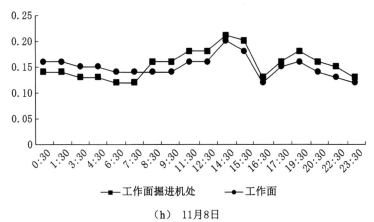

（h） 11月8日

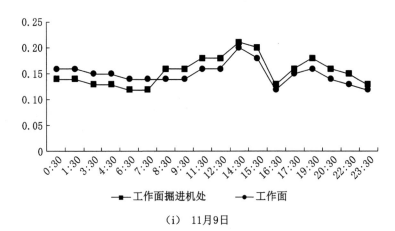

（i） 11月9日

图 5-40（续）

由表 5-7 和图 5-40 总结得出：

（1）巷道回风流中的瓦斯浓度高于其他两个位置,这是由于巷道开挖后从煤层涌入巷道内的瓦斯大部分扩散到回风流中,并随风被排出巷道。

（2）11月1日至11月10日的运输巷道内瓦斯浓度基本维持在0.15％左右，属于安全浓度范围。11月3日、11月6日和11月7日个别时间点的瓦斯浓度略高一些，最高值也仅为0.32％，小于瓦斯超限浓度（0.8％）。

（3）巷道内瓦斯浓度曲线随着巷道的开挖出现上下波动，掘进机和工作面处的瓦斯浓度波动具有同时性，由此可以推断巷道内不同位置处的瓦斯浓度变化趋势大致相同。

（4）对这10天的瓦斯浓度曲线进行比较，可以发现随着巷道开挖越来越长，巷道内不同位置处的瓦斯浓度并没有增加，这说明巷道通风方式和瓦斯钻孔抽采取得了显著效果。

5.4 9105工作面超长巷道掘进通风技术

掘进通风的目的是冲淡并排除井巷掘进时产生的有害气体与矿尘，并提供良好的气候条件。近年来，随着国民经济的高速发展，矿产需求日益增大，矿井高产高效工作面越来越多，从而对工作面的设计提出了更高的要求。为了缓解采掘接续紧张的形势，必须优化巷道布置，增长工作面顺槽长度，减少辅助联络巷道和切孔巷道，加快工作面掘进和缩短准备的时间。要达到上述目的，关键在于独头掘进长距离通风。对于长距离掘进工作面来说，由于风筒段的接头多、总长度长、漏风量和通风阻力较大，通风机提供的风量、风压经漏风和摩擦阻力而产生耗损，送入掘进工作面的风量和风压均明显下降，不能满足实际需求。针对这一问题，国内外学者提出了诸如串联多风机、风柜通风、并联风筒等多种长距离通风方法，取得了较好的效果。但是，多台风机造成耗电量大，多风筒供风造成掘进巷道断面缩小，且长距离供风造成风筒损耗大，风筒越长，沿途漏风量越大，工作面有效风量减少。因此，掘进工作面长距离供风需要选取最优的通风方案，结合必要的安全管理技术措施，才能确保安全掘进，营造良好的作业场所。

5.4.1 巷道掘进通风量计算

（1）按照瓦斯涌出量计算

$$q_掘 = W_J \rho \iota S / t = 4.920\ 2 \times 1.4 \times 0.9 \times 19 / 50 = 2.355\ 8\ (m^3/min)$$

$$Q_掘 = q_掘 K_瓦 / C_{掘回} = 2.355\ 8 \times 1.8 \div 0.8\% = 530.05\ (m^3/min)（取\ 530\ m^3/min）$$

式中　$q_掘$——掘进工作面瓦斯绝对涌出量，m^3/min；

　　　W_J——抽采科提供的9105工作面运输巷道煤体可解析瓦斯含量，取4.920 2 m^3/t；

　　　ρ——煤的容重系数，取1.4；

　　　ι——循环进尺，取0.9 m；

　　　S——掘进工作面最大断面面积，取19 m^2；

　　　t——每个循环落煤涌出瓦斯所需时间，取50 min；

　　　$Q_掘$——掘进工作面实际所需要风量，m^3/min；

　　　$K_瓦$——掘进工作面瓦斯涌出不均衡系数，取1.8；

　　　$C_{掘回}$——掘进工作面回风流中瓦斯允许浓度，取0.8％。

（2）按人数计算

$$Q_掘 = 4N = 4 \times 30 = 120\ (m^3/min)$$

式中　4——每人每分钟供给的最小风量，m^3/min；

N——掘进工作面实际工作的最多人数,取 30 人。

(3) 按风速进行计算

$$v_{min}S < Q_掘 < v_{max}S$$
$$Q_{掘min} = v_{min}S = 18 \times 19 = 342 \ (m^3/min) \quad (取 350 \ m^3/min)$$
$$Q_{掘max} = v_{max}S = 240 \times 19 = 4\ 560 \ (m^3/min)$$

式中　v_{min}——最低允许风速,取 18 m/min;

　　　v_{max}——最高允许风速,取 240 m/min;

　　　S——掘进工作面的净断面面积,取 19 m²。

根据《潞安集团公司"一通三防"管理制度》的风量计算细则,煤巷和半煤岩巷最低允许风速取 18 m/min;最高允许风速取 240 m/min。

(4) 局部通风机的供风量计算

$$Q_局 = 1.2Q_掘 = 1.2 \times 540 = 648 \ (m^3/min)$$

式中　$Q_掘$——掘进面(正头)的需风量,取 540 m³/min;

　　　1.2——风筒最大漏风率(15%)时的系数。

(5) 掘进工作面全压需风量计算

$$Q_全 = Q_局 + 18S = 800 + 18 \times 19 = 1\ 142 \ (m^3/min) \quad (取 1\ 150 \ m^3/min)$$

式中　$Q_局$——FBD. NO. 7.1 型通风机双级运行理论最大吸风量,取 800 m³/min;

　　　18——局部通风机至掘进工作面回风口之间的最低风速,m/min;

　　　S——局部通风机至掘进工作面回风口之间的巷道净断面面积,取 19 m²。

5.4.2　风机选型与通风设备、路线

(1) 风机选型

根据以上计算,9105 工作面运输巷道掘进时局部通风机的供风量不得低于 648 m³/min,工作面配风量应为 540～4 620 m³/min;巷道全压风量不得低于 1 150 m³/min,局部通风机采用 1 套 2×45 kW 对旋式风机(FBD. NO. 7.1 型通风机,风量为 500～800 m³/min,风压为 1 480～6 300 Pa),配 φ1 000 mm 胶质双反边风筒;双级运行,安设于 3# 横贯内,巷道实际全压风量大于理论全压风量,因此所选风机满足风量要求。

(2) 通风设备及通风路线

① 通风设备:局部通风机用 2 对 FBD-2×45 kW(一台主风机、一台副风机)配 φ1 000 mm 柔性橡胶双反边阻燃风筒进行压入式通风。风机采用双风机双电源自动切换装置,风机及风机开关安设在 3# 横贯内,风筒吊挂距地面高度不得低于 1.5 m,用铁丝吊挂在梯子梁下,逢环必挂,主、副风机吊挂高度一致,主、副风机风筒连接处使用 Y 形风筒。

② 通风路线:新鲜风→提升副立井→井底大巷→上风眼→540/1# 胶带大巷→540/2# 胶带大巷→3# 出煤横贯→局部通风机→掘进工作面→工作面污风→9105 工作面运输巷道→9105 工作面运输巷道回风绕道→回风大巷 1→总回风巷道 3→回风立井→地面。

5.4.3　通风安全管理

(1) 根据生产安排及分工,9105 工作面运输巷道风机的看管维护由供电二队负责。

(2) 掘进巷道风筒出口到工作面不长于 5 m。

（3）因检修、停电等原因停风时，必须先撤出人员，后切断电源，恢复通风前必须先检查瓦斯浓度，只有在局部通风机及其开关附近 10 m 以内风流中的瓦斯浓度都不超过 0.5％时（开启局部通风机条件）方可人工开启局部通风机。

（4）无论有、无计划停风，风机管理人员必须向队值班室和通风调度汇报停、送风情况。

（5）如果风筒脱节，必须立即处理，保证工作面供风量，杜绝微风作业。

（6）为确保局部通风机安全运转，每月检修一次风机。

（7）作业时，严禁同时打开两道风门，也不得长时间打开一道风门，风门前、后 5 m 范围内不允许堆放任何物料。

（8）双风机双电源自动切换安全措施。

① 风机切换时工作面必须停产，不得进行打眼支护等工作。

② 风机工要熟知风机切换流程。

③ 要坚持执行机电科下发的《双风机双电源自动切换装置管理规定》，每天进行切换试验，并做好记录。

④ 每天检查风机双回路自动切换装置是否自动切换。

⑤ 风机切换时必须向通风调度汇报。

（9）瓦斯电闭锁每周进行自动化试验；风电闭锁、故障闭锁每天试验，并做好记录。

（10）风筒吊挂于巷道前进右帮，必须先穿设引线，逢环必挂，吊挂要平、直、紧、稳。风筒吊挂必须穿设引线，每根引线长度不超过 10 m。风筒必须每间隔 2 m 增设一道加固点，风筒必须逢环必挂，吊挂平直。风筒吊挂距顶板 0.3 m。另外，工作面需备风筒，挂牌管理。

（11）风筒之间的接头插接应顺接，不得反接，接口必须严密（手距接头 0.1 m 处感到不漏风），风筒正反压边，要水平成线，紧靠两风筒钢圈处用 16# 铅丝对绑 4 道。接口时必须正反压边，压边后不得留有风筒单边。风筒实行编号管理，红底白字，吊挂于风筒正下方，由专人负责。

（12）每节风筒的直径一致，直径不一致时要使用过渡节代替，先大后小，不准花接。

（13）风筒在拐弯处必须使用专用弯头，不准急拐弯和拐死弯。

（14）吊挂风筒前将当班需要的风筒事先准备好，吊挂时按照标准进行吊挂，最后进行检查，发现锚杆摩擦风筒、锚索扎风筒情况时，采用塑料瓶或其他材料进行防护，防止在风机切换过程中造成风筒损坏。

（15）风筒引线采用 8# 铅丝固定于引线吊挂装置上，引线必须拉紧、拉直，起到悬吊作用。

（16）风筒引线上必须每间隔 2 m 增设一道加固点，使用双股绑丝（16# 铅丝）将引线与巷道顶板经纬网网格交叉点或顶梯子梁连接牢固。

（17）掘进过程中使用 $\phi 1\ 000$ mm×10 m 的风筒进行延伸。当风筒出风口距工作面距离超过规定而使用 10 m 风筒延伸距离窝头太近时，采用 3 m 或 5 m 的临时风筒进行续接。

5.5　本章小结

本章主要对 9105 工作面低渗透超长距离巷道瓦斯浓度超限原因进行分析，并提出了瓦斯抽采技术，主要得出以下结论：

（1）掘进工作面的瓦斯主要来源于三个方面：工作面落煤、工作面周围卸压区煤体和围岩裂隙产生瓦斯。由于煤的赋存条件和性质不同，掘进工作面的瓦斯来源也不同。王庄煤矿掘进工作面的瓦斯的主要来源：工作面掘进落煤时产生的瓦斯、工作面周围卸压区煤体裂隙瓦斯、工作面周围卸压区煤体中的瓦斯。

（2）对 9105 工作面超长巷道掘进期间瓦斯浓度超限进行了分析，主要原因为：煤体原始瓦斯含量较高，当工作面割煤速度变快时，落煤量增加，导致落煤瓦斯涌出量突然增大；掘进机清底煤时幅度大，煤量大，导致瓦斯涌出瞬时增大；巷道长度过长，在巷道掘进过程中通风困难，涌出的瓦斯得不到有效排出。

（3）采用 COMSOL Multiphysics 软件建立煤层中的瓦斯流动模型，模拟超长距离巷道瓦斯涌出及流动，并对多钻孔抽采效果叠加现象进行分析，通过数值模拟分析影响瓦斯抽采过程中的抽采负压、钻孔深度和钻孔间距等对瓦斯抽采效果的影响，得到相应结论：抽采负压值越小，钻孔深度越深，钻孔间距越小，瓦斯抽采速率越快，抽采效果越好。综合比较了降低抽采负压值、加深钻孔深度以及缩小钻孔间距等方法，提出了在保证安全的前提下可以采取的减少施工工作量的方法——在合理的范围内适当增加钻孔间距，增加钻孔深度。

（4）通过模拟巷道中的瓦斯的对流扩散，得到了巷道中的气体流速规律和瓦斯浓度分布规律。分析可知：在巷道中没有障碍物的情况下，气体流速的变化很不明显；靠近巷道顶、底板和两帮，由于黏滞效应，气体流速较慢，容易形成瓦斯聚集区；巷道前半部分瓦斯浓度较高，应该作为重点监视区域。另外，通过对钻孔抽采和未钻孔抽采巷道内的瓦斯浓度进行对比，可以明显看出钻孔抽采使瓦斯浓度降低的效果显著。

（5）针对 9105 工作面超长巷道瓦斯浓度超限的问题，提出了瓦斯抽采技术，并对采用瓦斯抽采技术后的巷道掘进工作面瓦斯浓度进行了实时监测。9105 工作面运输巷道及回风巷道瓦斯浓度并未出现瓦斯超限情况，取得了良好的瓦斯抽采效果。

6 低渗透煤层开采高压注水原理及技术

我国大多数煤层属于低渗透煤层,主要是通过实施煤层增透技术来提高瓦斯抽采率,如保护层开采、水力化增透、注气驱替、爆破增透等,取得了较好的效果。但是针对单一低渗透煤层(如潞安矿区单一低渗透 3# 煤层)无法实施保护层开采,仍存在瓦斯抽采技术难度大、有效抽采半径小、抽采瓦斯流量低、衰减快、抽采率低、抽采达标时间长、抽采成本高等难题。已有工程实践表明:利用抽采钻孔注水,相邻钻孔的瓦斯浓度和流量会显著提高。因此,对于低渗透煤层开采,可预先高压注水或注水-抽采钻孔间隔布置,能够驱替瓦斯并提高区域煤层的增透性,从而促进瓦斯的抽采。

6.1 低渗透煤层开采高压注水原理

煤层可视为由孔隙及裂隙结构组成的多孔介质。煤层注水时,水在高压作用下进入煤层裂隙,并驱逐裂隙通道中的瓦斯向低压区渗透。同时,裂隙中的水在孔隙毛细管力的吸引下沿基质煤块固体颗粒表面进入孔隙,并将瓦斯从孔隙通道中驱逐出去,进入裂隙通道。随着注水过程的延续,煤层孔隙和裂隙通道将被水大量占据,只残留少量低于束缚饱和度的瓦斯。孔隙通道中的瓦斯进入裂隙通道后,在裂隙内存在水与瓦斯两相流体,形成高压作用下沿裂隙通道的两相渗流。在煤层内水-瓦斯两相渗流与瓦斯单相渗流的交界区域内,所有瓦斯饱和度为 0 的质点组成了水与瓦斯突变界面,该突变界面的运移规律为煤层注水驱替瓦斯的关键,由此便可确定煤层中水与瓦斯含量的分布及其变化规律。

6.1.1 煤层注水控制方程

对于煤层注水促抽瓦斯,可采用流体力学模型追踪水与瓦斯突变的自由界面。通过求解其体积分数方程和多孔介质的动量守恒方程,确定该自由界面在煤层中的运动规律,从而获取水与瓦斯两相流体在煤层中的渗流特征。

(1)体积分数方程

对于煤层注水驱替瓦斯来说,假设瓦斯和水所占体积分数分别为 α_1 和 α_2,可得出瓦斯体积分数守恒方程为:

$$\frac{\partial \alpha_1}{\partial t} + u_i \frac{\partial \alpha_1}{\partial x_i} = 0 \tag{6-1}$$

由于煤层中瓦斯和水体积分数之和等于 1,则煤层中混合流体的密度 ρ 为:

$$\rho = \alpha_1 \rho_1 + (1 - \alpha_1) \rho_2 \tag{6-2}$$

式中,u_i 为 i 方向上的速度;x_i 为 i 方向上的坐标;t 为时间;ρ 为混合流体密度;ρ_1 为瓦斯的密度;ρ_2 为水的密度。

煤层注水驱替瓦斯过程中,其他参数如黏性系数等均可按上述方法计算。对不同时刻瓦斯流场的体积分数方程进行求解,可得出水与瓦斯体积分数分布情况,再采用相关方法和手段重构运动界面,即可追踪两相自由界面在煤层中随时间的变化。

(2) 动量守恒方程

通过求解煤层中混合流体的动量守恒方程可求出混合流体的速度场,结合瓦斯与水所占体积分数可求出水和瓦斯的速度分布。动量守恒方程为:

$$\frac{\partial(\rho u_i)}{\partial t} + \frac{\partial}{\partial x_j}(\rho u_i u_j) = -\frac{\partial p}{\partial x_i} + \frac{\partial}{\partial x_j}\left[u\left(\frac{\partial u_i}{\partial x_j} + \frac{\partial u_j}{\partial x_i}\right)\right] + \rho g_i + s_i \tag{6-3}$$

煤层可视为由孔隙和裂隙组成的均匀多孔介质,且各向同性,其具有附加的动量源项:

$$s_i = \frac{\mu}{K}u_i + \frac{1}{2}C_2|u_i|u_i \tag{6-4}$$

由于煤层中流体流动表现为层流,属于线性变化的达西渗流,黏性阻力起主要作用,内部阻力可忽略不计。根据达西公式,则可进一步将煤层的附加动量源项简化为:

$$\frac{\partial p}{\partial x_i} = -S_i = -\frac{\mu}{K}u_i \tag{6-5}$$

根据 Blake-Kozeny 半经验公式:

$$\frac{\partial p}{\partial x_i} = -\frac{150\mu}{D_p^2} \cdot \frac{(1-n)^2}{n^3}u_i \tag{6-6}$$

煤层渗透性系数为:

$$K = \frac{D_p^2}{150} \cdot \frac{n^3}{(1-n)^2} \tag{6-7}$$

式中,u_j 为 j 方向上的速度;x_j 为 j 方向上的坐标;p 为压力;μ 为动力黏性系数;g_i 为 i 方向上的重力加速度;K 为煤层渗透性系数;C_2 为内部阻力系数;D_p 为颗粒平均直径;n 为孔隙率。

6.1.2 煤层注水影响因素

煤体湿润的难易程度即煤层注水的难易程度,其主要含义为水是否容易进入煤体的孔隙和裂隙,某种情况下还包括水体是否易从煤体裂隙中渗流。在实施煤层注水时如果水很难进入煤体的孔隙和裂隙,或者水从煤体的大型裂隙和孔隙中迅速流失,都将会给注水造成困难,甚至使注水中断或者得不到预期效果。因此,掌握反映煤层注水难易程度的指标尤为重要。

迄今为止,在我国这一指标尚没有统一规定,其测定和计算方法都有待完善。目前煤层透水性系数为常用指标。煤层透水性系数反映水体进入煤体孔隙和裂隙的难易程度。由于煤层内裂隙组成成分复杂,造成煤层各个方向和局部的运水性有很大差别,因此实验室测定的试验数值仅能说明小块煤样中细小孔隙和裂隙的情况,而远不能概括整个煤层的情况。所以,工程实践中人们采用现场测定的方法确定煤层透水性系数。

6.1.2.1 外部工艺因素

(1) 注水压力

鉴于煤层赋存条件相对复杂,自然条件下很难渗透,故注水时施加一定的压力才可将水有效渗入煤体。通常煤层的渗透性随注水压力的增加而增大,但随着周围压力水平的提高,渗透系数的增长变得越来越缓慢。

（2）注液表面张力

煤层注水时，水对煤体的润湿对渗透过程具有重要作用。湿润是一种界面现象，固体的界面越小，越容易被液体湿润。煤的湿润单位面积界面能与水的表面张力的关系可用下式表示：

$$W = \sigma_1(1 + \cos\theta) \tag{6-8}$$

式中　W——湿润煤体单位面积界面能；

　　　σ_1——湿润液的表面张力；

　　　θ——煤和湿润液体的接触角。

由此可见：注入液的表面张力越小，越容易湿润煤体，注水过程中煤层的渗透效果也越好。

6.1.2.2　煤层自身因素

（1）煤层孔隙和裂隙发育程度

决定煤体注水的难易程度的首要因素是煤层孔隙和裂隙的发育程度。一般来讲，孔隙和裂隙发育率高的煤层透水性较强，水较易注入，所需注水压力较低。实践证明采用低压注水即能在裂隙发育而质地疏松煤层的条件下取得良好的湿润效果。煤层孔隙和裂隙的发育情况又与煤层的各种其他条件相联系，而各个条件对注水难易程度的影响区别很大。

（2）煤层埋藏深度

煤层内裂隙被煤体应力压密，微孔隙不断被压缩。其中，微孔隙的压缩程度和各类裂隙的压密程度均取决于煤体应力。而煤体应力与工程采掘活动和煤层埋藏深度有直接关系。因此开采时地应力重新分布后，煤层埋藏深度的集中程度成为影响煤层注水难易程度的主要因素。

当开采深度较浅时，若煤层破裂压力大于煤体应力，该地点将不能判断是否发生压裂泄水。但即使煤体应力小于注水压力而未达到煤层破裂压力，注水活动也可正常进行。仅当注水压力大于煤层破裂压力时才会出现压裂煤层泄水的情况。

可根据上覆岩层的压力计算煤层承受的地层压力，它与其埋藏深度成正比，即

$$P_{地} = \sum(\rho_{岩}\,h_{岩}) \times 10^{-4} = \rho_{均}H \times 10^{-4} \tag{6-9}$$

式中　$P_{地}$——煤层承受的地层压力，kg/cm^2；

　　　$\rho_{岩}$——某一岩层的密度，kg/m^3；

　　　$h_{岩}$——同一岩层的垂直厚度，m；

　　　$\rho_{均}$——上覆岩层的平均密度，kg/m^3；

　　　H——煤层埋藏深度，m。

为方便计算，式（6-9）可简化为：

$$\overline{P}_{地} = (0.25 \sim 3)H \tag{6-10}$$

根据煤体在不同压应力作用下的透水性试验，煤体的透水性随着压应力的递增而降低。当压应力超过 45 个标准大气压后，其透水性下降的趋势趋于平缓；当压应力超过 90 个标准大气压后，透水性趋于稳定。

（1）一般来讲，只要地层压力大于注水压力，不论其开采深度如何，均不会发生跑水、透

水现象;如果煤层内存在较大裂隙面或断层,应采取措施避免泄水。

(2)煤层所承受的地层压力随埋藏深度而增大,微孔隙与裂隙受煤体变形压缩的作用,孔隙、裂隙被压紧,容积减小,渗透性系数也逐渐降低。因此,一般情况下注水压力与埋藏深度成正比。但是当煤层地压较大时,由于不易泄漏流失,湿润较均匀。在走向长壁开采工作面中,在其采空区附近采场或超前支承压力带,煤层承受地压是正常值的 $2\sim5$ 倍,在这一类区域内注水同样会引起注水压力的升高。

(3)在平均开采深度较大的矿井中注水时,煤体中常产生新的通道,原因是该类矿井的地层压力往往大大超过煤体破裂压力临界值,注水时,压力一旦达到地层压力,煤体将被冲击形成破裂面而成为新的通道。其结果是水流在强度较低、阻力较小的弱面上打开通道,使水流失。而平均开采深度相对较小的矿井,不能根据二者关系判定压裂泄水是否发生。

利用统计数据整理得到注水压力与开采深度的经验公式:

$$P_0 = 156 - 78/(0.001H + 0.5) \tag{6-11}$$

式中 P_0——煤层注水的最小压力,标准大气压;

　　　　H——开采深度,m。

式(6-11)只适合某种具体条件,不同煤层条件下二者对应关系各具不同的形式,应由各自实测资料得出。

6.1.2.3　煤层的物理力学性质

煤的强度、坚硬度、拉伸性能等对注水效果均有不同程度的影响。

(1)坚固性系数在孔隙、裂隙较为发育的煤层中对注水影响很小。坚固性系数 $f>4$ 的煤层,采用中压甚至低压注水仍可取得良好效果。煤体坚硬度对注水效果产生较大影响的情况通常出现在孔隙、裂隙不发育的煤层中;煤层硬度越高,所需注水压力越大,因为水体必须撑开裂隙才能进入煤体深部,达到预期的效果。

(2)坚固性系数是反映煤层注水难易程度的重要指标。首先,它可以概括煤层脆性、韧性等力学性质;其次,它包括煤层的孔隙、裂隙情况,综合反映了煤体破碎的难易程度。工程实践表明:在其他条件相同的情况下,煤层坚固性系数越小,煤层注水越容易,反之亦然。

(3)对于松软、破碎的煤层,其硬度和坚固性系数都趋于 0。工程中通常通过清洗钻孔内煤泥来避免粉末状煤泥堵塞孔壁,故松软煤层注水压力往往较高。

国外学者用统计方法得出某矿区关于工作面深孔注水的经验公式:

$$P = (6.75f - 3)v + P_0 \tag{6-12}$$

式中 P——初始最大注水压力,标准大气压;

　　　　P_0——最小注水压力,标准大气压;

　　　　f——煤层的坚固性系数;

　　　　v——注水速度,L/min。

6.1.2.4　煤层瓦斯压力

煤层注水的总压力分为两部分:一部分用来抵消煤体内的瓦斯气体阻力,另一部分是注水所需的有效阻力。当煤层内瓦斯含量较高时,便需要提供较大的注水压力,反之则较小。在高瓦斯浓度矿井中瓦斯压力便成为注水难易程度的重要影响因素。必要时,在实施煤层注水前还要采取一定的瓦斯抽放步骤。

6.1.2.5 煤的湿润边角

工程实践证明:煤的润湿边角越小,注水越容易,反之越难。因为润湿边角较小的煤体的毛细孔隙吸附作用更大。当且仅当湿润边角小于90°时,煤层注水才可以顺利进行。

6.2 低渗透煤层开采高压注水技术

6.2.1 低渗透煤层高压注水参数

低渗透煤层高压注水参数包括注水钻孔孔深、钻孔布置形式等钻孔参数,注水压力、注水方式等注水参数,以及封孔参数等。

6.2.1.1 注水分类

煤层高压注水根据钻孔孔深可分为长孔注水、短孔注水和深水孔注水。长孔注水孔深20~120 m,可分为沿煤层倾向钻孔、沿煤层走向钻孔、穿煤层全厚钻孔 3 种;短孔注水孔深2 m 左右,垂直于工作面,与工作面一个循环进度相匹配。介于长孔注水和短孔注水之间的是深孔注水。

注水根据压力可分为低压注水、中压注水和高压注水。低压注水压力小于 2 MPa,中压注水压力为 2~8 MPa,高压注水压力为大于 8 MPa。

注水根据供水方式可分为静压注水和动压注水。静压注水为利用水源的静水压力注水。动压注水为利用水泵向煤体注水,又可分为:① 固定泵注水。固定泵即泵站,水泵固定在某一地点,通过管线送至工作地点。② 移动泵注水。将可移动水泵安置注水地点,注水地点改变,水泵也移动。③ 注水器注水。注水器是一种注水专用设备,由加压装置、传送装置、封孔装置组成。

常用的注水方式为深孔注水,因为其钻孔深度为 10 m 左右,且恰好垂直进入工作面前方的支承压力区内,该区域原生裂隙发育不完全,无大量次生裂隙,所以注水不易泄流损失,注水效果较好,对煤体的润湿程度也较高。

6.2.1.2 钻孔布置

钻孔根据采煤方法、煤层厚度、煤层渗透性和工作面长度等布置。煤层注水钻孔布置可分为单向、双向及扇形三种方式。实际施工时可根据具体条件进行选择。① 单向钻孔布置是指在回风巷道或进风巷道中进行钻孔;② 双向钻孔布置是指在回风巷道和进风巷道中平均进行钻孔;③ 扇形钻孔布置是指在同一断面布置多个不同倾角钻孔,常用于煤层较厚和垂直于顶底板方向煤层渗透性较差的情况,可达到钻孔方便和预防钻孔之间串水的效果。

钻孔布置还取决于煤层厚度和是否含夹矸。若采高小于 1.8 m,可考虑用单排眼;当煤层较厚时,可采用三花眼,孔口位置应在较硬且致密的小分层内。

6.2.1.3 钻孔参数

钻孔长度取决于工作面长度、煤层的透水性和钻孔方向,一般比循环进度稍长即可。注水孔间距取决于工作面长度、煤层的透水性、钻孔方向以及每个钻孔的湿润半径。试验时可观察煤壁"出汗"状况,并充分注意各自然小分层及夹矸的透水性能,务必使孔间的煤体在同一分层都得到湿润。钻孔间距取决于煤层的透水性、煤层厚度和煤层倾角等。在实际工中,注水钻孔的间距需要根据煤层变化的具体情况及时调整,其间距一般为 2～8 m。

6.2.1.4 注水参数

注水参数包括注水的压力、时间、流量,其中注水压力是关键参数,是另外两个参数的条件和制约。注水压力需控制在一定范围内,即既要保证在要求的时间内达到注水效果,又不能因压力过大而破坏煤体。

(1) 注水压力

依据压力供给方式,可以将注水压力分为专用泵加压注水和管网静压注水两种。前者在注水地点设置专用泵,后者利用固有注水网管,依靠其静水压力将水输送入煤体之中。通过试验可以确定合理的注水压力值,一般软煤小于 10 MPa,硬煤为 10～20 MPa,部分情况可达 25 MPa。

(2) 注水时间

单孔注水时间可由下式计算:

$$T = \frac{Q}{v} \tag{6-13}$$

式中　T——注水时间,h;

　　　Q——钻孔注水量,m^3;

　　　v——注水速度,m^3/h。

煤层的吸水量由煤层的透水性、孔隙率和原始水分决定,而影响注水时间的直接因素是钻孔布置情况。若布置于工作面的钻孔应力集中带,将出现塌孔现象。

(3) 注水量

注水量即实施注水整个过程中通过钻孔进入煤体的总水量,与煤层厚度、钻孔深度、注水压力等有关。

(4) 注水参数之间的一般规律

注水压力、流量和注水时间的变化规律一般为:流量随压力逐渐升高而迅速增大,持续一定时间,水进入附近的煤体裂隙,当裂隙被水充满后,流量下降,水压升高。当水压达到一定数值后,煤体内的薄弱部位产生新的通道,并与较远的裂隙连通,煤体中产生流量并再次上升。当水再次充满压开的裂隙通道之后,注水流量又开始下降,水压重复上升,煤体内重复产生新的通道,并与更多的裂隙连通。如此反复,直至湿润预定的煤体范围。由此可知深孔注水整个过程就是一个脉动的注压过程。当封孔较浅时,压力水压开的新裂隙与煤壁连通,导致煤壁泄水。

(5) 封孔参数

封孔深度与煤壁所能承受的注水压力有关。合理的封孔深度应使孔口附近的煤壁不发生泄水,煤壁的深部和浅部湿润均匀。封孔过深则煤体水分集中于深部,而煤壁仍较干燥。因此,封孔深度既要保证不泄水,又要避免出现内湿外干的"葫芦形",尽量增大孔壁渗水面积,以达到快速、均匀湿润煤体的目的。同时,随着封孔深度增加,注水时间也相应增加,多数深孔注水封孔深度为孔深的 30% 左右。

6.2.2 低渗透煤层高压注水促抽瓦斯技术

为解决低渗透煤层存在瓦斯预抽范围小、瓦斯浓度衰减快和抽采效果差的问题,现场多采用注、抽钻孔间隔布置高压注水驱替促抽治理瓦斯技术,其技术方案示意图如图 6-1 所示。

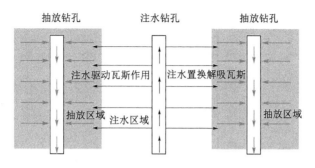

图 6-1　煤层注水驱替促抽治理瓦斯技术方案示意图

通过注水孔和抽采孔间隔布置,利用高压水对煤层瓦斯的驱替和对瓦斯的置换解吸,可提高相邻抽采孔的瓦斯浓度和瓦斯流量,同时均匀润湿煤层,增大煤体含水量,降低回采时的粉尘产生量,有效防治矿井瓦斯灾害。

6.3　低渗透煤层开采高压注水典型案例

煤层注水是煤矿重要的灾害综合防治技术,已有工程实践证明利用抽采孔注水能够提高相邻钻孔瓦斯涌出量。潞安矿区主采单一低渗透 3# 煤层,为解决密集钻孔抽采低渗透煤层存在的抽采瓦斯浓度低、流量低、衰减速度快、抽采半径小、钻孔施工工程量大等诸多问题,在潞安矿区常村煤矿和夏店煤矿现场进行了注水孔和抽采孔间隔布置高压注水促抽瓦斯技术现场试验,并取得了良好的瓦斯抽采效果。

6.3.1　常村煤矿煤层注水促抽瓦斯案例

6.3.1.1　常村煤矿煤层高压注水区域概况

常村煤矿为高瓦斯浓度矿井,3# 煤层透气性系数为 $0.060\ 5\sim0.120\ 9\ \mathrm{m^2/(MPa^2 \cdot d)}$,钻孔流量衰减系数为 $0.286\ 2\sim0.606\ 89\ \mathrm{d^{-1}}$,属于较难抽采煤层。煤的坚固性系数介于 $0.45\sim0.71$,煤质松软。现场煤层注水促抽瓦斯试验在 +470 m 水平 21 采区 2103 工作面胶带顺槽开展;2103 工作面最大瓦斯浓度可达 $7.6\ \mathrm{m^3/t}$,可解吸量为 $5.7\ \mathrm{m^3/t}$。工作面瓦斯的来源以开采层瓦斯涌出为主,预计相对瓦斯涌出量为 $4.98\ \mathrm{m^3/t}$,绝对瓦斯涌出量为 $32.49\ \mathrm{m^3/t}$。工作面为全负压通风系统,采用"一进两回+高抽巷道"通风方法,通风量大,风流稳定可靠,可根据工作面瓦斯涌出情况合理调配回风风量,使上隅角瓦斯不易积聚。同时该工作面采用边掘边抽、采前预抽、边采边抽、裂隙带抽采、采空区抽采相结合的瓦斯抽采方案。现场采用地面永久泵站及井下移动泵站高、低负压分源抽采,抽采纯瓦斯流量为 $45\sim55\ \mathrm{m^3/min}$,平均瓦斯浓度为 $8\%\sim10\%$,平均日抽放量为 76 000 m³。

6.3.1.2　注水促抽方案及参数

（1）钻孔布置

在常村煤矿 2103 工作面胶带顺槽选择煤层瓦斯赋存稳定、无地质构造、顶底板透气性较差且未抽采区域,施工 3 个顺层抽采钻孔（1#、2#、3#），其中 2# 钻孔兼为抽采孔和注水孔,施工的 3 个钻孔间距为 5 m。钻孔布置如图 6-2 所示,施工钻孔参数见表 6-1。

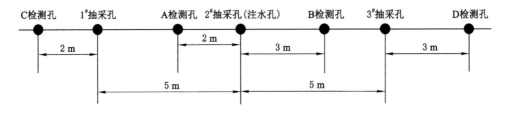

图 6-2　现场注-抽钻孔间隔布置示意图

表 6-1　施工钻孔参数

钻孔编号	孔径/mm	倾角/(°)	长度/m	封孔长度/m	封孔方法
1# 抽采孔	94	3	80	8	"两堵一注"
2# 注水孔	94	3	80	8	套管＋胶管
3# 抽采孔	94	3	80	8	"两堵一注"
A 检测孔	113	3	20	—	—
B 检测孔	113	3	20	—	—
C 检测孔	113	3	20	—	—
D 检测孔	113	3	20	—	—

抽采钻孔施工完成后立即封孔,采用"两堵一注"封孔方法,即两端采用聚氨酯材料封堵,中间注入一定压力的膨胀水泥封孔,封孔长度不小于 8 m,抽采管直径为 75 mm。

（2）注水时机

理论上煤层注水介入瓦斯抽采越早越好,但考虑到实际钻孔抽采初期一般抽采浓度和抽采流量均较高,可在后期钻孔瓦斯抽采流量或浓度较低时再实施煤层注水促抽。为获取最佳煤层注水时机,现场 3 个瓦斯抽采钻孔封孔完成后立即连接抽采系统开始抽采瓦斯,并定期监测钻孔的瓦斯流量、瓦斯浓度和抽采负压,累计监测时间为 20 d（每天中班测定）。3 个抽采钻孔抽采纯瓦斯流量随抽采时间变化曲线如图 6-3 所示。

由监测抽采数据和图 6-3 可知:初始阶段（1～5 d）3 个抽采钻孔的瓦斯浓度和抽采瓦斯纯流量均较大,瓦斯浓度为 28.22%～39.46%,抽采瓦斯纯流量为 0.004 2～0.018 m³/min,其中 3# 钻孔初始瓦斯浓度和瓦斯纯流量较大。随着抽采时间延长,3 个钻孔的抽采瓦斯纯流量和瓦斯浓度均降低,尤其是抽采 15 d 之后,瓦斯纯流量最低为 0.001 9 m³/min,瓦斯浓度最低为 4.5%。以抽采时间 15 d 为分界点,以 1# 抽采钻孔为例,1～15 d 抽采瓦斯纯流量和瓦斯浓度平均值分别为 0.006 23 m³/min 和 22.4%；16～20 d 抽采瓦斯纯流量和瓦斯浓度平均值分别为 0.002 063 m³/min 和 5.6%,平均单孔瓦斯纯流量和瓦斯浓度分别降为之前的约 1/3 和 1/4。瓦斯纯流量衰减规律均基本符合负指数关系,拟合公式分别为:① 1# 钻孔:$q=10.72 e^{-0.1t}$,$R^2=0.857$；② 2# 钻孔:$q=8.91 e^{-0.09t}$,$R^2=0.877$；③ 3# 钻孔:$q=16.64 e^{-0.12t}$,$R^2=0.961$。

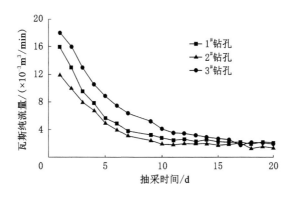

图 6-3　抽采钻孔瓦斯纯流量随时间变化曲线

因此,抽采 16 d 后 3 个钻孔的瓦斯浓度和瓦斯纯流量显著降低,此时仅依靠延长抽采时间难以取得较好的抽采效果。结合现场实际,注水时机选择为抽采 20 d 后实施煤层注水,可将 2# 钻孔作为注水孔开始实施高压注水。

（3）注水孔封孔方法

注水孔封孔采用抽采管＋膨胀胶管的方法,即在原"两堵一注"封孔方法的基础上采用膨胀胶管在抽采管(直径 75 mm)内封孔(注水加压膨胀)。单根膨胀胶管外径为 55 mm,长度为 1.5 m,最大膨胀压力为 20 MPa,最大膨胀比为 200%。此种封孔方式能获得较好的注水封孔效果。

（4）注水压力和注水时间确定

煤层注水促抽瓦斯的关键是均匀驱赶瓦斯、增透和润湿煤层,不压裂煤层,注水压力不宜过大。注水压力 p 一般应满足:$(1.2 \sim 1.5) p_w < p < p_r$($p_w$ 为煤层瓦斯压力,p_r 为上覆岩层压力),根据现场注水实践,注水压力为 8 MPa。选择动压注水方式,注水泵为 KBZ-100/150 型。

注水时间对于煤层注水促抽瓦斯十分重要,注水时间过长,压力水可能进入邻近抽采孔,导致抽采系统不安全运行;反之,则不能获得较好的促抽瓦斯效果。根据现场压水试验,注水时间为 10 d,采用间歇注水方式进行注水。

（5）注水实施方案

注水实施时应制定专门的安全技术措施,尤其是作业人员不能正对注水钻孔,防止封孔器冲出伤人。注水时监测、记录注水压力和注水流量等参数,同时监测记录 1# 和 3# 抽采钻孔的瓦斯流量、瓦斯浓度和钻孔负压,与注水前瓦斯抽采数据对比分析。注水结束后关闭阀门,注入煤层水分缓慢均匀润湿煤层。每天中班仍监测并记录 1# 和 3# 抽采钻孔的瓦斯流量、瓦斯浓度和钻孔负压。

6.3.1.3　注水前、后瓦斯流量变化及分析

常村煤矿现场试验周期为 3 个月,共进行了 2 次注水促抽瓦斯试验。第一次注水试验由于注水时间和注水量不足,试验效果一般。本次成果总结为第 2 次注水促抽试验的结果,注水 10 d,累计注水量约为 116 m³,注水后监测记录钻孔抽采参数 25 d,共记录钻孔抽采参数 35 d。为对比注水前、后的瓦斯抽采效果,将注水后的瓦斯浓度与瓦斯纯流量与抽采孔

16～20 d 的抽采数据对比分析。1# 和 3# 钻孔注水后瓦斯纯流量随时间的变化曲线如图6-4和图 6-5 所示。

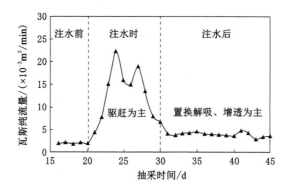

图 6-4　1# 钻孔注水后瓦斯纯流量随时间的变化曲线

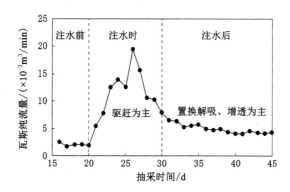

图 6-5　3# 钻孔注水后瓦斯纯流量随时间的变化曲线

由监测数据及图 6-4、图 6-5 可知：2# 钻孔注水后，1# 钻孔和 3# 钻孔的瓦斯抽采参数变化显著，抽采瓦斯纯流量和瓦斯浓度明显提高。

（1）1# 钻孔最大瓦斯浓度为 50.6%，注水后 25 d 观测期平均值为 20.24%，是注水前瓦斯浓度的 3.6 倍；3# 钻孔最大瓦斯浓度为 58.2%，注水后 25 d 观测期平均值为 24.64%，是注水前瓦斯浓度的 4.2 倍。

（2）1# 钻孔和 3# 钻孔瓦斯纯流量变化可分为两个阶段：第一阶段为注水实施阶段（注水时间为 10 d），抽采瓦斯纯流量增幅最大，1# 钻孔瓦斯纯流量最大值为 0.022 4 m³/min，平均值为 0.012 8 m³/min，分别为注水前的 10.9 倍和 6.2 倍；3# 钻孔瓦斯纯流量最大值为 0.019 5 m³/min，平均值为 0.011 6 m³/min，分别为注水前的 8.8 倍和 5.3 倍；注水实施阶段高压水在煤层裂隙、孔隙中流动，驱赶瓦斯向邻近抽采孔运移，导致抽采孔瓦斯纯流量显著增大，此阶段煤层注水促抽以高压水驱赶瓦斯为主。第二阶段为注水后监测阶段（25 d），抽采瓦斯纯流量开始降低，且变化幅度不大，但仍高于注水前瓦斯抽采纯流量；1# 和 3# 钻孔瓦斯纯流量平均值分别为 0.039 8 m³/min 和 0.004 84 m³/min，为注水前的 1.9 倍和 2.2 倍；注水后无压力水供应，之前注入煤层裂隙、孔隙的水在毛细管力等作用下，均匀、缓慢地润湿煤层，水分与瓦斯展开竞争吸附，置换出吸附瓦斯，在负压作用下向邻近抽采孔运移。

高压水既能改变煤层的渗透特性和孔隙结构,也能促进注水区域瓦斯向抽采孔运移,此阶段煤层注水促抽以置换解吸瓦斯和煤层增透为主。

(3) 注水实施阶段,抽采瓦斯纯流量具有先增大、后减小的特点。注水初期压力水进入煤层,驱赶瓦斯范围有限。随着注水时间延长,抽采瓦斯纯流量逐渐增大,在注水 3～5 d 后,抽采瓦斯纯流量最大。之后由于煤层注水区域逐渐扩大,压力水占据煤层裂隙、孔隙的范围增大,抽采瓦斯影响范围逐渐缩小,导致抽采瓦斯纯流量开始减小。

6.3.2　夏店煤矿煤层注水促抽瓦斯案例

6.3.2.1　夏店煤矿高压注水区域概况

夏店煤矿属于高瓦斯浓度矿井,现场煤层注水促抽瓦斯试验在 31 采区 3116 工作面(外 2)回风顺槽开展。该工作面原始瓦斯含量为 2.5～7.8 m³/t,回采期间瓦斯绝对涌出量预测最大值为 14.6 m³/mim,瓦斯抽放率为 30%,无瓦斯突出,煤尘具有爆炸危险性。3116 工作面采用一进一回的 U 形全风压独立通风方式,瓦斯抽采系统由该矿西风井地面设立的永久泵站完成,顺槽瓦斯抽采支管连接至矿井专用的回抽主管。在 3116 工作面回风巷道敷设 2 趟 φ377 mm 支管(一趟高负压、一趟低负压),低负压带抽裂隙带钻孔、回风隅角埋管,高负压带抽煤层预抽钻孔;在 3116 工作面运输巷道敷设 1 趟高负压 φ377 mm 支管带抽煤层预抽钻孔。工作面运输巷道进风,回风巷道回风,配风量为 2 000 m³/min。

注水地点主要为 48#～54# 抽采钻孔联孔区域、81#～90# 抽采钻孔联孔区域及 105#～112# 抽采钻孔联孔区域(图 6-6)。

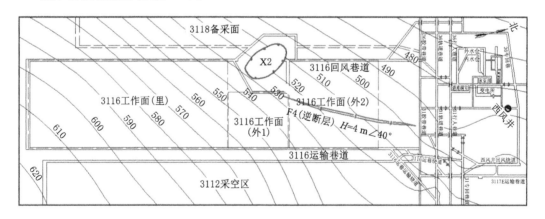

图 6-6　3116 工作面抽采钻孔布置区域示意图

6.3.2.2　注水方案及参数确定

(1) 注水促抽瓦斯技术参数

3116 工作面由于陷落柱 X2 影响划分为 3 个回采工作面(图 6-6)。3 个回采工作面由内向外埋藏深度逐渐增大,瓦斯含量也逐渐增加。3116 工作面(外 2)主要采用回风巷道、运输巷道施工预抽钻孔抽采瓦斯,为避免运输巷道注水受断层影响(落差为 4.5 m,走向长度为 67 m)导致注水效果差,现场注水促抽试验在 3116 工作面(外 2)回风巷道开展,试验钻孔为 48#～54# 抽采钻孔、81#～90# 抽采钻孔及 105#～112# 抽采钻孔。注水促抽瓦斯试验系统示意图如图 6-7 所示。

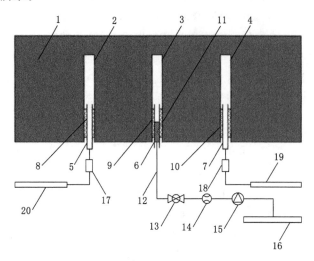

1—煤层;2,3,4—抽采钻孔(其中 3 号孔后期作为注水孔使用);5,6,7—抽采管;
8,9,10—钻孔密封段;11—自胀式封孔器;12—高压胶管;13—阀门;
14—注水流量计;15—高压注水泵;16—供水管;17,18—孔板流量计;19,20—抽采管路。

图 6-7　注水促抽瓦斯试验系统示意图

① 钻孔布置及封孔方法:注水促抽前,回风巷道预抽钻孔已施工完毕。直接利用施工好的预抽钻孔按照"一注两抽"方式开展注水促抽瓦斯试验。抽采钻孔间距为 2 m,孔径为 94 mm(外端扩孔为 113 mm),钻孔长度为 120 m,倾角为 12°,方位角与巷道成 90°。抽采钻孔封孔方法采用"两堵一注",封孔长度为 16 m。

② 注水时机选择:注水前,监测了回风巷道部分预抽钻孔瓦斯抽采参数(测定时间为 30 d),典型抽采钻孔(50#)瓦斯纯流量随抽采时间的变化曲线如图 6-8 所示。

由图 6-8 可知:抽采钻孔瓦斯纯流量衰减与时间呈负指数关系,相关系数 R^2 均大于 0.95。由于注水泵等试验条件协调原因,在预抽 60 d 后开始实施煤层注水促抽瓦斯试验。

③ 注水压力及注水时间:根据现场注水经验,注水压力为 8～10 MPa,选择动压注水方式。注水泵采用精诚 3ZSB-105/11 型高压注水泵,注水泵动力端同时采用飞溅和强制两种润滑方式,柱塞采用强制冷却方式,配置安全溢流阀和调压阀。泵组配置包括注水泵、溢流阀、压力调节阀、联轴器、联轴器护罩、矿用防爆电动机、底座等。注水泵为高压柱塞泵,泵轴位置为卧式,驱动方式为电动,柱塞直径为 22 mm,柱塞 3 个,额定转速为 400 r/min,最大工作压力为 22 MPa,可满足试验注水压力需要。

由于抽采钻孔间距较小(2 m),应严格控制注水时间,防止压力水进入邻近抽采钻孔。现场注水时间为 2～3 d,采用间歇注水方式。

(2) 注水试验过程
提前准备好注水试验相关仪器和材料,具备现场试验条件后开始实施注水促抽瓦斯。

① 首先将待注水钻孔抽采管路拆除,在原封孔抽采管内插入注水专用封孔器封孔(可以克服封孔器直接在煤孔内可能引起的封孔不严问题),调节封孔器泄压阀,利用高压管线将封孔器、球阀与高压注水泵连接。注水钻孔外挂警示牌"高压注水危险,切勿正对钻孔"。

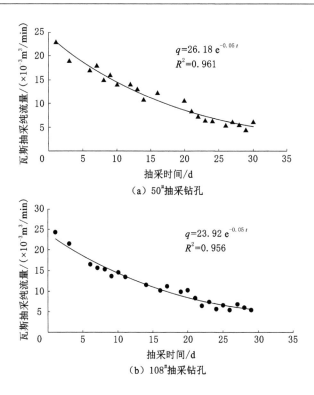

图 6-8　典型抽采钻孔(50#)瓦斯纯流量随抽采时间的变化曲线

② 开启注水泵,调节注水压力为 8～10 MPa,开始实施高压注水。试验过程中由于钻孔有一定倾角 12°,在注水压力上升过程中出现 3 次封孔器冲出现象,通过调节封孔器泄压阀解决了封孔器冲出问题。

③ 注水过程中记录注水压力和流量变化,同时记录注水钻孔联孔区域的瓦斯流量、瓦斯浓度和负压,注水后 6～10 d 仍安排专人中班测定抽采孔瓦斯参数。

④ 注水孔分别为 49#、51#、53#、82#、84#、86#、88#、106#、108#、110# 和 111# 钻孔,累计注水钻孔 11 个,其中 3 个钻孔由于与邻近钻孔串孔,注水失败,有效注水钻孔为 8 个,注水压力为 7～10 MPa,注水时间为 2～3 d,单孔注水流量为 21.6～35.6 m³。

⑤ 注水完成后,在注水孔和抽采孔中间及未注水区域施工 10 个瓦斯含量测试孔,采用井下直接法测定煤层瓦斯含量,取样深度大于 20 m,进一步对比分析煤层注水促抽瓦斯效果。

6.3.2.3　注水后瓦斯抽采参数变化及分析

(1) 49#—53# 抽采孔联孔区域

该区域完成注水试验 3 组,注水孔分别为 49#、51# 和 53# 钻孔,其中 51# 钻孔和 52# 钻孔串孔(注水时水直接从 52# 钻孔流出),有效注水钻孔为 49# 钻孔和 53# 钻孔;注水压力为 8～10 MPa,累计注水时间为 50 h,单孔注水量约 21.6 m³。依据监测的区域瓦斯抽采参数可知:注水前、后联孔区域抽采负压变化不大,负压稳定在 21～24 kPa;注水前单孔瓦斯浓度为 6.6%～10%,汇流管瓦斯浓度为 8.6%,高压注水实施阶段,单孔瓦斯浓度最大值为42.4%(52# 钻孔),汇流管瓦斯浓度为 25%,区域抽采瓦斯浓度提高 2.8 倍,单孔抽采瓦斯浓度最大提高 4.3 倍;注水前汇流管抽采瓦斯混合流量为 0.49 m³/min,抽采瓦斯纯流量为 0.042 m³/min,注水时汇流管瓦斯混合流量为 1.19～1.25 m³/min,瓦斯纯流量为 0.29～0.31 m³/min,联孔区域抽采瓦斯混合流量最大提高 1.6 倍,瓦斯纯流量最大提高 6.4 倍。

注水后,由 8 d 的监测数据可知:汇流管抽采瓦斯混合流量约为 0.665 m³/min,抽采瓦斯浓度为 15.6%,瓦斯纯流量为 0.10 m³/min,分别为注水前的 1.4 倍、1.8 倍和 2.4 倍。

(2) 82#—88#抽采孔联孔区域

该区域完成注水试验 4 组,注水孔分别为 82#、84#、86# 和 88# 钻孔;注水压力为 8～10 MPa 累计注水时间 72 h,单孔注水量约 35.6 m³。由监测的区域瓦斯抽采参数可知:注水前后负压稳定在 23 kPa;注水前单孔瓦斯浓度为 8%～15%,汇流管瓦斯浓度为 11.2%,高压注水实施阶段,单孔瓦斯浓度最大值为 52.8%(85# 孔),汇流管瓦斯浓度为 28.4%,区域抽采瓦斯浓度提高 2.5 倍,单孔抽采瓦斯浓度最大提高 6.6 倍;注水前汇流管瓦斯抽采混合流量为 0.62 m³/min,抽采瓦斯纯流量为 0.069 m³/min,注水时汇流管瓦斯混合流量为 1.35～1.66 m³/min,瓦斯纯流量为 0.38～0.47 m³/min,联孔区域抽采瓦斯混合流量最大提高 2.7 倍,瓦斯纯流量最大提高 6.8 倍。

注水后,由 10 d 监测数据可知:汇流管抽采瓦斯混合流量为 0.73 m³/min,抽采瓦斯浓度为 18.4%,瓦斯纯流量为 0.13 m³/min,分别为注水前的 1.2 倍、1.6 倍和 1.9 倍。

(3) 106#—111#抽采孔联孔区域

该区域完成注水试验 4 组,注水孔分别为 106#、108#、110#、111# 钻孔,111# 钻孔串孔,有效注水孔为 3 个;注水压力为 7～10 MPa,累计注水时间 72 h,单孔注水量约 29.8 m³。由监测的区域瓦斯抽采参数可知:注水前、后负压稳定在 12.3～13 kPa;注水前单孔瓦斯浓度为 3.5%～16.4%,汇流管瓦斯浓度为 9.8%,高压注水阶段单孔瓦斯浓度最大值为 33.8%(107# 孔),汇流管瓦斯浓度为 21.2%,区域抽采瓦斯浓度提高 2.2 倍,单孔抽采瓦斯浓度最大提高 9.7 倍;注水前汇流管抽采瓦斯混合流量为 0.35 m³/min,抽采瓦斯纯流量为 0.034 m³/min,注水时汇流管瓦斯混合流量为 0.52～0.81 m³/min,瓦斯纯流量为 0.11～0.17 m³/min,联孔区域抽采瓦斯混合流量最大提高 1.3 倍,瓦斯纯流量最大提高 4 倍。

注水后,由 7 d 的监测数据可知:汇流管抽采瓦斯混合流量约为 0.42 m³/min,抽采瓦斯浓度为 12.5%,瓦斯纯流量为 0.05 m³/min,分别为注水前的 1.2 倍、1.3 倍和 1.5 倍。

因此,3 个注水区域注水促抽瓦斯效果较好,与注水前瓦斯抽采相比,注水时抽采瓦斯纯流量和瓦斯浓度分别提高 4～6.8 倍、2.2～2.8 倍,注水后 7～10 d 的监测周期内抽采瓦斯纯流量和瓦斯浓度分别提高 50%～140%、30%～80%。注水实施阶段,促抽瓦斯以高压水的驱赶为主。注水后一定时期促抽瓦斯以水分的置换解吸和煤层增透综合为主,注水促抽瓦斯影响周期为 10～13 d。

6.4 本章小结

本章主要应用流体力学理论讨论了低渗透煤层开采的高压注水原理,给出了煤层注水的控制方程,分析了煤层注水的主要影响因素及分类指标,提出了低渗透煤层高压注水促抽技术,并结合典型案例分析了低渗透煤层开采高压注水的应用实践。

(1) 煤层注水促抽瓦斯可采用流体力学理论追踪水与瓦斯突变的自由界面,求解其体积分数方程和多孔介质的动量守恒方程,以获取水与瓦斯两相流在煤层中的渗流特征。

（2）影响煤体注水的主要因素包括注水压力、注液表面张力等外部因素和煤层孔隙、裂隙发育程度,煤层埋藏深度,煤的物理力学性质,煤层瓦斯压力及煤层湿润边角等内部因素。

（3）提出现场注水孔和抽采孔间隔布置方案,利用高压水驱替并置换解吸煤层瓦斯,提高了相邻抽采孔的瓦斯浓度和瓦斯流量,并在潞安矿区常村煤矿和夏店煤矿进行应用,成功解决了低渗透煤层存在瓦斯预抽范围小、瓦斯浓度衰减快和抽采效果差的问题。

7 超长高瓦斯浓度工作面卸压抽采关键参数研究

7.1 瓦斯抽采关键参数确定

根据前述分析,9105 工作面长度为 340 m,属于超长工作面,该工作面采用卸压抽采技术比较合适。要实现对 9105 工作面安全、高效瓦斯抽采,需要确定 9105 工作面开采后的冒落带和裂隙带高度,以确定高抽巷道的具体位置。同时需要在工作面前方布置顺层钻孔试验测定 9105 工作面超前卸压范围,以实现本煤层顺层抽采孔的布置。为了确定上述关键参数,课题组主要结合高密度电阻率法和物理相似模拟确定 9105 工作面的裂隙带高度,同时采用仰孔分段注水法开展现场试验。

7.2 基于高密度电阻率法和物理相似模拟确定裂隙带高度

7.2.1 高密度电阻率法动态探测原理与方法

高密度电阻率法起源于 20 世纪 70 年代末期的阵列电法探测思想,英国学者约翰森设计的电测深系统实际上就是高密度电阻率法的最初模式。在高密度电阻率法研究初期阶段,电极排列方式主要有温纳、偶极、微分三种,随后日本学者为满足山地工程的需要,在设计和技术实施上采用了先进的自动控制理论和大规模集成电路。20 世纪 80 年代中期,日本地质计测株式会社借助电极转换板设计了野外高密度电阻率法的数据采集,成功设计了电极自动"切换装置",使高密度电阻率法全面自动化。但是由于整体设计不完善,这套设备没有充分发挥高密度电阻率法的优越性,所以并未引起人们的重视。直到 20 世纪 90 年代,随着计算机的普及和发展,其优点才被越来越多的人认识。经过 20 多年的发展,已由原先的三种电极排列方式发展到施伦贝格、联剖、环形二极等十几种,使高密度电阻率法勘探能力得到明显提高,效率大大提高。随着仪器制造工艺、电子技术和计算机软硬件的飞速发展,高密度电阻率法在各方面的应用均取得了长足进展。

20 世纪 80 年代后期,中国地质矿产部开始了对高密度电阻率法及其应用技术的研究,当时以引进仪器、技术为主,主要还是沿袭国外的做法,采用三电位电极装置系列:α 装置(温纳装置 AMNB)、β 装置(偶极装置 ABMN)和 γ 装置(微分装置 AMBN)。到 90 年代初期,长春科技大学成功研制了由高密度工程电测仪和程控多路电极转换器组成的数据自动采集系统,使该项技术在国内实用化。其后,电极转换开关也实现了由机械式向单片机控制的改进。现在国内高密度电阻率法仪电极转换开关已具有机械式、电子式、分布智能式等多种形式,其中多道并行分布式高密度电阻率法系统具有中国特色,达到了国际先进水平。

　　与常规电法相比,高密度电阻率法具有以下优点:(1)电极布设一次性完成,减少了因电极设置所引起的干扰和降低了由此带来的测量误差;(2)能有效进行多种电极排列方式的测量,从而可以获得较丰富的关于地电结构状态的地质信息;(3)数据的采集和收录全部实现了自动化或半自动化,不仅速度快,还避免了人工操作所带来的误差和错误;(4)可以实现资料的现场实时处理和脱机处理,大大提高了电阻率法的智能化程度;(5)可以实现多参数测量,同时观测电阻率、极化率和自然电位,能获取地下丰富的地电参数,从不同电性角度对地下结构进行描述。由此可见:高密度电阻率法是一种成本低、效率高、信息丰富、解释方便且勘探能力很强的勘探方法。

7.2.1.1　高密度电阻率法基本原理与方法

　　(1)高密度电阻率法基本原理

　　高密度电阻率法的基本原理与传统的电阻率法完全相同,不同之处是高密度电阻率法在观测中设置了较高密度的测点。现场测量时只需将全部电极布置在一定间隔的测点上,由主机自动控制供电电极和接收电极的变化,完成测量。在设计和技术实施上,高密度电阻率法测量系统采用先进的自动控制理论和大规模集成电路,使用的电极数量多,而且电极之间可以自由组合,这样就可以提取更多的地电信息,使电阻率法勘探能像地震勘探一样采用多次覆盖式测量。

　　(2)高密度电阻率法观测系统

　　电阻率法的探测深度随着供电电极 C_1C_2 距离的增大而增大,当隔离系数 n 逐渐增大时,C_1C_2 电极距也逐渐增大,对地下深部介质的反映能力亦逐步增加。由于岩土剖面的测点总数是固定的,因此,极距扩大时反映不同勘探深度的测点数将减少。通常将高密度电阻率法的测量结果记录在观测电极 P_1P_2 的中点、深度为 na 的点位上,整条剖面的测量结果便可以表示成一种倒三角形的二维断面的电性分布(图7-1)。

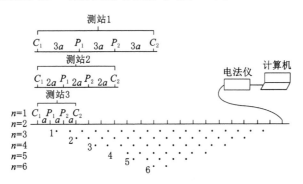

图 7-1　高密度电阻率法剖面图

　　(3)高密度电阻率法反演理论与方法

　　RES2DINV反演程序基于圆滑约束最小二乘法,使用了基于准牛顿最优化非线性最小二乘法的新算法。圆滑约束最小二乘法基于以下方程:

$$(J'J + \mu F)D = J'g \tag{7-1}$$

式中,

$$F = f_xf_x' + f_zf_z'$$

式中，f_x 为水平平滑滤波系数矩阵；f_z 为垂直平滑滤波系数矩阵；J 为偏导数矩阵，J' 为 J 的转置矩阵；μ 为阻尼系数；D 为模型参数修改矢量；g 为残差矢量。

反演程序使用的二维模型将地下空间分成许多模型子块(图 7-2)。然后确定这些子块的电阻率，使得正演计算得到的视电阻率拟断面值与实测拟断面值相吻合。最优化方法是调节模型子块的电阻率来减少正演值与实测电阻率的差异。这种差异用均方误差(RMS)来衡量。然而，有时最低均方误差值的模型却显示出了模型电阻率值巨大的和不切实际的变化，从地质勘察角度而言这并不总是最好的模型。通常最谨慎的逼近是选取迭代后均方误差不再明显改变的模型，这通常在第 3 次和第 5 次迭代中出现。

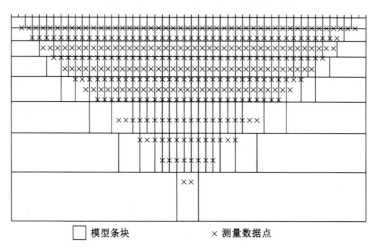

图 7-2 拟断面图中的视电阻率测量数据点及模型条块排列

反演程序使用的二维模型由一系列矩形格子构成。矩形格子的排列受拟断面图数据点分布的松散程度约束。格子的大小和贡献由程序自动产生，格子的数量一般不超过数据点的数量。然而程序设置了一个选项，允许用户使用格子数超过数据点的模型。最底排的格子设置深度近似等于最大电极距的等效勘察深度。模拟正演子程序用于计算视电阻率值，采用有限差分法或有限元法。

7.2.1.2 高密度电阻率法动态探测原理与方法

动态高密度电阻率法在常规高密度电阻率法中增加了一个时间维，电阻率是二维空间坐标和一个时间坐标的函数：$\rho = \rho(x, z, t)$，是同样的电极排列在同一地点不同时间重复进行二维数据采集。数据处理时反演出不同时刻同一地点电阻率与初始时刻的差异，从而研究地下介质电阻率随时间的变化，其基本思路是先用常规方法反演背景数据，再一组接一组地反演多组监测数据，通过背景模型(第一次测量数据反演结果)与后面时刻反演模型之间的差异进行成图和资料解释。

高密度电阻率法探测的正演算子用 f 表示，则第 1 次探测可表示为：

$$f(M_{t_1}) = D_{t_1} \tag{7-2}$$

式中，M_{t_1} 为第 1 次探测模型参数；D_{t_1} 为第 1 次探测观测数据。

第 2 次探测表示为：

$$f(M_{t_2}) = D_{t_2} \tag{7-3}$$

式中，M_{t_2} 为第 2 次探测模型参数；D_{t_2} 为第 2 次探测观测数据。

在已知动态观测数据 D_{t_1} 和 D_{t_2} 的情况下，可通过 RES2DINV 反演程序分别得到两次探测的反演模型参数：

$$M_{t_1} = f^{-1}(D_{t_1}) \tag{7-4}$$

$$M_{t_2} = f^{-1}(D_{t_2}) \tag{7-5}$$

式中，M_{t_2} 包含构造、岩性、地形、覆岩变形破坏和赋水性综合地质信息。因为覆岩变形破坏相对构造、岩性、地形和电性特征及赋水性不明显，所以仅依据 M_{t_2} 难以对覆岩变形破坏情况进行有效识别划分。

$$M_{t_2} = M_{t_2构造} + M_{t_2岩性} + M_{t_2地形} + M_{t_2覆岩变形破坏} + M_{t_2赋水性} \tag{7-6}$$

M_{t_1} 包含构造、岩性、地形和赋水性综合地质信息，此时覆岩未产生变形破坏，可作为背景场。

$$M_{t_1} = M_{t_1构造} + M_{t_1岩性} + M_{t_1地形} + M_{t_1赋水性} \tag{7-7}$$

因为第 2 次探测与第 1 次探测相比，构造、岩性和地形基本未产生变化，即 $M_{t_1构造} = M_{t_2构造}$，$M_{t_1岩性} = M_{t_2岩性}$，$M_{t_1地形} = M_{t_2地形}$，所以有：

$$\Delta M_{t_2} = M_{t_2} - M_{t_1} = M_{覆岩变形破坏} + \Delta M_{赋水性} \tag{7-8}$$

式中，赋水性变化 $\Delta M_{赋水性}$ 可通过对比测线得到变化规律，则只剩下 $M_{覆岩变形破坏}$，即覆岩变形破坏引起的模型参数变化。

本项目采用基于反演电阻率相对变化率的动态探测方法得到不同时刻覆岩变形破坏情况：

$$\Delta M_{t_n} = (M_{t_n} - M_{t_1})/M_{t_1} \tag{7-9}$$

计算不同时刻 t_n 反演模型参数与第一次探测反演模型参数变化率即可得到不同时刻的覆岩变形情况。

7.2.2　高密度电阻率法探测数值模拟方法

7.2.2.1　高密度电阻率法正演算法

（1）稳定电流场基本方程及其离散格式

点电源三维电场满足的微分方程为：

$$\sigma\left(\frac{\partial^2 V}{\partial x^2} + \frac{\partial^2 V}{\partial y^2} + \frac{\partial^2 V}{\partial z^2}\right) + \frac{\partial \sigma}{\partial x}\frac{\partial V}{\partial x} + \frac{\partial \sigma}{\partial y}\frac{\partial V}{\partial y} + \frac{\partial \sigma}{\partial z}\frac{\partial V}{\partial z} = -I\delta(x-x_0)\delta(y-y_0)\delta(z-z_0)$$

$$\tag{7-10}$$

式中，I 为点电源电流强度；(x_0, y_0, z_0) 为点电源坐标。

对整个研究区域进行网格剖分，大小为 $N_x N_y N_z$：x 方向网格节点为 $i = 1, 2, \cdots, N_x$；y 方向网格节点为 $i = 1, 2, \cdots, N_y$；z 方向网格节点为 $i = 1, 2, \cdots, N_z$。

在网格内部两种不同电导率介质分界面上满足边界条件电位连续和电流密度法向分量连续。对外边界条件，引入混合边界条件：

$$\frac{\partial \varphi(x, y, x)}{\partial n} + \frac{\cos \theta}{r}\varphi(x, y, x) = 0 \tag{7-11}$$

式中，r 为点电源源点到边界节点上的向径；θ 为向径 r 和边界外法线方向的夹角。

对点电源三维电场电位的微分方程式进行离散化，构建差分方程为：

$$C_t\varphi_{i,j,k-1} + C_b\varphi_{i,j,k+1} + C_f\varphi_{i,j-1,k} + C_{bc}\varphi_{i,j+1,k} + C_l\varphi_{i-1,j,k} + C_r\varphi_{i+1,j,k} + C_p\varphi_{i,j,k} = \begin{cases} I & [(x_0,y_0,z_0) \in \Delta V_{i,j,k}] \\ 0 & [(x_0,y_0,z_0) \notin \Delta V_{i,j,k}] \end{cases}$$

$$(7\text{-}12)$$

式中，C_t，C_b，C_f，C_{bc}，C_l，C_r，C_p 分别表示节点 (x,y,z) 与上、下、前、后、左、右和自身的连接系数。

基于混合边界条件的上表面连接系数如下：

$$C_t = 0$$

$$C_b = -\frac{1}{\Delta z_k}\left(\sigma_{i-1,j,k}\frac{\Delta x_{i-1}\Delta y_i}{4} + \sigma_{i,j,k}\frac{\Delta x_i\Delta y_i}{4} + \sigma_{i-1,j-1,k}\frac{\Delta x_{i-1}\Delta y_{i-1}}{4} + \sigma_{i,j-1,k}\frac{\Delta x_i\Delta y_{i-1}}{4}\right)$$

$$C_f = -\frac{1}{\Delta y_{i-1}}\left(\sigma_{i-1,j-1,k}\frac{\Delta x_{i-1}\Delta z_k}{4} + \sigma_{i,j-1,k}\frac{\Delta x_i\Delta z_k}{4}\right)$$

$$C_{bc} = -\frac{1}{\Delta y_j}\left(\sigma_{i-1,j,k}\frac{\Delta x_{i-1}\Delta z_k}{4} + \sigma_{i,j,k}\frac{\Delta x_i\Delta z_k}{4}\right)$$

$$C_l = -\frac{1}{\Delta x_{i-1}}\left(\sigma_{i-1,j-1,k}\frac{\Delta y_{j-1}\Delta z_k}{4} + \sigma_{i-1,j,k}\frac{\Delta y_j\Delta z_k}{4}\right)$$

$$C_r = -\frac{1}{\Delta x_i}\left(\sigma_{i,j,k}\frac{\Delta y_{j-1}\Delta z_k}{4} + \sigma_{i,j,k}\frac{\Delta y_j\Delta z_k}{4}\right)$$

$$C_p = -(C_b + C_f + C_{bc} + C_l + C_r) - C_b\frac{|z_0 - z_k|\,\Delta z_k}{r^2}$$

不同的边界节点连接系数、内部节点连接系数略有不同，很多文献都给出了详细的连接系数差分格式，此处不再赘述。

将式(7-12)写为矩阵形式，最后形成一个大型稀疏线性方程组：

$$\boldsymbol{Ax} = \boldsymbol{b} \tag{7-13}$$

式中，$\boldsymbol{A}$ 为一个大型稀疏对称正定带状矩阵。

$\boldsymbol{x} = (x_1, x_2, \cdots, x_{N_x,N_y,N_z})^T$，为各个节点的电位值，$\boldsymbol{b}$ 只在供电节点处不为 0，$\boldsymbol{b} = (0, \cdots, 0, I, 0, \cdots, 0)^T$。

（2）三维数值模拟程序实现方法

Visual Basic 具有强大的可视化功能,MATLAB 具有强大的数值计算功能。采用混合编程技术,通过 Visual Basic 建模,调用 MATLAB 对线性方程组进行计算。

矩阵 A 为一个 $(N_x \times N_y \times N_z) \times (N_x \times N_y \times N_z)$ 的矩阵,如果直接进行计算,将占用大量的内存并花费大量的时间。如果只将其中的非零元素进行存储,元素个数小于 $7 \times (N_x \times N_y \times N_z)$,内存和计算时间将大大减少。稀疏矩阵 A 的存储可以通过 MATLAB 中 sparse 命令实现:

$$A = \text{sparse}(a, b, c) \tag{7-14}$$

其中,a、b 分别为元素 c 的行列位置坐标。

Visual Basic 对 MATLAB 的调用采用 Active X 自动化技术,通过四句命令可以实现所有调用:① 创建 MATLAB 的 Active X 对象;② 调用 MATLAB 的命令;③ 向 MATLAB 传送数据;④ 从 MATLAB 接收矩阵数组。分别举例如下:

Set MATLAB = Create Object("MATLAB. Application"),创建 MATLAB 的 Active X 对象;Call MATLAB. PutFullMatrix("G", "base", g, gx),将数组 g 传送至 MATLAB 矩阵 G;MATLAB. execute ("A = sparse(G, H, F)"),调用 MATLAB 的命令 sparse();Call MATLAB. GetFullMatrix("x", "base", b, bx),将 MATLAB 矩阵 x 接收回数组 x。

线性方程组的计算采用共轭梯度算法。

如果已知供电电极 A 供电时测量电极 M、N 的电位,以及供电电极 B 供电时测量电极 M、N 的电位,根据电场叠加原理可以得到供电电极 A、B 供电时测量电极 M、N 的电位,进而可以得到测量电极 MN 之间的电位差 ΔU_{MN}。根据视电阻率计算公式:

$$\rho_S = K \frac{\Delta U_{MN}}{I} \tag{7-15}$$

式中,$K = \pi \dfrac{AM \cdot AN}{MN}$,即可得到相应测点的视电阻率值。按照高密度电阻率法的观测方式分别得到每一个测点的视电阻率数据,即完成一次高密度电阻率法三维正演计算。

7.2.2.2　电阻率法探测数值模拟及分析

(1) 常规探测方法数值模拟

图 7-3(a)为采前模拟观测数据反演成果图,图中从上往下依次为观测视电阻率断面图、反演视电阻率断面图和反演电阻率断面图。

由观测视电阻率断面图可见:观测视电阻率在水平方向上可以反映理论模型的层状展布形态,在深度方向上可以反映电阻率由低到高的变化趋势,与理论模型一致。由最下面的电阻率反演成果图可见:反演结果和理论模型大体一致,反演成果图最上层为电阻率约为 $20\ \Omega \cdot m$ 的第四系低阻层,往下为电阻率约为 $80\ \Omega \cdot m$ 的煤系地层。煤层由于厚度相对较小,埋深相对较深,在反演电阻率断面图中无法识别。相对视电阻率断面图,反演电阻率断面图表现出更高的分辨能力。

图 7-3(b)为采中模拟观测数据反演成果图,图中从上往下依次为观测视电阻率断面图、反演视电阻率断面图和反演电阻率断面图。

由观测视电阻率断面图可见:视电阻率对覆岩变形破坏有一定反映,产生覆岩变形破坏的左侧区域视电阻率总体高于未产生覆岩变形破坏的右侧区域,但总体分辨率极低,无法对覆岩变形破坏范围进一步划分。由最下面的电阻率反演成果图可见:反演电

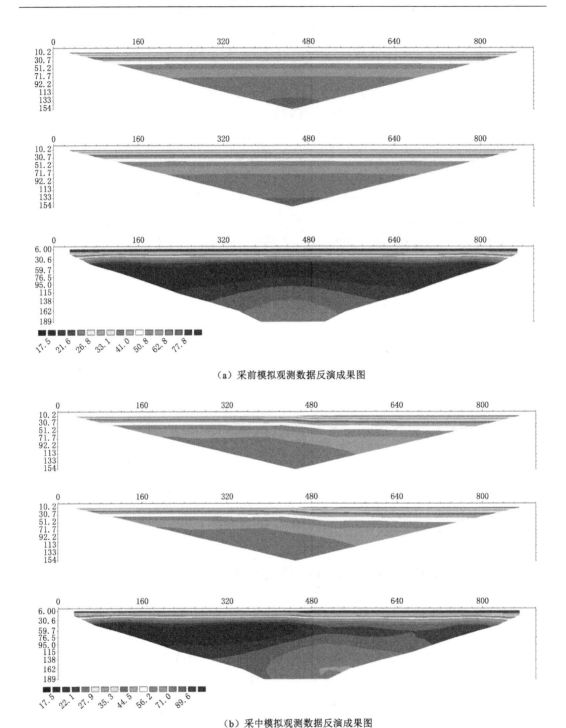

（a）采前模拟观测数据反演成果图

（b）采中模拟观测数据反演成果图

图 7-3　采前和采中的模拟观测数据反演成果图

阻率相对视电阻率对覆岩变形破坏有了更好反映。纵向上电阻率先增大后减小，电阻率值更接近理论模型。但整体上分辨率仍然较低，仅根据单次反演结果无法对覆岩变形破坏进行有效划分。

（2）动态探测方法数值模拟

① 动态探测结果。

图 7-4 为基于反演电阻率变化率的动态探测结果。由图可见：反演电阻率经过动态处理后分辨率明显提高。在横向上，以采煤工作面位置（$x=450$ m）为界明显分为左侧采后覆岩变形破坏区和右侧未产生破坏变形区，其中采后覆岩变形破坏区电阻率变化率为正值增大。在竖向上，电阻率变化率也产生了明显的异常区域，形态与模型吻合，特别是裂隙区在图中也很好显现出来。

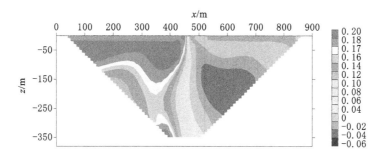

图 7-4　反演电阻率变化率断面图

此外，由于电法探测敏感性随深度增大呈指数减小，所以反演电阻率变化率小于实际电阻率变化率，且其比值随深度增加而减小。浅部反演电阻率变化率接近实际电阻率变化率（如 20 m 深度内第四系地层反演电阻率变化率和实际电阻率变化率均为 20%），深部反演电阻率变化率仅为实际电阻率变化率的 1%～10%（如裂隙区实际电阻率增大 50 倍，而反演电阻率变化率只有 20%）。因为实际电阻率变化率自弯曲变形带、裂隙带至冒落带逐步增大，而探测敏感性随深度增大逐步减小，所以覆岩变形破坏在反演电阻率变化率断面图中表现为上下大、中间小的沙漏形。

② 深度系数的确定。

直流电法的探测深度受供电电极距影响，供电电极距越大则探测深度越深，探测深度用最大供电电极距乘以一个深度系数表示。深度系数与装置类型、地质条件和数据处理方法有关。图 7-5 为反演电阻率变化率断面图附在理论模型上的模拟成果图，反演电阻率变化率断面图中深度系数设置为 0.39，探测结果与理论模型吻合最佳。大量数值模拟结果表明：基于反演电阻率变化率的动态探测方法，深度系数取 0.39 时可以获得最佳处理效果，最大探测深度为测线长度的 0.39 倍。

③ 覆岩变形破坏范围划分方法。

由图 7-5 可知：通过反演电阻率变化率的大小和形态可以对覆岩变形破坏范围进行划分。在竖向上，弯曲变形带和裂隙带形成沙漏形异常区，孔口位置为弯曲变形带和裂隙带的分界线，弯曲变形带电阻率变化率从浅到深为 20%～12%，裂隙区电阻率变化率从浅到深为 12%～20%。在横向上，裂隙区相对压实区为高阻异常区，电阻率变化率值约为压实区的 2 倍。

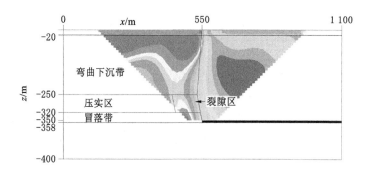

图 7-5 反演电阻率变化率断面图附在模型图上

7.2.3 高密度电阻率法探测物理相似模拟方法

7.2.3.1 相似模拟平台构建

（1）物理相似模拟试验基本原理

物理相似模拟试验是以相似理论和无因次分析为基础的，在几何、运动、平衡、边界条件及其他重要物理力学参数相似的基础上研究相关物理现象，对物理现象进行模拟。研究依据是相似理论，相似理论对相似现象的基本性质及被研究现象之间的相似特征用以下三个相似定律来表述。

① 相似第一定律，该定律说明了相似现象的基本性质，即相似现象的相似准则相等，相似指标等于1，且单值条件相似。相似现象的各对应物理量之比应为常数，称其为相似常数。在彼此相似的两个系统中存在着数值不变的组合量，该组合量称为相似准则。单值条件是个别现象区别于同类现象的特征，包括几何条件、物理条件、边界条件和初始条件。

② 相似第二定律，也称为"π定律"，该定律认为：约束两相似现象的基本物理方程可以用量纲分析的方法转换成用相似判据π方程来表达的新方程，即转换成π方程，两个相似系统的π方程必须相同。

描述相似现象的物理方程为：

$$f(a_1, a_2, \cdots, a_k, a_{k+1}, a_{k+2}, \cdots, a_n) = 0 \qquad (7\text{-}16)$$

式中　$a_1, a_2, \cdots, a_k$——基本量；

　　　　$a_{k+1}, a_{k+2}, \cdots, a_n$——导出量。

可转化为无因次的相似准则方程：

$$F(\pi_1, \pi_2, \cdots, \pi_{n-k}) = 0 \qquad (7\text{-}17)$$

由此可见相似准则有$n-k$个。相似第二定律为相似模拟试验结果的推广提供了理论依据。

③ 相似第三定律，也称为相似逆定律。相似第三定律阐述的是现象相似的条件，即若两个现象能被相同文字的关系式描述，单值条件相似，同时由此单值条件所组成的相似准则相同，则此两现象相似。相似逆定律认为：只有具有相同的单值条件和主导相似判据时，现象才相似。

（2）几何、力学和时间相似条件

根据上述物理相似模拟试验基本原理，在覆岩变形破坏电阻率法探测模拟试验中首先需要满足几何相似、力学相似和时间相似。

① 几何相似，即模型与原型各部分的尺寸应按同样的比例缩小或放大。

$$\frac{l'}{l''} = \frac{l_2'}{l_2''} = \cdots = c_1 \tag{7-18}$$

式中，c_1 为几何相似常数；符号"$'$"与符号"$''$"分别表示原型和模型几何尺寸。

② 力学相似，即满足公式

$$c_p = c_\gamma c_l \tag{7-19}$$

式中，c_p 为应力相似常数，c_γ 为重度比。

③ 时间相似，即满足公式

$$\alpha_t = \frac{t_H}{t_m} = \sqrt{\alpha} \tag{7-20}$$

式中，α 为时间相似常数；t_H 为现场实际工作所用时间；t_m 为模型上工作所需用的时间。

实际模型设计与铺设中，首先根据工作面及上覆岩层实际地质情况和岩石力学参数，确定模型铺设几何相似常数和力学相似常数，根据煤层开采方式确定时间相似常数。然后根据几何相似常数和力学相似常数确定模型几何尺寸与材料配比，根据时间相似常数确定模型开挖方式。以上满足几何相似条件、力学相似条件和时间相似条件的相似材料模拟技术与常规覆岩变形破坏相似模拟试验相同。

（3）直流电场相似条件及建立方法

为了能够模拟覆岩变形破坏直流电场的异常特征，组成模型的材料不仅要满足力学性质相似条件，还要满足直流电场相似条件。

$$\left(\frac{\rho_s}{\rho_1}\right)_M = \left(\frac{\rho_s}{\rho_1}\right)_N \tag{7-21}$$

式中，ρ_1 为某一固定层电阻率；ρ_s 为实测视电阻率；M、N 分别代表实际地层和模型。

只要保持地电模型按比例缩小，各地电体的电阻率比值保持不变，在实验室中模拟出小的物理模型进行模型试验观测，所获得的异常就与工程现场相同。

通过选取不同配比的砂子、碳酸钙、石膏和水可以得到满足力学相似条件的模型，相关技术已较为成熟。而对满足电场相似条件的材料配比方法研究较少，因此配制出满足电场相似条件的模型是建立电阻率法探测相似模拟平台的关键。

7.2.3.2 物理建模方法

在以上关键技术研究基础上，总结得出覆岩变形破坏电阻率法探测物理模拟试验建立方法与流程如下：

（1）地质情况、开采方式和电阻率法观测系统分析。地质情况包括煤层及上覆岩层的岩性、厚度、岩石力学参数（抗拉强度、抗压强度）和物性参数（电阻率、密度）；电阻率法观测系统包括测线长度、电极距和装置形式。

（2）地质地球物理建模。在上一步分析基础上，建立实验区地质地球物理模型。

（3）确定相似模拟常数。根据相似模拟准则，综合考虑地质情况、电阻率法观测系统和模拟平台支架尺寸，确定几何相似常数；根据地层岩石力学参数确定力学相似常数；根据开采方式确定时间相似常数；根据地层电阻率参数确定直流电场相似常数。

（4）模型材料配比的确定。根据力学相似常数确定模型力学参数，确定模型砂子、碳酸钙、石膏和水的含量。根据直流电场相似常数确定模型电阻率参数,计算得到模型氯化钠溶液的浓度。

(5) 模型铺设。根据几何相似常数和模型材料配比铺设模型。模型铺设完成后根据观测系统相似常数布置电极和电线;根据研究需要布置位移观测点和应变观测点。

(6) 模型开挖与观测。根据时间相似常数对模型进行开挖,根据研究需要在不同时间点进行电阻率法数据采集。

(7) 数据的空间校正。校正后的数据即可用于进一步的数据处理和解释方法研究。

试验过程中必须注意以下事项:

(1) 相似模拟试验中电极距一般只有几厘米或十几厘米,远小于实际探测中的距离,这会造成模拟试验中的观测电流远大于实际探测时的值。因此高密度电阻率法仪的选择应符合模拟试验量程要求,避免因电流过大而损坏仪器。

(2) 相似模拟平台支架一般为铁质材料,具有良好的导电性。如果直接在支架上铺设模型,试验时电流会沿支架传导而使试验失去意义。因此在模型铺设时应在模型与平台支架之间用塑料膜等绝缘材料隔开,防止支架对观测数据产生干扰。

(3) 电极的布置位置和模型开挖的起始位置应离平台支架边界一定距离,以减小边界效应的影响。

7.2.3.3 模型的铺设、开挖与数据采集

(1) 模型铺设

根据相似模拟准则和模型材料配比表进行模型铺设,流程如下:

① 装模板。首先将模型两侧支架用绝缘材料(本次试验采用塑料膜)包好,然后将支架背面模板全部安装好,再根据模型铺设进度边铺模型边安装前面模板。

② 配料。按照试验设计材料配比,用电子天平和量杯称取模型每一层铺设所需材料。

③ 搅拌。将步骤②中称取的材料拌匀,倒入水并迅速搅拌均匀,以防凝块。

④ 装模。将搅拌均匀的材料装入模型支架,迅速捣实以保持所需的重度,压紧后的高度应基本符合计算时的分层高度且厚度一致,在分层间撒一层云母粉来模拟层面。

⑤ 拆模。制模型后待模型充分干燥后再拆模板,拆模板时注意不要损坏模型。

⑥ 布置位移观测点和电阻率法数据采集系统。

(2) 位移观测点的布置

根据本次试验的主要监测项目,布置相互平行的 11 条水平测线,煤层上方主要观测区域设置的 4 条测线上测点间距为 5 cm,其余测线上测点间距为 10 cm。在模型上部布置 11 个视电阻率测试点,并采用高密度电阻率法仪测量各岩层电阻率。具体布置如图 7-6 所示。

(3) 电阻率法观测系统的布置

根据观测系统相似准则,测线布置于模型上表面,在长度方向 10～310 cm 处沿中线间隔 10 cm 均匀布置 31 个电极。电极采用长度 5 cm 的铜钉。通过电线将铜钉电极与高密度电阻率法仪数据采集电缆相连,高密度电阻率法仪数据采集电缆与主机连接。仪器采用 E60DN 型高密度电阻率法仪(图 7-7)。

铺设完成的高密度电阻率法覆岩探测相似材料模拟平台如图 7-8 所示,图中电线即连接铜钉电极和高密度电阻率法仪的导线。

(4) 模型开挖与电阻率法数据采集

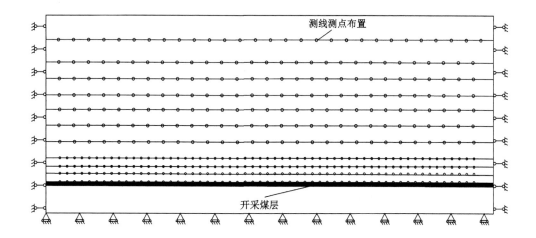

图 7-6 位移观测点布置图

图 7-7 E60DN 型高密度电阻率法仪

图 7-8 高密度电阻率法覆岩探测相似材料模拟平台

① 模型开挖。煤层工作面的开切眼布置在距模型左边界 40 cm 处,方向从左向右,根

据开挖时间相似比及现场煤层开采进度进行开挖。通过两台数码相机拍摄覆岩变形破坏情况,其中一台拍摄整个模型的开挖过程,另一台拍摄模型局部关键部位的变形破坏情况,并记录工作面覆岩的垮落过程。

② 电阻率法数据采集。在模型开挖前和开挖不同阶段进行动态高密度电阻率法数据采集。第一次数据采集前需进行仪器参数设置和自检,设置的参数包括电极个数(31 个)、电极间距(0.1 m)、装置形式(温纳装置)、采集层数(10 层)。自检包括电极自检和接地自检。电极自检检测 31 个电极开关的运行情况,接地自检检测铜钉与模型的耦合情况。自检通过后,模型开挖前进行首次数据采集,作为后期开挖对比的背景场。模型开挖后,在不同典型覆岩变形破坏时刻进行多次数据采集。

7.2.3.4 相似模拟结果及分析

(1) 采前数据解释及分析

图 7-9 为采前反演电阻率断面图,图中横坐标为模型长度,纵坐标为模型深度。由图可知:模型电阻率在 5~150 Ω·m 之间,呈层状分布,与模型设计基本一致,说明模拟平台满足试验要求。只是在反演电阻率断面图中分辨率不够,无法对每一分层精确划分,这是电阻率法探测的体积效应和反演中的等值问题造成的。在实际探测中,除了体积效应和等值问题,还可能存在地形、高压输变电线等各种干扰,降低电阻率法勘探的精度和分辨率,这也是常规电阻率法难以对覆岩变形破坏进行有效探测的原因。

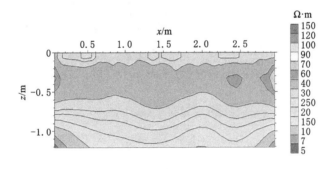

图 7-9 采前反演电阻率断面图

(2) 推进 195 m 时数据解释与分析

图 7-10(a)为工作面推进 195 m 时反演电阻率断面图。由图可见:在产生覆岩变形破坏的模型左下方区域未见明显电阻率异常,说明常规的探测方法无法对小范围的覆岩变形破坏情况进行有效探测。

图 7-10(b)为工作面推进 195 m 时电阻率变化率断面图。由图可见:在产生覆岩变形破坏的模型左下方区域出现明显电阻率异常,说明新方法可以对小范围的覆岩变形破坏情况进行有效探测。

图 7-10(c)为工作面推进 195 m 时覆岩变形破坏范围划分图,即把图 7-10(b)电阻率变化率断面图附在了实拍照片上,并根据实际覆岩变形破坏情况进行了"三带"划分。将模型尺寸按照 1:300 几何相似比转换为实际尺寸,工作面推进 195 m 时冒落带高度为 14~18 m,裂隙带高度为 45 m。因受左侧边界效应影响,故在这一范围内电阻率探测敏感性差,在电阻率变化率断面图上覆岩变形破坏位置比实际位置偏左。冒落带和裂隙带电阻率变化率

为 10％～30％。

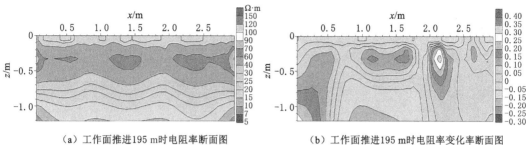

（a）工作面推进195 m时电阻率断面图　　　　（b）工作面推进195 m时电阻率变化率断面图

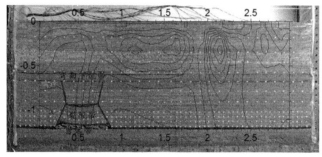

（c）工作面推进195 m时覆岩变形破坏范围划分图

图 7-10　工作面推进 195 m 时电阻率断面图、电阻率变化率断面图、
覆岩变形破坏范围划分图

（3）推进 510 m 时数据解释与分析

图 7-11（a）为工作面推进 510 m 时电阻率断面图。由图可见：虽然在产生覆岩变形破坏的区域有两个电阻率高阻异常区，但是其形状和位置难以反映实际覆岩变形破坏情况，说明常规单次探测方法分辨率和探测精度低，难以满足覆岩变形破坏范围精细探测的要求。

图 7-11（b）为工作面推进 510 m 时电阻率变化率断面图。由图可见：在产生覆岩变形破坏的区域具有明显电阻率异常现象，电阻率异常的位置和形状与实际一致，说明新方法可以对覆岩变形破坏情况进行有效探测。

图 7-11（c）为工作面推进 510 m 时覆岩竖向变形破坏范围划分图，即把图 7-11（b）电阻率变化率断面图附在了实拍照片上，并根据实际覆岩变形破坏情况进行了"三带"划分。将模型尺寸按照 1∶300 几何相似比转换为实际尺寸，工作面推进 510 m 时冒落带高度为 14～18 m，裂隙带高度为 50 m。由图可见：电阻率变化率等值线图与覆岩"三带"范围和形状一致，冒落带和裂隙带电阻率变化率为 50％～200％，弯曲下沉带电阻率变化率为 50％～550％。在靠近掘进工作面一侧，弯曲下沉带和裂隙带为沙漏形，孔口位置为弯曲下沉带和裂隙带的分界线。此时深度系数 $\alpha=0.39AB$，电阻率变化率断面图与实际模型吻合最佳。

图 7-11（d）为工作面推进 510 m 时覆岩横向变形破坏范围划分图，即把图 7-11（b）电阻率变化率断面图附在了实拍照片上，并根据实际覆岩变形破坏情况进行了横向裂隙区和压

实区的划分。将模型尺寸按照 1 : 300 几何相似比转换为实际尺寸可得工作面推进 510 m 时裂隙区宽度为 40~55 m,压实区宽度为 50 m。由图可见:电阻率变化率等值线图与覆岩裂隙区和压实区在范围和形状上一致,裂隙区电阻率变化率为 50%~250%,压实区电阻率变化率为 50%~150%。

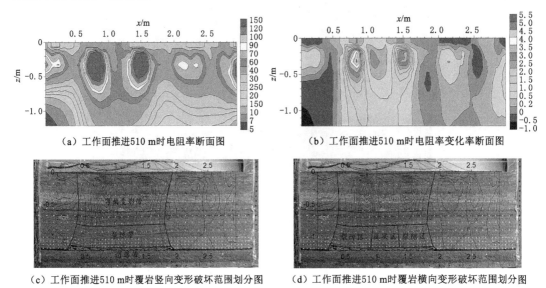

（a）工作面推进510 m时电阻率断面图　　　　（b）工作面推进510 m时电阻率变化率断面图

（c）工作面推进510 m时覆岩竖向变形破坏范围划分图　　（d）工作面推进510 m时覆岩横向变形破坏范围划分图

图 7-11　工作面推进 510 m 时电阻率断面图、电阻率变化率断面图、
覆岩竖向和横向变形破坏范围划分图

7.3　仰孔分段注水观测法测定裂隙带高度

7.3.1　探测方法

7.3.1.1　方法选择

相比经验公式法、数值模拟法、相似材料模拟法和地球物理探测法,钻探虽然只是"一孔之见",但其具有较高的探测精度,所以采用钻探对物探结果进行验证。

钻探又分为多种,包括地面钻孔冲洗液观测法,井下仰孔分段注水观测法,基于声波、放射性、电场等的测井方法等。

地面钻孔冲洗液耗量法需要在地面上位于采空区回风巷道或运输机巷道两侧一定范围内,以采空区一侧为主施工数个钻孔,通过钻进过程中钻孔冲洗液消耗量的变化测得采动裂隙带高度和分布形态,一旦煤层埋藏较深,不但钻孔工程量较大,探测的准确度也难以控制。

声波测井的基本原理就是利用岩体中声波的传播速度与岩体的弹性参数及密度有关的特点,根据声速测井中的声波传播速度在不同岩层中和采动过程中的衰减规律来确定裂缝带的位置。测井方法是根据物性特征来探测裂隙,存在多解性,探测精度难以保证。

综合考虑探测精度和成本,选用井下仰孔分段注水观测法进行探测。

7.3.1.2 探测原理

井下仰孔分段注水观测法是在煤矿井下采煤工作面周围选择合适的观测场所,例如,可以在相邻工作面的区段平巷或所测工作面的停采线或开切眼以外的巷道中开掘钻场,向采空区上方打仰斜钻孔,钻孔应避开冒落带而斜穿裂隙带,达到预计的裂隙带顶界以上一定高度,使用钻孔双端封堵测漏装置沿钻孔进行分段封堵注水,测定钻孔各段水的漏失流量,以此了解岩石的破裂松动情况,确定裂隙带的上界高度。

探测原理及仪器结构如图 7-12 所示,双端堵水器结构如图 7-13 所示。该系统在结构上有两条通路:充水膨胀通路和注水通路。由高压气体瓶充气控制台和孔内封堵胶囊组成充气通路;由高压水、注水控制台、进水推杆和孔内注水探管组成注水通路。首先通过充气通路给胶囊充入一定压力的气体使其膨胀,封堵孔内所在孔段的两端;然后通过注水通路给胶囊向封堵段恒压注水,由注水控制台控制水压并读取注水流量。每测定一个孔段后将封堵器的胶囊卸压,收缩卸压后移至下一测段继续注水观测,直到测出整个钻孔各段的漏失量,根据漏失量变化情况确定围岩破坏范围。

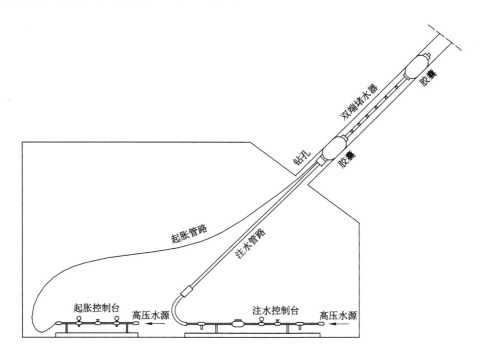

图 7-12　探测原理及仪器结构

图 7-13　双端堵水器结构示意图

该技术能在任意倾角的岩石钻孔内进行分段封堵注水,测定孔段漏失流量,确定岩体的裂隙和松动状况;可用于探测覆岩裂隙带高度,比传统的地面钻孔冲洗液消耗量观测法节省工程费用 70% 以上,具有准确度高的优点。

7.3.2 探测方案设计

7.3.2.1 测试地点选择

特殊开采的研究和实践表明:覆岩破坏带发育有一个过程,在达到最大高度以后,随着工作面的推进和时间的延长,其顶部裂缝将逐渐受压密合而使高度回缩下降。其中,采空区中部回降最大,而边界回降较小。根据研究资料,硬岩地区覆岩破坏稳定的时间受采厚、岩性、结构、开采方式等因素的影响,一般为 1~2 个月,甚至更长,而具有实际应用价值的参数是覆岩最大破坏带高度。根据 9105 工作面开采实际情况,计划在回风巷道布置探测钻孔 2 个。

7.3.2.2 钻孔布置

1# 探测钻孔与 9105 工作面回风巷道中线成 30°;1# 探测钻孔与煤层底板所在平面成 65°,高度控制在 68 m 左右,水平方向上终孔位置在工作面以内 54 m。

2# 探测钻孔与 9105 工作面回风巷道中线成 25°;2# 探测钻孔与煤层底板所在平面成 70°,高度控制在 85 m 左右,水平方向上终孔位置在工作面以外 38 m。

本次裂隙带探测工程共设计 2 个钻孔,1# 探测钻孔和 2# 探测钻孔各 1 个,表 7-1 中孔深均为从煤层顶板算起。

表 7-1 设计钻孔参数一览表

钻孔编号	孔性	孔径/mm	方位	仰角/(°)	钻孔长度/m
1#	采后孔	113	与回风巷道中线成 30°	65	108
2#	采前孔	113	与回风巷道中线成 25°	70	110

7.3.2.3 注水探测

观测地点除能放置一台钻机及其钻杆等配套器材外,还需容纳 4~6 人进行钻机作业与观测,场地面积应不小于 8 m²,高度控制在约 2.5 m,不宜过高。作业场所内应配备不小于 1 MPa 的高压水源管路及相应的阀门和接头。

(1) 观测时间:钻孔成孔后立即观测。

(2) 观测次数:观测 1 次,如对部分观测结果有疑问,可进行部分或全孔段的重复观测。

(3) 观测方式:按上行方式观测,观测段 1~1.5 m,从孔口 10 m 处直到孔底有不允许有空段或"跳跃式"观测。

(4) 观测前的准备工作:观测前的准备工作必须在钻孔施工完成之前全部做好,停机退杆后立即进行观测,以免时间久了钻孔局部垮落而影响观测效果。

7.3.2.4 观测前的准备

(1) 将不小于 1 MPa 的高压水源管路(井下实际利用注水泵注水,最大压力为 2.5 MPa,满足要求)接至注水平台,并配接通径 25 mm 的快接阀门。

(2) 将不小于 1 MPa 的高压水源管路(井下实际静压水压力约为 4 MPa,满足要求)接至起胀平台,并配接通径 25 mm 的阀门。

(3) 观测站必须事先挖好排水沟,勿使站内积水,从而影响工作。

(4) 打好钻孔后,钻机不得撤走,用于钻机推送分段注水观测探管。

(5) 有条件时设置灯光,以利于工作进行。

7.3.2.5 井下观测程序

(1) 管路连接。用 ϕ25 高压胶管、生料带、麻绳、12# 铁丝、ϕ10 铁杆、老虎钳将起胀平台进口端与高压水源管路 ϕ25 阀门连通,胶管连接捆扎铁丝,要与管路连挂,以防滑脱;用 ϕ15 塑管将起胀平台调压阀门出水端接至远处,以免噪声干扰;起胀平台出口端通过钢编管接头与探管进水端连通;用 ϕ25 高压胶管,采用前述方法将注水平台进水端与高压水源管路 ϕ25 阀门连通;用 ϕ15 塑管将注水平台进调压前述阀门出水端接至远处,以免溅水干扰工作;注水平台进出口端,通过 5 m 长 ϕ25 高压胶管,用前述方法与钻机钻杆进水端接头连通,钻杆接头处用麻绳缠绕密封;将探管通过底端接头与钻杆出水端连通,钻杆接头处用麻绳缠绕密封。

(2) 密封性检查。开动钻机将探管送入钻孔 0~1 m 段,以探管与钻杆间的接头正处在孔口为准。操纵起胀平台,打开堵孔调压阀,慢慢打开高压水源管路阀门至适当程度,注视调压压力表,缓缓关小调压阀门,使压力缓缓升高到 0.5 MPa,使探管双端胶囊起胀,将孔段两端紧密封堵。关闭起胀平台中间的进水阀门,观察压力表指标是否下降。若该压力有下降趋势,表明系统有泄漏之处,应加以检查排除。操纵注水平台,打开注水阀门,慢慢开启高压水源管路阀门至适当程度,注视调压压力表,缓缓关小调压阀门,使压力升至 0.1 MPa,检查注水系统各管路接头有无漏水之处,若有漏水之处应处理。检查完毕打开起胀平台调压阀和进气阀,打开注水调压阀。

(3) 钻孔分段注水观测。封堵孔段:慢慢关小堵孔调压阀,使封孔压力达到 0.5 MPa,完成孔段封堵。注水调压:慢慢关小注水调压阀,使注水压力达到规定的数值。规定数值为高程静压+0.1 MPa。高程静压为注水平台至探管所在孔段高度的高程静水压力,每次注水观测完毕即可测得此值。流量观测:注视流量表,待孔段水满,流量稳定后用秒表计时,观测一分钟内的流量值,记入手簿。解除封孔:打开堵孔调压阀,孔内胶囊卸压收缩,孔段贮水泄出。高程静压观测:关闭注水平台上的注水阀门,打开调压阀,观测探管所在高度上钻杆内水柱的静水压力值。此静压值可用于校正钻孔孔斜,又可作为注水压力的基值。推移探管:开动钻机,将探管上推 1.5 m(单根钻杆长度 1.5 m),同时续接钻杆。每隔 2 m 用 20# 细铁丝将封孔钢编管捆扎在钻杆上,以防打绞。续接钻杆时,用棉纱线缠绕在钻杆接头处使其密封。

重复以上步骤继续进行堵孔注水观测。观测中注意封孔、注水两个系统是否密封,发现问题及时排除。注水时如发现孔口向外淋水或泄水,或其他现象,应及时记入表格中的备注栏。

7.3.2.6 观测资料整理及绘图

根据对比孔测试数据,综合确定流量判据,根据探测孔不同位置注水漏失量确定该处覆岩裂隙带高度。

7.3.2.7 施工、观测、研究人员配备

(1) 钻孔施工人员(并协助观测),1 台钻机 3 班。

(2) 观测人员,1 组。

(3) 技术研究人员(兼观测),2~3 人。

7.3.2.8 探测仪器

具体仪器清单见表 7-2。

表 7-2 探测仪器清单

零部件名称	单位	数量	备注
注水平台	个	1	
起胀平台	个	1	
探测装置	套	2	
钢编管	米	100	2 盘
变径管	根	2	
工具箱	套	包括钳子、扳手、对丝、变径接头、压力表、生胶带、垫圈、麻绳等	

7.3.3 仰孔分段探测结果及分析

1# 钻孔施工完成后开始注水探测。井下系统性检查探测装置密封性后,开始送入钻孔进行探测,从钻孔 3.5 m 深度(送入钻孔 2 根钻杆,单根钻杆长 1.5 m,单根胶囊长度约 0.5 m)开始测试。

(1) 首先打开井下静压水管阀门,调节起胀平台上进水阀门,控制注水压力为 0.5 MPa,由探测装置的上、下胶囊膨胀实现封孔,钻孔内形成一段封闭测试空间。

(2) 打开注水泵,压力水通过钻杆内部空间进入钻孔内部封闭测试段(钻杆连接处用麻绳缠绕保持密封性),调节注水平台进水阀门控制注水压力为 0.1 MPa,观测并记录每分钟的注水量。

(3) 关闭注水平台进水阀门,打开起胀平台进水阀门使上、下胶囊卸压收缩,观测并记录注水平台上压力表数值,此为探测装置所处高度处的管路静水压力,简称高程静压。

(4) 孔外添加 1 根 1.5 m 钻杆,将探测装置继续推进钻孔 1.5 m,按照上述步骤进行测试,注水压力为前一个测试段的高程静压加上 0.1 MPa,观测并记录每分钟的注水流量。

(5) 按照上述程序逐段推进(每次推进 1.5 m),逐段上行测试每分钟的注水流量。钻孔内测试段裂隙发育区域注水量较大,根据注水量可分析判断覆岩裂隙带的发育情况。

2# 探测钻孔,钻孔长度 110 m,也按照上述测试方法完成了钻孔的上行逐段探测工作。

本次探测 1# 钻孔为采后探测孔,2# 钻孔为采前对比分析孔。1# 钻孔布置测点 60 个,2# 钻孔布置测点 60 个,一共 120 个。将不同探测钻孔测试深度转换为距离 3# 煤层顶板的垂直距离,并以此为横坐标,以每个测试段的注水流量为纵坐标绘图。1# 和 2# 探测孔的注水流量数据如图 7-14 所示。

由图 7-14 可知:1# 探测钻孔为采后钻孔,在 3# 煤上方 3~20 m,由于钻孔未进入采动

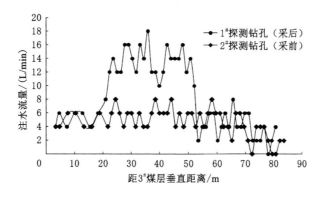

图 7-14 探测孔注水流量曲线

影响范围,注水流量较小,普遍低于 6 L/min;在 3# 煤上方 20～71 m,此时已进入采空区上方裂隙带内,注水流量较大,大部分高于 10 L/min,最大流量达 18 L/min,此段裂隙发育,处于采动影响裂隙带内。从 73.8 m 开始,注水流量显著减小,之后 6 个测试点的注水流量均为 2 L/min,其中 1 个测试点测值为 0,钻孔开始进入弯曲下沉带(压实)范围。2# 探测钻孔为对比分析钻孔,未受到采动影响,整个测试过程注水流量均较小,最大流量值为 8 L/min,大部分均小于 6 L/min,其中 3 个测试点测值为 0。

综上分析,将测试段注水流量大于 10 L/min 作为裂隙带高度判据。根据现场探测成果,9105 工作面钻探位置裂隙带高度为 40～55 m。

7.4   工作面前方卸压带范围测定

7.4.1   工作面顺层抽采钻孔布置

9105 工作面在回风巷道、运输巷道布置采前预抽钻孔。回风巷道和运输巷道各布置 2 排钻孔,钻孔与巷道垂直,孔深 150 m,第一排开孔高度 1.5 m,间距 5 m,钻孔直径为 120 mm,钻孔倾角为 α,第二排开孔高度 1.8 m,间距 5 m,钻孔直径为 120 mm,钻孔倾角为 $\alpha+1°$;回风巷道第一个孔距回风绕道口 30 m,运输巷道第一个孔距回风绕道口 770 m。两巷最后一个孔距开切眼 10 m。为确保钻孔在工作面煤层内成孔,钻孔倾角要根据煤层倾角调整。9105 工作面运输巷道 1#—580# 孔倾角为 $-2°$,581#—880# 倾角为 $-1°$;9105 工作面回风巷道 1#—160# 孔倾角为 $-5°$,161#—420# 孔倾角为 $0°$,421#—1 158# 孔倾角为 $-5°$。

采前预抽钻孔参数表见表 7-3。

表 7-3   采前预抽钻孔参数表

巷道	排	间距/m	开孔高度/m	孔深/m	倾角/(°)	方位角/(°)	钻孔个数	钻孔直径/mm
回风巷道	第一排	5	1.5	150	α	180	572	120
	第二排	5	1.8	150	$\alpha+1$	180	570	120
运输巷道	第一排	5	1.5	150	α	0	440	120
	第二排	5	1.8	150	$\alpha+1$	0	440	120

7.4.2 运输巷道超前卸压范围实测方案及抽采规律分析

7.4.2.1 抽采方案设计

为掌握完整的 9105 工作面超前支承压力对本煤层瓦斯抽采效果的影响规律,选择工作面前方 50～100 m 范围内的 20 组钻孔作为观测站(运输巷道和回风巷道各 10 组),在监测钻孔上安装孔板流量计,同时辅以压力计和瓦斯浓度监测仪全程观测单孔瓦斯抽采变化情况,全程观测钻孔共计 40 个(运输巷道和回风巷道各 20 个)。

7.4.2.2 运输巷道瓦斯抽采规律

测定期间,运输巷道侧工作面共推进约 100 m,根据监测的抽采钻孔瓦斯浓度和瓦斯流量数据可知:在煤层开采过程中,工作面超前支承压力对本煤层瓦斯抽采效果具有显著的影响,运输巷道本煤层钻孔瓦斯抽采量随钻孔距工作面距离的变化呈现明显的四个阶段特征。

(1)原始抽采阶段(工作面前方平均 55.7 m 以外区域)——该阶段内煤体尚未受到工作面采动影响,处于应力稳定区,煤体渗透率尚未发生变化,钻孔瓦斯抽采量保持原始自然衰减状态,单孔瓦斯抽采量保持在 0.000 7～0.017 5 m³/min 之间,平均为 0.011 4 m³/min。

(2)超前影响抽采减弱阶段(工作面前方 55.7～23.4 m 之间区域)——该阶段内煤体开始受工作面采动影响,支承压力开始逐步升高,煤体孔裂隙受压逐渐闭合,煤体渗透率降低,钻孔瓦斯抽采量也随之降低,单孔瓦斯抽采量在 0.000 2～0.017 2 m³/min 之间,平均为 0.008 5 m³/min,单孔瓦斯抽采量为原始抽采阶段的 0.25～0.64 倍,平均为 0.44 倍。

(3)超前影响抽采增长阶段(工作面前方 23.4～11.2 m 之间区域)——该阶段内煤体达到屈服点发生塑性破坏,煤体内产生采动裂隙,且超前支承压力在越过峰值后逐步降低,煤体内各类孔裂隙开始扩张,煤体渗透率不断升高,钻孔瓦斯抽采量也随之大幅增长,单孔瓦斯最大抽采量保持在 0.024 2～0.047 5 m³/min 之间,平均为 0.039 8 m³/min,各钻孔最大瓦斯抽采量为原始抽采阶段的 1.45～40.22 倍,平均为 19.65 倍。

(4)抽采衰减阶段(工作面前方 11.2 m 以内区域)——该阶段煤体超前支承压力继续降低,煤体内各类孔裂隙进一步扩张,渗透率继续增大。理论上钻孔瓦斯抽采量应继续增长,但由于煤体内部分采动裂隙逐步与工作面连通,以及工作面各项开采准备工序影响了抽采管路密封性和抽采时间(如巷道超前支护、提前拆孔等),钻孔瓦斯抽采量开始逐步降低,但单孔平均瓦斯抽采量仍高于原始抽采阶段。该阶段内单孔平均瓦斯抽采量保持在 0.008 5～0.022 1 m³/min 之间,平均为 0.012 7 m³/min,单孔平均瓦斯抽采量为原始抽采阶段的 1.12～19.65 倍,平均为 7.26 倍。

7.4.3 回风巷道瓦斯抽采规律分析

7.4.3.1 回风巷道瓦斯抽采方案

观测期间,回风巷道侧工作面累计推进 95 m,受工作面超前支承压力影响,回风巷道本煤层钻孔瓦斯抽采量随钻孔距工作面距离的变化呈现与运输巷道钻孔瓦斯抽采相同的四个阶段特征,即按钻孔距工作面距离由远及近分为原始抽采阶段、超前影响抽采减弱阶段、超前影响抽采增长阶段和抽采衰减阶段。

7.4.3.2 超前卸压范围测定结果及分析

综上可知:9105 工作面本煤层瓦斯抽采钻孔进入超前影响抽采增长阶段和抽采衰减阶段后,钻孔抽采效率得到显著提升,即这两个阶段为本煤层瓦斯超前采动卸压抽采的有效阶段,王庄煤矿 9105 工作面有效抽采范围为工作面前方 23.4～11.2 m。

7.5　本章小结

超长工作面采用瓦斯抽采技术是其最有效的开采方法,本章对相关抽采技术及抽采关键参数开展了室内试验研究,得出以下结论:

(1) 对于抽采关键参数确定,提出了基于高密度电阻率法的动态覆岩变形破坏探测技术,基于反演电阻率变化率的动态探测方法探测精度和分辨率较高,可以实现对覆岩变形破坏有效划分。实际电阻率变化率由弯曲变形带、裂隙带至冒落带逐步增大,而探测敏感性随深度增大逐步减小。在竖向上,弯曲变形带和裂隙带形成沙漏形异常区,孔口位置为弯曲变形带和裂隙带的分界线。在横向上,裂隙区相对压实区为高阻异常区。

(2) 相似模拟试验表明:冒落带发育高度为 14～18 m,裂隙带发育高度为 45～60 m。基于反演电阻率变化率的动态探测方法,深度系数 $\alpha=0.39AB$ 时效果最佳。

(3) 分段仰孔注水试验表明:可将测试段注水流量大于 10 L/min 作为裂隙带高度判据。根据现场探测成果,9105 工作面钻探位置裂隙带高度为 40～55 m。

(4) 试验表明:本煤层钻孔瓦斯抽采量随钻孔距工作面距离的变化呈现明显的四个阶段特征——原始抽采阶段、超前影响抽采减弱阶段、超前影响抽采增长阶段和抽采衰减阶段。9105 工作面高效卸压抽采范围为工作面前方 23.4～11.2 m。

8　低渗透超长高瓦斯浓度工作面卸压抽采技术研究

8.1　采动裂隙带中瓦斯运移规律分析

8.1.1　Fluent 软件简介

　　Fluent 软件可用来模拟流体,是处于世界领先地位的 CFD 软件包之一,可以适应各个模型软件的导入,具有强大的计算能力和先进的数值公式,适用于很多领域,例如航天、汽车、石油、煤层气、天然气等。Fluent 软件专门用来模拟区域内的流体运动,针对每一种流动的物体的物理问题时,采用合理的数值解法。其内嵌多种网格收敛的技术和求解方法,使得 Fluent 软件模拟结果更容易收敛,达到求解的精度。Fluent 软件是基于 C 语言程序编写和开发的,有很强大的灵活性和高效的结构,使得它可以在不同的操作系统中完成相同的任务,它还可以实现内存的动态分配,降低了内存的占用。Fluent 的计算结果可以用矢量图、XY 散点图、等值线图、剖面图、动画等多种形式来表示。Fluent 软件包括三个部分:① 前处理器,用来生成网格的 Gambit,Gambit 是具有非常的强建构模型能力的专用 CFD 前置处理器;② 求解器,Fluent 中全部的计算过程都用求解器求解;③ 后处理器,将模拟的结果输出。可以根据自己需要建立适用于自身模拟参数,得到不同的结果,帮助我们了解流体在区域中的实际的流动过程。图 8-1 为软件各部分的组织结构。

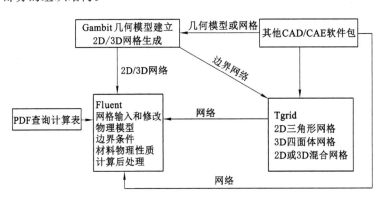

图 8-1　Fluent 软件流程图

8.1.2　采动裂隙场的几何模型确定

　　(1)模拟方案的确定

本次模拟主要以王庄煤矿 9105 工作面为研究对象,对 9105 工作面采动裂隙场瓦斯浓度分布进行了模拟,分析瓦斯浓度分布规律,为采空区瓦斯抽采提供科学依据。模型的几何形状结合实际情况简化为梯台。对 U 形通风系统和 U 形通风巷道+高抽巷道两种形式进行了模拟,分别对比了这两种形式瓦斯浓度分布和上隅角瓦斯浓度,为治理上隅角瓦斯问题提供依据。

(2)采场几何模型尺寸

建立模型时将采场进行如下简化:

① 在模拟过程中忽略顶板的周期来压等其他特殊情况,只考虑进风巷道、回风巷道、高抽巷道和采空区漏风对采动裂隙场瓦斯浓度的分布影响。

② 进、回风巷道的高度为 3 m,长度为 25 m,宽度为 5 m;工作面的长度为 340 m,高度为 3 m,宽度为 4;采空区的长度为 300 m,宽度为 4 m,高度为 3~50 m。裂隙带接近于椭圆形,冒落带近似矩形圈,为了方便地构建模型及设置参数,采空区简化为矩形梯台,冒落带距煤层底板 12 m。

③ 高抽巷道与煤层底板相距 15 m,与回风巷道的平面距离为 16 m,高抽巷道的宽度为 3 m,高度为 3 m。

④ 根据采空区碎胀系数的不同将采空区分为 15 个区域。

(3)模型网格的划分

根据模拟方案,用 Gambit 处理器建立两个模型,每个模型均采用 Tgrid 进行网格的划分,每个模型划分的单元格为 78.4 万个。

8.1.3 模型的主要参数确定

采动裂隙场瓦斯流动的模拟主要包括三个重要的参数:孔隙率、渗透率、瓦斯质量源项。

(1)孔隙率、渗透率

根据第 2 章研究,采动裂隙场可以看成多孔介质。从煤层的走向来看,由工作面到采空区深部,岩石的碎胀系数逐渐减小;从纵向来看,岩石的碎胀系数从上到下逐渐增大,因为采空区上部为裂隙带,下部为冒落带,虽然有断裂层,但是总体来说是比较完整的。按照之前梯台划分的区域,不同的区域取不同的碎胀系数,碎胀系数取决于岩石的种类和所处区域。坚硬的岩石碎胀系数大,软的岩石碎胀系数较小。根据资料分析确定 9105 工作面 15 个区域的参数见表 8-1。

表 8-1 9105 工作面不同区域参数表

| 区域 | A | B | C | D | E | F | G | H | I | J |
	A′	B′	C′	D′	E′					
孔隙率	0.121	0.047	0.161	0.121	0.121	0.061	0.061	0.061	0.121	0.071
渗透率/10^{-6}	1.19	0.031	1.44	1.19	1.19	0.13	0.13	0.13	0.29	0.007
平均粒径/m	0.5	0.2	0.5	0.5	0.5	1	1	1	1	1
黏性阻力系数/$\times 10^6$ m²	0.833	33.33	0.689	0.833	0.833	7.14	7.14	7.14	3.33	142.86
惯性阻力系数/m⁻¹	4 680.7	133 000	1 182.5	4 680.7	4 680.7	9 489.7	9 489.7	9 489.7	1 782.4	9 489.7

（2）瓦斯质量源项

采空区瓦斯的来源和分布源主要受煤层赋存和采动后岩层移动影响。为了方便计算，需要简化瓦斯源项的分布，把采空区瓦斯涌出平均分布到采空区中，即各种瓦斯源涌出的瓦斯平均分布到采空区的单位体积上。根据现场实际情况，在模型中设置两处瓦斯涌出源：第一处瓦斯涌出源为工作面煤壁，第二处瓦斯涌出源为采空区遗煤和邻近煤层。根据王庄煤矿 $3^{\#}$ 煤层的相关资料得出：工作面煤壁的瓦斯涌出量为 $11\ \mathrm{m^3/min}$，采空区遗煤和邻近层瓦斯涌出量为 $42\ \mathrm{m^3/min}$。

瓦斯质量源项的计算公式为：

$$Q_\mathrm{s} = \frac{Q_\mathrm{g}\rho_\mathrm{g}}{V} \qquad\qquad (8\text{-}1)$$

式中　Q_g——瓦斯涌出量，$\mathrm{m^3/s}$；

　　　Q_s——模型瓦斯质量源项，$\mathrm{kg/(m^3 \cdot s)}$；

　　　ρ_g——瓦斯密度，$\rho_\mathrm{g} = 0.716\ 7\ \mathrm{kg/m^3}$；

　　　V——瓦斯质量源项所占总体积，$\mathrm{m^3}$。

则根据式(8-1)，两处瓦斯源涌出量的计算如下：

① 工作面煤壁的瓦斯涌出：

$$Q_{\text{工作面}} = \frac{Q_\mathrm{g}\rho_\mathrm{g}}{V} = \frac{\dfrac{11}{60} \times 0.716\ 7}{4 \times 3 \times 340} = 3.22 \times 10^{-5}\quad [\mathrm{kg/(m^3 \cdot s)}]$$

② 采空区遗煤和邻近煤层的瓦斯涌出：

$$Q_{\text{采空区}} = \frac{Q_\mathrm{g}\rho_\mathrm{g}}{V} = \frac{42/60 \times 0.716\ 7}{340 \times 4 \times 300} = 1.230 \times 10^{-6}\quad [\mathrm{kg/(m^3 \cdot s)}]$$

（3）模拟边界条件

在 Fluent 软件中要单独设置边界条件。边界条件包括流体的组分、热变量和流动变量的值。边界条件在模拟中是非常重要的，是对流体整体趋势的把握。边界条件一般包括以下几个方面：

① 流动的进口和出口边界条件。

② 壁面、重复性和奇性轴边界条件。

③ 内部单元区域。

④ 内部面边界。

进风巷道设置为风流进口，进口边界包括风流的速度、风流的组分、风流中瓦斯的浓度。把入口的风流速度设置为 3 m/s，瓦斯浓度为 0，也就认为风流中不包含瓦斯。回风巷道与高抽巷道设置为自由出口，整个采空区设置为多孔介质，其他固体边界设置为墙壁。

按照以上的介绍设置参数，进行数值模拟，直到迭代出现收敛的图形，可得到采空区的瓦斯浓度分布规律。

8.1.4　U 形通风下瓦斯运移规律数值模拟

如图 8-2 所示，采空区瓦斯浓度分布是从进风口到采空区深部逐渐升高的，回风巷道的瓦斯浓度高于进风巷道。距离进风巷道近的采空区瓦斯浓度较低，而靠近回风巷道的采空区瓦斯浓度较高。采空区裂隙带距离进风巷道最远的区域瓦斯浓度最高，说明采空区漏风使采空区瓦斯浓度重新分布。

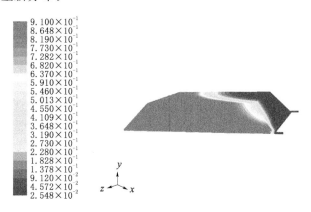

图 8-2　U 形通风下采场瓦斯浓度三维空间分布

图 8-3 为 U 形通风下沿煤层走向和倾向瓦斯浓度分布。如果沿煤层走向分析,瓦斯浓度从工作面到采空区深部越来越高,在工作面附近瓦斯浓度变化比较大。从进风巷道到采空区深部瓦斯浓度受到漏风影响的幅度比较大,从回风巷道到采空区深部瓦斯浓度受到漏风的影响较小,在相同的水平位置,回风巷道方向的瓦斯浓度高于进风巷道的瓦斯浓度。这是由于受到矿压的作用,内梯台的冒落带被压实,采空区漏风对其作用小于对周围裂隙圈的影响,所以回风巷道周围的瓦斯浓度高于进风巷道周围的瓦斯浓度。同时也在周围的裂隙带形成了一圈高浓度瓦斯区域,成为实际工作中理想的抽采瓦斯区域。

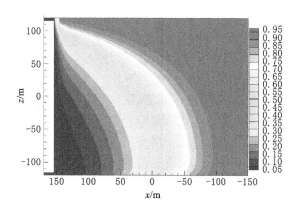

图 8-3　U 形通风采场水平剖面的瓦斯浓度分布

如果沿煤层倾向分析,进风巷道的瓦斯浓度远小于回风巷道的瓦斯浓度,这是因为工作面的漏风使采空区的瓦斯流到回风巷道,使回风巷道的瓦斯浓度增大。从采空区的深部来看,瓦斯浓度相差不大,受到漏风影响比较小,在采空区中部由于受到中间压实区域的影响,进风侧的瓦斯浓度低,回风侧的瓦斯浓度较高,呈现进风侧凸起而中间凹下去的马鞍形。

图 8-4 为 U 形通风采场纵向剖面的瓦斯浓度分布。从垂直方向来看,工作面一侧从下到上瓦斯浓度逐渐升高,有明显的分层现象。在裂隙带与压实区域相接的区域瓦斯浓度梯度比较大。采空区深部瓦斯浓度基本相差不大,说明采空区深部的漏风量比较小。

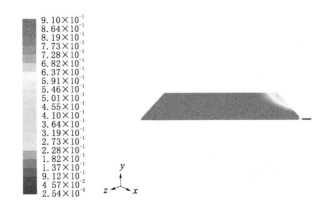

图 8-4 U 形通风采场纵向剖面的瓦斯浓度分布

同样根据上述模拟可以得到 U 形通风工作面上隅角瓦斯浓度分布(图 8-5)。

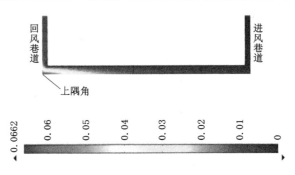

图 8-5 U 形通风工作面上隅角瓦斯浓度分布

由图 8-5 可以看出:进风巷道的瓦斯浓度基本为 0,回风巷道的瓦斯浓度为 0.8％,上隅角的瓦斯浓度为 6％~6.6％,远高于规程要求,这对实际开采影响很大。上隅角瓦斯浓度超限的主要原因:采空区瓦斯浓度分布比较规律,回风巷道是唯一的风流出口,所以工作面漏风使得采空区瓦斯都进入上隅角,而且上隅角的风流为涡流,瓦斯很难随着风流进入回风巷道,因此要采取措施治理上隅角瓦斯浓度超限的问题。

8.1.5 U 形通风巷道＋高抽巷道通风系统下瓦斯运移规律数值模拟

如图 8-6 所示,U 形通风巷道＋高抽巷道瓦斯运移规律和 U 形通风系统的瓦斯分布规律基本相同。采空区瓦斯浓度分布是从进风口到采空区深部逐渐升高的,回风巷道的瓦斯浓度高于进风巷道。离进风巷道近的采空区瓦斯浓度较低,而靠近回风巷道的采空区瓦斯浓度较高。采空区裂隙带距离进风巷道最远的区域瓦斯浓度最高,但是有了高抽巷道以后,采空区与工作面交接处的瓦斯浓度更低,采空区深部的瓦斯浓度也有所降低,采空区瓦斯随着风流进入高抽巷道。

图 8-7 表示了 U 形通风巷道＋高抽巷道采场水平方向、垂直方向剖面瓦斯浓度分布。如图 8-7(a)所示,从水平方向来看,瓦斯浓度从工作面到采空区深部越来越高,但是比起 U 形通风系统,整体浓度都在下降,而且瓦斯梯度变化较大的区域更靠近采空区,这说明高抽

巷道降低了采空区瓦斯的浓度,采空区在工作面附近瓦斯浓度变化比较小。

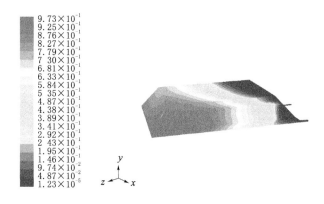

图 8-6 U 形通风巷道+高抽巷道下采场瓦斯浓度三维空间分布

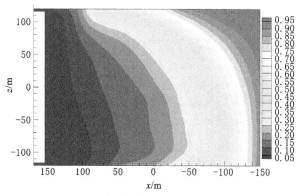

(a)水平方向剖面瓦斯浓度分布

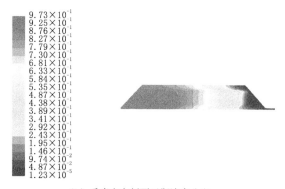

(b)垂直方向剖面瓦斯浓度分布

图 8-7 U 形通风巷道+高抽巷道采场水平方向、垂直方向剖面瓦斯浓度分布

由图 8-7(b)可以看出:工作面一侧从下到上瓦斯浓度逐渐升高,瓦斯浓度有明显的分层现象。比起 U 形通风系统,裂隙带的瓦斯浓度有所下降,高抽巷道的瓦斯浓度较高,因为在负压风流的导向下,含瓦斯风流进入高抽巷道。在裂隙带和压实区域相接的区域瓦斯浓度梯度比较大。

同样由图 8-8 可以看出：U 形通风巷道＋高抽巷道通风系统上隅角瓦斯浓度和工作面瓦斯浓度比 U 形通风系统低。一方面使得工作面的瓦斯浓度降低，另一方面使回风巷道瓦斯浓度降低，最关键的是上隅角的瓦斯浓度降低。U 形通风＋高抽巷道改变了风流导向，使得风流从高抽巷道和回风巷道流出，降低了采空区和上隅角的瓦斯浓度。

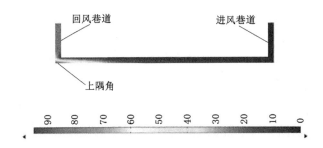

图 8-8　U 形通风巷道＋高抽巷道下工作面上隅角瓦斯浓度分布

8.2　高抽巷道层位参数分析

8.2.1　9105 工作面概况

（1）工作面位置

9105 工作面地面位置位于屯留明辰新能源公司北部、潞安森达柯地工程有限公司与新旧 208 国道下方，格林香草园种植有限公司南 300 m。在井下，9105 工作面东为矿界，西接 540/3# 胶带巷，南为实体煤，北为 9109 设计工作面。9105 工作面所在位置的地面标高为 ＋903～＋932 m，工作面标高为＋377～＋522 m。工作面为南北布置，开切眼长 339 m，可采长度回风巷道和运输巷道为 3 580 m 和 3 650 m。工作面布置图如图 8-9 所示。

图 8-9　9105 工作面布置图

（2）水文地质情况

该工作面煤层整体呈东北向西倾斜的单斜构造，煤层倾角为 2°～12°，坡度最大处在回风巷道中部。回风巷道、开切眼向运输巷道方向距底板 1.2 m 处夹矸厚 0.3 m 至中部达到 1.2 m，随后至运输巷道夹矸厚度变为 0.3 m；运输巷道局部夹矸最厚处达 1.4 m，运输巷道中部局部顶煤厚 0.5 m，掘进至 45 m 处顶煤厚 3.1 m。预计回采至 849 m、2 084 m 处将会遇到在掘进过程中回风巷道遇到的底鼓问题。

（3）煤层顶、底板岩层情况（表 8-1）

表 8-1 煤层顶、底板岩层情况

顶、底板名称	岩石名称	厚度/m	岩石描述
基本顶	细粒砂岩	0.45~9.8	灰白色,主要成分为石英、长石,钙质胶结,自东向西局部为泥岩
		5.13	
直接顶	粉砂岩	0.77~5.82	主要成分为石英,含少量白云母,钙质胶结,自西向东局部为泥岩
		3.3	
直接底	泥岩	0.65~1.5	黑色,块状,含植物化石,自东向西局部为砂岩
		1.08	
老底	细粒砂岩	2.65~3.3	灰白色,主要成分为石英、长石,钙质胶结,自东向西局部为中砂岩
		2.98	

(4)工作面回采期间采空区瓦斯涌出量预测

采空区瓦斯涌出量对高抽巷道抽采瓦斯效果具有重要影响。为了模拟研究不同位置的高抽巷道抽采瓦斯效果,确定高抽巷道的最佳抽采位置,需要准确预测采空区瓦斯涌出量。一般情况下,采空区瓦斯涌出主要包括围岩瓦斯涌出、未采分层瓦斯涌出、丢煤瓦斯涌出和邻近层瓦斯涌出。由于 9105 工作面为一次采煤层全高,其采空区瓦斯涌出主要包括本煤层工作面遗煤、围岩及邻近层瓦斯涌出。根据 9105 工作面的实际情况,本书采用分源预测法来计算采空区瓦斯涌出量。

参照瓦斯基础参数测定结果,可知 9105 工作面范围内 3# 煤层瓦斯含量平均值为 10.94 m³/t。根据《矿井瓦斯涌出量预测方法》(AQ 1018—2006)中的分源预测法,9105 工作面按照日产量 15 000 t 计算工作面瓦斯涌出量,具体计算如下:

① 开采层相对瓦斯涌出量预测。根据王庄煤矿抽采科提供的基础数据,工作面开采层瓦斯涌出量约为 9.91 m³/t。

② 邻近层相对瓦斯涌出量预测。根据王庄煤矿钻孔柱状图可知:该矿 3# 煤层为缓倾斜煤层,覆岩中无上邻近层。结合 9105 工作面的实际情况和计算经验,9105 工作面下临近煤层主要考虑 5#,7# 和 8#-2 煤层,综合考虑邻近层瓦斯涌出量为 0.25 m³/t。

依据上述 9105 工作面开采层瓦斯涌出量、邻近煤层瓦斯涌出量和采空区瓦斯涌出量的构成可预测采空区瓦斯涌出量。

$$q_{采面} = q_{开} + q_{邻}$$
$$q_{采面} = q_{采空区} + q_{煤壁} + q_{落煤}$$

当煤炭采下以后,煤壁和剥落煤中含有的瓦斯在较短时间内大量解吸。因此,对于开采层而言,采出煤瓦斯涌出量可近似用下式进行计算:

$$q_{煤壁} + q_{落煤} = 煤层原始瓦斯含量 - 运出矿井煤残留的瓦斯含量$$

王庄煤矿煤层原始瓦斯含量为 10.94 m³/t,运出矿井煤残留的瓦斯含量为 3.5 m³/t。

则采空区瓦斯涌出量预测为:

$$q_{采空区} = q_{开} + q_{邻} - (10.94 - 3.5)\ m³/t = 2.72\ m³/t$$

采空区绝对瓦斯涌出量为(根据 9105 工作面情况,取工作面日产量为 15 000 t):

$$Q_{绝对采空区} = q_{采空区} \times A/1\ 440 = 2.72 \times 15\ 000 \div 1\ 440\ m³/t = 28.33\ m³/t$$

综上所述,王庄煤矿 9105 工作面按照日产量 15 000 t 进行生产时,采空区绝对瓦斯涌出量约为 28.33 m^3/min。

8.2.2 9105 工作面上覆岩层冒落带和裂隙带高度的确定

采空区上覆岩层冒落后,冒落带内岩石堆积孔隙大,但是岩层稳定性差。裂隙带内不仅孔隙发育良好,而且岩层仍能保持层状结构,将高抽巷道布置在裂隙带内,既能使高抽巷道在工作面推进一段距离后保持不被破坏,又能及时抽采积存在采空区顶板裂隙及冒落带的高浓度瓦斯,从而减少采空区向工作面的瓦斯涌出量,达到瓦斯治理的目的。因此,为了方便物理模型建立和高抽巷道层位确定,需根据 9105 工作面的实际情况计算冒落带和裂隙带高度。

根据第 6 章的研究成果,初步确定王庄煤矿 9105 工作面煤层顶板冒落带最大高度范围为 13.3~15.5 m,裂隙带最大高度范围为 40~55 m。

8.2.3 9105 工作面高抽巷道最佳抽采位置的确定

采空区上覆岩层在不同区域的裂隙发育程度不同,当高抽巷道布置在不同位置时,抽采混量、抽采瓦斯浓度、抽采瓦斯纯量和上隅角瓦斯浓度都会发生一定变化。采用数值模拟分析得到 9105 工作面高抽巷道距采空区底板及回风巷道巷帮距离不同时抽采混量、抽采瓦斯浓度、抽采瓦斯纯量和上隅角瓦斯浓度的变化规律,为确定 9105 工作面高抽巷道的布置提供依据。

8.2.3.1 高抽巷道距采空区底板的最佳垂直距离

（1）理论分析高抽巷道距采空区底板的垂直距离

高抽巷道距离采空区底板的垂直距离与采煤方法、煤层上覆岩层性质及煤层倾角有密切关系。王庄煤矿 9105 工作面煤层厚度为 6.52 m,煤层平均倾角为 10°,属于缓倾斜煤层。覆岩属于中硬,采用顶板全部垮落法。由上述内容可知:高抽巷道适宜高度与采高之比为 2~8,则高抽巷道布置适宜高度为 13~52.16 m,但是这个范围太大,需要应用数值模拟进一步确定高抽巷道距采空区底板的垂直距离。

（2）确定高抽巷道距采空区底板的最佳垂直距离

利用 Fluent 软件模拟分析高抽巷道距回风巷道的水平距离相同,距采空区底板的垂直距离分别为 16 m、22 m、25 m、32 m、39 m 时的高抽巷道瓦斯抽采效果,并提取抽采混量、抽采瓦斯浓度、抽采瓦斯纯量和上隅角瓦斯浓度,见表 8-2 和图 8-10。

表 8-2 距采空区底板垂直距离变化时瓦斯抽采效果分析

水平距离/m	垂直距离/m	抽采混量/(m^3/min)	抽采瓦斯纯量/(m^3/min)	抽采瓦斯浓度/%	上隅角瓦斯浓度/%
20	16	170.06	15.33	9.01	0.69
20	22	136.31	16.28	11.94	0.71
20	25	126.85	16.74	13.20	0.73
20	32	112.48	15.35	13.65	0.76
20	39	102.54	14.42	14.06	0.78

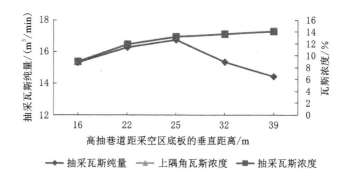

图 8-10　高抽巷道距采空区底板位置变化时瓦斯抽采效果分析

由图 8-10 可以看出:当高抽巷道距回风巷道的水平距离保持不变时,随着高抽巷道距采空区底板垂直距离的增加,高抽巷道的抽采混量逐渐减小,这是因为沿竖直方向,由采空区底板向上,渗透率逐渐减小,造成工作面、采空区和高抽巷道之间的漏风通道阻力越来越大,由工作面漏入采空区内的风量减少。随着高抽巷道距采空区底板垂直距离的增加,高抽巷道抽采瓦斯纯量呈现先增加后减少的趋势,这是因为高抽巷道抽采瓦斯纯量受采空区渗透率和瓦斯浓度的影响。

在距采空区底板 16～25 m 范围内,随着高抽巷道距采空区底板垂直距离的增加,虽然采空区渗透率逐渐减小,但是在瓦斯上浮效应下,采空区瓦斯浓度逐渐增大,所以高抽巷道抽采瓦斯纯量逐渐增加。在距采空区底板 25～39 m 范围内,随着高抽巷道距采空区底板垂直距离的增加,虽然采空区瓦斯浓度继续逐渐增大,但是采空区渗透率明显减小,煤岩透气性极差,高抽巷道不能有效抽采采空区瓦斯。随着高抽巷道距采空区底板垂直距离的增加,高抽巷道抽采瓦斯浓度逐渐增大,这是因为距采空区底板 16～39 m 范围内,距采空区底板距离越大,采空区瓦斯浓度越高。另外,工作面上隅角瓦斯浓度逐渐增大,但增加趋势不明显,这是因为高抽巷道的抽采对工作面上隅角的影响逐渐减小,不能有效控制从采空区涌向工作面上隅角的瓦斯量。

由上述分析可以看出:当高抽巷道距采空区底板的垂直距离为 25 m 时,高抽巷道抽采瓦斯纯量最大,为 16.74 m³/min。另外,当高抽巷道距离采空区底板的垂直距离大于 25 m 之后,高抽巷道抽采瓦斯浓度增大趋势明显减小。由理论分析可知:高抽巷道布置适宜高度为 16～39 m,高抽巷道距采空区底板的垂直距离 25 m 处在理论分析范围内。由于高抽巷道抽采是为了抽采较多的采空区高浓度瓦斯,减少上隅角瓦斯涌出量,解决上隅角瓦斯浓度超限问题,并利用高浓度瓦斯燃烧发电,充分利用能源,因此,根据这一原则可确定高抽巷道距采空区底板的最佳垂直距离为 25 m,此时上隅角瓦斯浓度为 0.73%,低于《煤矿安全规程》规定值 1%。另外,泥岩顶、底板一般为比较坚硬的砂岩,因此高抽巷道应该沿泥岩底板掘进,不仅能够降低掘进难度,提高掘进速度,减少掘进成本,还有利于对高抽巷道的维护。由王庄煤矿后备区 9105 工作面顶、底板岩层综合柱状图可以看出:煤层顶板到细砂岩底板的垂直距离为 21.97 m。由上述确定的高抽巷道距采空区底板距离为 25 m,9105 工作面煤层厚度为 6.52 m,可知高抽巷道距煤层顶板的距离为 15.47 m,保证高抽巷道在细砂岩中安全掘进。但是 9105 工作面地质条件复杂,沿工作面走向不同位置,煤层顶板岩层厚度存在一定的差值,在实际施工中高抽巷道的垂直层位会发生一定的变化。因此,上述确定的高抽巷道距采空区底板的垂直距离约为 15 m,实际 9105 工作面高抽巷道布置在 15~20 m 范围内。

8.2.3.2 高抽巷道距回风巷道的最佳水平距离

根据合理的物理模型和边界条件,利用 Fluent 软件模拟分析高抽巷道距采空区底板的垂直距离相同,距回风巷道的水平距离分别为 10 m、15 m、20 m、25 m、30 m 时的高抽巷道瓦斯抽采效果,并提取抽采混量、抽采瓦斯浓度、抽采瓦斯纯量和上隅角瓦斯浓度,整理结果见表 8-3 和图 8-11。

表 8-3　距采空区底板水平距离变化时瓦斯抽采效果分析

垂直距离/m	水平距离/m	抽采混量/(m³/min)	抽采瓦斯纯量/(m³/min)	抽采瓦斯浓度/%	上隅角瓦斯浓度/%
25	10	125.45	14.68	11.70	0.71
25	15	126.85	16.74	13.20	0.73
25	20	127.18	16.06	12.63	0.76
25	25	127.56	15.11	11.84	0.77
25	30	127.77	14.53	11.37	0.79

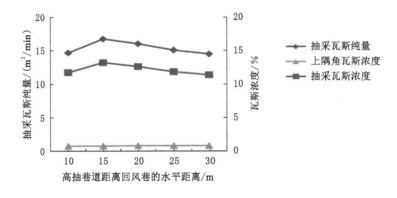

图 8-11　高抽巷道距回风巷道不同水平距离时瓦斯抽采效果分析

由图 8-11 可以看出:当高抽巷道距采空区底板的垂直距离保持不变时,高抽巷道距回风巷道的水平距离为 10~30 m 时抽采混量逐渐增加,但增加趋势不明显,这是因为在距回风巷道巷帮 30 m 范围内采空区渗透率变化不大,但是随着高抽巷道距回风巷道水平距离的增加,高抽巷道对工作面漏风影响范围变大,即工作面受高抽巷道漏风影响严重的长度增加。随着高抽巷道距回风巷道水平距离的增加,高抽巷道抽采瓦斯纯量和抽采瓦斯浓度呈先升高后降低的趋势,在高抽巷道水平距离为 15 m 时达到最大值,分别为 16.74 m³/min 和 13.20%。这是因为当高抽巷道距回风巷道太近时,高抽巷道所能抽采的高浓度瓦斯区域有限。随着高抽巷道距回风巷水平距离的增加,高抽巷道所能抽采的高浓度瓦斯区域增大。当高抽巷道距回风巷道的水平距离过大时,高抽巷道所处的位置,采空区瓦斯浓度明显降低,造成高抽巷道所能抽采的高浓度瓦斯区域范围减小。随着高抽巷道距回风巷道水平距离的增加,工作面上隅角瓦斯浓度逐渐增大,但增加趋势不明显,这是因为随着高抽巷道距回风巷道水平距离的增加,高抽巷道的抽采作用对工作面上隅角的瓦斯浓度影响逐渐减小,不能有效控制从采空区涌向工作面上隅角的瓦斯量。

由上述分析可以看出:当高抽巷道距回风巷的水平距离为 15 m 时,抽采瓦斯纯量和抽采瓦斯浓度最大,分别为 16.74 m³/min 和 13.20%。由于高抽巷道抽采是为了抽采较多的采空区高浓度瓦斯,减少上隅角瓦斯涌出量,解决上隅角瓦斯浓度超限问题,并利用高浓度瓦斯燃烧、发电,充分利用能源。因此,根据该原则可确定高抽巷道与回风巷道的最佳水平距离为 150 m,此时上隅角瓦斯浓度为 0.73%,低于《煤矿安全规程》规定值 1%。另外,在掘进时高抽巷道会对回风巷道产生影响,出现应力集中现象,回风巷道上部低应力区域的面积减小,使回风巷道的支护难度增加,因此确定高抽巷道距回风巷道水平距离时应考虑应力集中问题。随着高抽巷道距回风巷道水平距离的增加,回风巷道上部的低应力区会逐渐右移,当高抽巷道距回风巷道的水平距离达到 15 m 之后,回风巷道上部的低应力区域逐渐恢复到无高抽巷道时的状态,掘进高抽巷道对回风巷道围岩应力分布的影响可忽略不计,此时高抽巷道与回风巷道的垂直应力场没有形成叠加,避开了相互之间的开采掘进影响。因此,最终 9105 工作面高抽巷道距回风的水平距离为 12~16 m 是合理的。

(3) 验证数值模拟结果的可靠性

通过对王庄煤矿 9105 工作面高抽巷道、通风巷道瓦斯监测结果整理分析,9105 工作面高抽巷道在 2016 年 12 月—2019 年 8 月瓦斯抽采数据,最低抽采瓦斯浓度为 8.4%,最高抽采瓦斯浓度为 15.6%,平均抽采瓦斯浓度为 12.2%,上隅角瓦斯平均浓度为 0.69%;对应数值模拟王庄煤矿 9105 工作面高抽巷道在最佳位置抽采时的瓦斯抽采浓度为 13.20%,上隅角瓦斯浓度为 0.73%。由此可知数值模拟结果与现场实测数据基本吻合,从而验证了数值模拟方法和计算结果的可靠性。

8.3 9105 工作面 U 形通风巷道＋高抽巷道通风系统下采空区瓦斯分布规律

8.3.1 采空区走向方向上瓦斯分布规律

当高抽巷道抽采采空区瓦斯时,在高抽巷道抽采负压的动力作用下会形成工作面、采空区和高抽巷道间的漏风通道,相当于增加了一个漏风渠道。这种情况下高抽巷道的位置就会对采空区内的流场产生重要影响,因此,在 U 形通风巷道＋高抽巷道通风系统下采空区内部瓦斯分布规律将发生变化,有必要确定采空区内的瓦斯分布区域,对后期布置辅助钻孔抽采采空区高浓度瓦斯具有重要的指导作用。

通过模拟得到了高抽巷道在最佳抽采位置时的采空区瓦斯分布规律,首先对采空区走向瓦斯分布规律进行分析,如图 8-12 所示。由图 8-12 可以看出:沿采空区走向(x 轴),距离工作面(y 轴)越远,采空区瓦斯浓度越高。在采空区回风侧(y 轴上部)前部,由于高抽巷道的抽采作用,瓦斯浓度降低,减少了由采空区涌向上隅角的瓦斯量,从而降低了上隅角瓦斯浓度。

对比上述不同垂直高度处的瓦斯分布规律曲线可以看出:

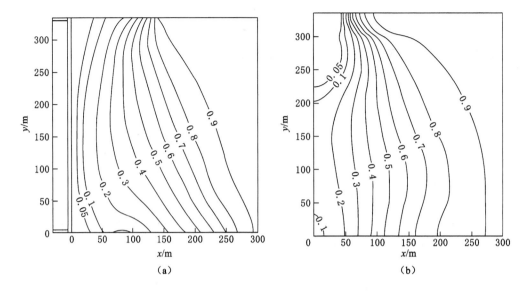

图 8-12　采空区沿走向(x 轴)方向不同垂高度处瓦斯分布规律

　　(1) 在采空区前部回风侧,$z=25$ m 高度处的瓦斯浓度较 $z=5$ m 高度上的瓦斯浓度低。例如,在 $z=5$ m 高度处回风侧,5%瓦斯浓度等值线距工作面 38 m;在 $z=25$ m 高度处回风侧,5%瓦斯浓度等值线距工作面 47 m。这主要是因为在采空区前部回风侧,$z=25$ m 高度处距离高抽巷道比较近,高抽巷道能更多地将 $z=25$ m 高度处的采空区前部回风侧瓦斯抽采走。

　　(2) 在采空区后部,$z=25$ m 高度处的瓦斯浓度较 $z=5$ m 高度处的瓦斯浓度高。例如,在 $z=5$ m 高度处进风侧,80%瓦斯浓度等值线距工作面 267 m;在 $z=25$ m 高度处进风侧,80%瓦斯浓度等值线距工作面 195 m。这是因为在瓦斯上浮效应的作用下,采空区上部积聚瓦斯的能力大于高抽巷道抽采瓦斯的能力。

　　由上述分析可知:由于高抽巷道处布置在采空区回风侧,高抽巷道处抽采瓦斯对采空区前部回风侧瓦斯分布影响较大;在采空区高度方向上,采空区内距高抽巷道越近的区域,瓦斯浓度降低越明显。另外,距工作面越远,高抽巷道抽采采空区瓦斯的能力越小,在采空区中上部高浓度瓦斯大量积聚,因此,在采空区中上部的后部区域,虽然距高抽巷道较近,采空区中上部后部区域的瓦斯浓度仍然大于采空区下部。

8.3.2　采空区高度方向瓦斯分布规律

　　在高抽巷道的抽采作用下,采空区内的瓦斯分布发生变化,为了分析采空区高度方向的瓦斯分布规律,这里沿工作面 y 轴方向,从进风巷道到回风巷道,选取 $y=5$ m、$y=170$ m 和 $y=330$ m 3 个截面上的瓦斯分布,分别代表工作面下部、中部和上部,如图 8-13 所示。

　　由图 8-13 可以发现:

　　(1) 在高抽巷道抽采采空区瓦斯的作用下,沿工作面方向采空区侧瓦斯存在明显的分层现象,并且由采空区进风侧到采空区回风侧,高浓度瓦斯区域范围越来越大。其中,采空区进风侧 80%瓦斯浓度等值线在工作面进风巷口 267 m 处,采空区中部 80%瓦斯浓度等值线在距工作面 190 m 处,在采空区回风侧 80%瓦斯浓度等值线在靠近上隅角

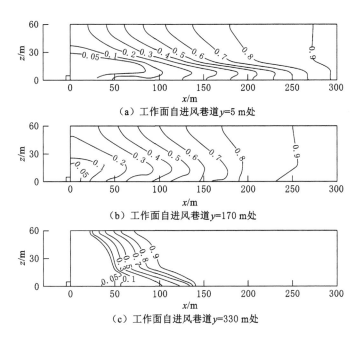

（a）工作面自进风巷道 $y=5$ m处

（b）工作面自进风巷道 $y=170$ m处

（c）工作面自进风巷道 $y=330$ m处

图 8-13 工作面不同位置采空区方向瓦斯分布规律

136 m 处。也就是采空区域瓦斯聚集区由远离进风巷,逐步向回风侧上隅角靠近。

（2）在高抽巷道抽采采空区瓦斯的作用下,在采空区高度方向上,沿工作面方向在采空区下部和上部瓦斯浓度较高,而采空区中部瓦斯浓度较低,越往回风侧,这种现象越明显。这是因为 9105 工作面采空区瓦斯涌出源在采空区底板处。另外在瓦斯的上浮作用下,瓦斯往采空区上部运移,从而也在采空区上部积聚形成高浓度瓦斯区域。由上述分析可知:在高抽巷道的抽采作用下,采空区回风侧中上部后部仍然存在一定的高浓度瓦斯区域,因此可以施工辅助抽采钻孔,在回风巷道提前向采空区回风侧裂隙带内施工向上钻孔,从而达到进一步抽采采空区高浓度瓦斯的目的。

8.4 超长高瓦斯浓度工作面瓦斯抽采技术

8.4.1 9105 工作面与相邻工作面瓦斯协防关系

9105 放顶煤工作面四周均为未开采区。距 9105 工作面最近的工作面为 8103 放顶煤工作面,该工作面采用两进一回的 Y 形通风方式,并采用本煤层预抽、边采边抽、高位裂隙带钻孔抽采等瓦斯治理方法。

8.4.2 9105 工作面瓦斯来源分析

根据《王庄煤矿 3# 煤层矿井瓦斯涌出量预测及含量测试技术研究报告》,对王庄煤矿 3# 煤层瓦斯含量与埋深关系进行拟合分析,如图 8-14 所示。

根据矿井地勘报告中的瓦斯含量、井下取样的瓦斯含量与煤层埋深关系图得到王庄煤

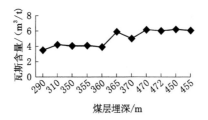

图 8-14 3#煤层瓦斯含量与埋深关系散点示意图

矿 3#煤层瓦斯含量与煤层埋深的基本数学关系式：

$$W = 0.020\ 9H - 2.776\ 4$$

式中 W——煤层瓦斯含量，m^3/t；

H——煤层埋藏深度，m。

对照矿井煤层底板等高线图和井上、下对照图，9105 工作面最大埋深约为 450 m，则该工作面煤层原始瓦斯含量 $W_0 = 6.63\ m^3/t$。

根据《王庄煤矿 3#煤层矿井瓦斯涌出量预测及含量测试技术研究报告》预测结果，王庄煤矿 3#煤层残存瓦斯含量 $W_c = 3.0\ m^3/t$。

根据《山西潞安环保能源开发股份有限公司王庄煤矿＋540 m 水平延深煤层瓦斯参数测定》，王庄煤矿＋540 m 水平 3#煤层最大瓦斯压力为 0.48 MPa，煤层透气性系数为 0.010 6～0.073 4 $m^2/(MPa^2 \cdot d)$，钻孔瓦斯流量衰减系数为 0.016 9 d^{-1}，王庄煤矿 3#煤层属于较难抽采煤层到可以抽采之间。

根据回采工作面瓦斯涌出量预测，9105 工作面回采时瓦斯涌出量主要源于本煤层和邻近层，其中本煤层瓦斯涌出量约占工作面瓦斯涌出量的 80%，邻近层瓦斯涌出量约占工作面瓦斯涌出量的 20%。

8.4.3 回采工作面瓦斯赋存情况及瓦斯涌出量预测

9105 工作面瓦斯由开采层瓦斯涌出和邻近层（包括围岩）瓦斯涌出两部分组成。根据《矿井瓦斯涌出量预测方法》(AQ 1018—2006) 预测 9105 工作面回采时的瓦斯涌出量为：

$$q_采 = q_1 + q_2$$

式中 $q_采$——回采工作面相对瓦斯涌出量，m^3/t。

q_1——开采层相对瓦斯涌出量，m^3/t。

q_2——邻近层相对瓦斯涌出量，m^3/t。

(1) 开采层相对瓦斯涌出量 q_1

$$q_1 = k_1 k_2 k_3 (m/M)(W_0 - W_c)$$

式中 q_1——开采层相对瓦斯涌出量，m^3/t。

k_1——围岩瓦斯涌出系数。

k_2——丢煤瓦斯涌出系数，采出率为 88.7%，$k_2 = 1/C' = 1.14$。

k_3——准备巷道预排瓦斯对开采层瓦斯涌出影响系数，$k_3 = (L - 2h)/L$。L 为回采工作面长度，9105 放顶煤工作面长度为 340 m；h 为掘进巷道瓦斯预排等值宽度，对于瘦煤、贫瘦煤，$h = 18$ m。

M——煤层开采厚度,m。

m——工作面采高,m。

W_0——煤层原始瓦斯含量,m³/t。

W_c——煤层残存瓦斯含量,m³/t。

将有关数据代入上式计算,结果见表8-4。

表8-4　开采层相对瓦斯涌出量计算表

工作面	k_1	k_2	k_3	m/M	原始瓦斯含量/(m³/t)	残存瓦斯含量/(m³/t)	相对涌出量/(m³/t)
9105	1.3	1.14	0.89	1	6.63	3.0	4.79

(2)邻近层相对瓦斯涌出量 q_2

$$q_2 = \sum_{i=1}^{n} \frac{m_i}{M} \eta_i (W_{0i} - W_{ci})$$

式中　q_2——邻近层相对瓦斯涌出量,m³/t。

m_i——第 i 个邻近层煤层厚度,m。

M——工作面采高,m。

W_{0i}——第 i 邻近层原始瓦斯含量,m³/t,因邻近层没有实测值,故参考本煤层取值。

W_{ci}——第 i 邻近层残存瓦斯含量,m³/t,参考本煤层取值。

η_i——取决于层间距离的第 i 邻近层瓦斯排放率,η_i 可根据层间距离取值。

邻近层受采动影响瓦斯排放率(k_i)计算:本矿井采高大于 4.5 m 时,按照《矿井瓦斯涌出预测方法》(AQ 1018—2006)计算:

$$k_i = 100 - 0.47 \frac{h_i}{M} - 84.04 \frac{h_i}{L}$$

式中　h_i——第 i 邻近层与开采层之间的垂直距离,m。

M——工作面采高,m。

L——工作面长度,m。

根据《山西潞安环保能源开发股份有限公司王庄煤矿后备区矿井地质报告》,本井田内主采3#煤层的邻近层共有7层煤,分别是 1#、2#、82#、9#、14#、152#、153# 煤层,各煤层瓦斯排放量见表8-5。3#煤层邻近层瓦斯涌出量见表8-6。

表8-5　邻近层距离开采层的距离及排放率

生产采区	邻近层	煤层编号	煤层厚度/m	与3#煤层距离/m	排放率/%
91采区	上邻近层	1	0.39	35	0.87
		2	0.27	30	0.89
	下邻近层	82	0.60	58.88	0.78
		9	1.2	70.22	0.74
		14	0.75	105.83	0.00
		152	0.68	112.55	0.00
		153	1.35	115.35	0.00

表 8-6 3#煤层邻近层瓦斯涌出量计算表

生产采区	煤层编号	煤层厚度/m	排放率/%	邻近层瓦斯涌出量/(m³/t)	备注
91采区	1	0.39	0.87	0.16	上邻近层
	2	0.27	0.89	0.11	
	82	0.60	0.78	0.22	下邻近层
	9	1.2	0.74	0.42	
	14	0.75	0.00	0.00	
	152	0.68	0.00	0.00	
	153	1.35	0.00	0.00	
合计				0.91	

回采工作面瓦斯涌出量预测结果见表 8-7。

表 8-7 回采工作面瓦斯涌出量预测结果

生产采区	日产量/(t/d)	回采工作面瓦斯涌出量/(m³/t)		
		开采层	邻近层	合计
91采区	9 091	4.79	0.91	5.70

8.4.4 9105 工作面瓦斯抽采方式及抽采能力评估

8.4.4.1 瓦斯抽采方式分析

根据王庄煤矿煤层瓦斯赋存特点,建议利用高、低负压两套系统对井下瓦斯进行抽采。

根据矿井瓦斯抽采设计,同时结合 9105 工作面的实际布置情况,确定采用本煤层瓦斯预抽与边采边抽、高抽巷道抽放采空区及上隅角瓦斯、埋管法抽采已封闭采空区瓦斯等综合措施治理工作面瓦斯。

(1)工作面采前预抽

工作面采前预抽采用本煤层顺层钻孔抽采。工作面沿回风巷道和运输巷道向工作面煤壁施工双层钻孔,上层钻孔垂直于煤壁布置,钻孔开口距巷道底板 1.8 m;下层钻孔与巷道成 60°夹角布置,钻孔开口距巷道底板 1.6 m。上、下层钻孔呈三花布置,钻孔平均间距为3.0 m。

(2)采空区及上隅角瓦斯抽采

为解决采空区瓦斯涌出量较大和上隅角瓦斯容易积聚等问题,设计 9105 工作面靠近回风顺槽一侧施工顶板高抽巷道,高抽巷道布置在距煤层顶板 11 m 左右的一层泥岩中,与工作面回风顺槽水平投影距离 19 m。

(3)钻孔装备及封孔工艺

矿井配备 ZDY3200S 型煤矿用全液压坑道钻机 5 台。钻杆选用 73 mm 空芯外平钻杆,钻头选用金刚石复合片三翼钻头,直径为 113 mm。为保证封孔质量,建议采用高压囊袋式注浆封孔：一方面能使钻孔周围的裂隙得到充填,消除开孔时形成的漏气通道(裂隙),即消除初期漏气通道;另一方面能使钻孔得到可靠的支护,保证钻孔的稳定,使钻孔周围不再产生新的漏气通道(裂隙),即避免后期漏气通道的产生和发展。

8.4.4.2 9105 工作面瓦斯抽采能力评估

根据工作面瓦斯涌出量预测结果,9105 工作面在未经抽采的情况下预计最大绝对瓦斯涌出量为 36.0 m³/min。根据 81 采区 8103、8106 工作面预抽情况,工作面预抽期间平均抽采量为 12.0 m³/min。本煤层交叉钻孔边采边抽,量取预抽量为 50%,即 6.0 m³/min。根据邻近矿井的开采经验,高抽巷道瓦斯抽采量为 4.0 m³/min,则 9105 工作面经抽采后预计风排瓦斯量为 15.0 m³/min,计算过程及结果见表 8-8。

表 8-8 工作面风排瓦斯量计算表　　　　单位:m³/min

未经抽采时瓦斯涌出量	本煤层抽采量	本煤层钻孔边采边抽量	高抽巷道抽采量	风排瓦斯量
36.0	12.0	6.0	4.0	16.0

8.4.5　工作面顺层超前卸压范围抽采分析

随着机械化采煤的迅速发展,开采强度大幅度提高,开采层瓦斯涌出量急剧增加,说明煤层裂隙在采动应力的作用下进一步发展贯通,从而导致煤层渗透率提高,采动影响在本煤层瓦斯抽放技术研究中应该是一个突破口。采动应力与渗透率之间存在密切关系,以往的研究将煤层渗透率看作常数,没有将其与采动应力联系起来,进而考察采动过程中渗透率的变化对瓦斯抽采的影响。

根据有关研究成果(采用示踪气体法测定工作面前方煤体渗透率),工作面前方的煤体渗透率变化如图 8-15 所示。

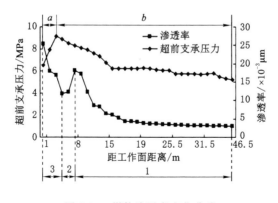

图 8-15　煤体渗透率变化曲线

根据不同推进距离模拟获得了工作面前方垂直应力煤体渗透率关系曲线,如图 8-16 所示。

根据 9105 工作面实测的抽采钻孔数据,高效卸压抽采范围为工作面前方 23.4～11.2 m,应重点利用此区域抽采钻孔。

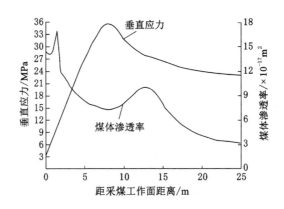

图 8-16　工作面前方垂直应力与煤体渗透率的关系曲线

8.5　本章小结

本章在分析岩层移动规律和裂隙带瓦斯分布规律基础上,对比分析了普通 U 形通风巷道系统和 U 形通风巷道＋高抽巷道通风系统采空区的瓦斯分布特征,确定了 U 形通风巷道＋高抽巷道较 U 形通风系统上隅角瓦斯分布、瓦斯抽取效果等方面效果更佳。

(1)高抽巷道抽采主要针对本煤层及采空区瓦斯抽采。根据数值模拟结果分析(垂向距离分别为 16 m、22 m、25 m、32 m、39 m),高抽巷道宜布置在冒落带与裂隙带的接触带,采用低位抽采方法,垂直方向距离 3# 煤层顶板 15～20 m 能够取得较好的抽采效果。

(2)通过对比分析王庄煤矿 U 形通风巷道系统和 U 形通风巷道＋高抽巷道通风系统,认为对低渗透高瓦斯浓度矿井采用 U 形通风巷道＋高抽巷道通风方法能有效解决瓦斯抽采和上隅角瓦斯集聚问题,对高抽巷道的层位进行了优化分析,提出王庄煤矿 9105 工作面高抽巷道断面设计为 3 m×2.8 m,采用全锚支护,与 9105 工作面通风巷道顶板垂直距离为 15～20 m,水平距离为 12～16 m,分析工作面采空区瓦斯分布规律表明,采用 U 形通风巷道＋高抽巷道可以有效地解决采空区瓦斯集聚问题。

(3)工作面顺层超前抽采范围为工作面前方 23.4～11.2 m,应重点利用此区域抽采钻孔,效果最佳。

9 低渗透煤层超长工作面开采工艺与工业性试验研究

9.1 超长工作面长度影响分析

9.1.1 超长工作面研究现状

一般来说,超长工作面是指工作面的开采长度达到 300 m 以上。设备搬家的次数会因为工作面的开采长度的增加而减少,煤炭采出率得到大幅度提高,同时也降低了煤炭开采成本,是目前千万吨级特大煤矿提高煤炭产量的主要方法。自 1990 年开始,国外为了提高煤炭的开采效率进行了一系列超长工作面的试验以及与之匹配的设备研发,工作面的长度有了很大提高,煤炭生产能力不断创新高。我国近年来也进行了超长工作面开采技术的实践。2004 年 8 月,在神东煤炭集团的榆家梁煤矿进行了 300 m 长壁工作面的开采试验,其煤炭产量有了极大提高,经济效益也得到极大提高。至此,我国的超长工作面的长度不断增大。

近年来,超长工作面的理论研究也取得了很大的进展,主要研究成果包括:

(1) 超长综放工作面直接顶和基本顶的初次垮落步距变小。

(2) 一般综放工作面基本顶岩层破断一般为竖 X 形破坏,而超长工作面基本顶岩层破断转变为横 X 形破坏。

(3) 超长综放工作面设备合理匹配的关键是前、后输送机能力的匹配,而影响其能力匹配的主要因素是采放高度比。

(4) 提高支架的初撑力会极大减少大采高超长工作面顶板下沉量,提高支架额定工作阻力有利于工作面顶板的安全。

(5) 随着工作面长度 L 增大,采场顶板下沉量的最大值 H 也会随之不断增大,但其增长幅度逐渐变小。但当 L 超过 300 m 后,H 基本保持不变。

(6) 超长工作面在主关键层和亚关键层的影响下会产生大、小周期来压现象,且倾向压力会在工作面大周期来压期间沿工作面呈现"三峰值 W 形"的分布特征。

9.1.2 9105 工作面长度分析

9.1.2.1 工作面地质与开采条件

9105 工作面位于屯留明辰新能源公司北部、潞安森达柯地工程有限公司与新旧 208 国道下方,格林香草园种植有限公司南 300 m。工作面位于 91 采区,地面标高为 +903～

+932 m,工作面标高为+377～+522 m。9105 工作面东为矿界,西接 540/3# 胶带巷,南为实体煤,北为 9109 设计工作面(图 9-1)。

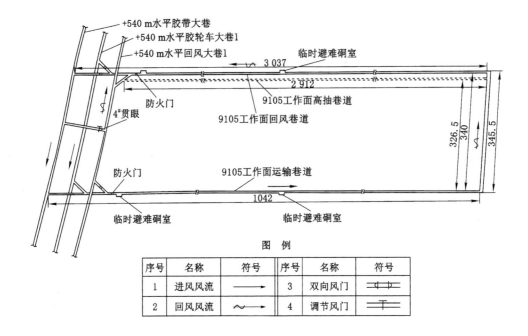

图 9-1　工作面布置图

9105 工作面所采 3# 煤层,厚度稳定,平均厚 6.5 m,重度为 1.39 t/m³,煤层的坚固性系数为 1～3,直接顶、直接底的坚固性系数为 3～8。9105 工作面走向可采长度 2 819 m,倾斜长度 340 m。工作面采高(3.0±0.1) m,循环进度为 0.8 m,顶煤平均厚度为 3.5 m,底层回收率为 98%,顶层回收率为 85%,一采一放,全部垮落法管理顶板。煤层瓦斯相对涌出量为 5.7 m³/t,属高瓦斯浓度工作面,无瓦斯、CO_2 突出危险的倾向,Ⅲ类,不易自燃,煤尘具有爆炸性倾向。工作面正常涌水量按 30 m³/h 设防。工作面采用 U 形巷道+高抽巷道布置,工作面巷道均采用全锚(网)支护。工作面采用端部割三角煤斜切进刀,进刀距离不少于 30 m,采用单轮顺序放煤法,放煤步距为 0.8 m,即一刀一放,工作面的采放比为 1∶17。

9.1.2.2　工作面长度分析

研究表明:增加工作面长度可以减少巷道掘进费用、回采成本、搬家倒面费用、设备占有量,提高资源采出率,降低成本投入,因此大多数现代化矿井均不同程度地增加工作面长度。目前有的矿井工作面长度已经达到 450 m,王庄煤矿也一直在研究超长工作面开采,自 2000 年 4326 工作面采用 267 m 超长工作面开采以来,工作面长度不断增加,9105 工作面长度已达到 340 m。根据工作面对采煤机割煤速度、移架速度、推溜速度、支架放煤时间及端头等待时间等参数的实测分析,发现随着工作面长度增加,工作面日产量明显增大,但同时发现工作面长度超过 300 m 以后产量增加并没有开始工作面长度增加那么显著。因此,根据附近余吾和常村等煤矿情况,9105 工作面长度确定为 340 m,符合工作面长度变化趋势。

9.2 工作面主要设备与配套

9.2.1 工作面主要设备

9105 工作面设备配置见表 9-1。

表 9-1　9105 工作面设备配置表

序号	设备名称	型号	数量
1	中间液压支架	ZF8000/20/38	227 架
2	端头液压支架	ZFG9600/23/38	6 架
3	采煤机	MG400/930-WD	1 台
4	前部输送机	SGZ-1000/2×1000	1 台
5	后部输送机	SGZ-1000/2×1000	1 台
6	转载机	S2Z-1200/525	1 台
7	破碎机	PLM3500	1 台
8	带式输送机	DSJ1400/230/3×400	2 部
9	乳化液泵站	GRB-315/31.5	1 套
10	喷雾泵站	WP2-320/6.3	1 套
11	小水泵	BSQ-18.5	4 台
12	单体液压支柱	DZ35	300 根
13	π形顶梁	$L=4.5$ m 或 5.0 m	100 根
14	回柱绞车	JH2-14	2 台
15	调度绞车	JD-2.5	1 部

9.2.2 工作面主要设备配套分析

9.2.2.1 工作面刮板输送机

超长工作面刮板输送机选型一方面需要保证将采煤机截割落下的煤能够全部运出,并有一定的富余,另一方面电动机功率需要满足一定要求。刮板输送机输送能力应不低于采煤机的最大截煤能力。

刮板输送机输送能力:

$$Q = 60K_c BH\rho v_{\max}$$

式中　K_c——采煤机与刮板机同向运行时的修正系数,$K_c=1.1$;

　　　B——循环进尺,$B=0.80$ m;

　　　H——工作面采高,$H=3.0$ m;

　　　ρ——煤的密度,$\rho=1.40$ t/m³;

　　　$v_{\max}$——采煤机最大截煤速度,$v_{\max}=5.75$ m/min。

代入求得:

$$Q = 1\ 359.6\ \text{t/h}$$

刮板输送机的输送能力为 $2\ 000\ \text{m}^3/\text{h}$，能够满足要求。

9.2.2.2 液压支架

按支架承受的顶板载荷与煤层厚度近似呈直线增长估算采场最大压强为：

$$p = 9.8Nh\rho/1\ 000$$

式中　p——采场最大压强，kPa；

　　　N——取 8（按要求支架载荷按 8 倍采高岩重进行计算）；

　　　h——煤层的采高，$h = 3.5\ \text{m}$；

　　　ρ——顶板岩石的平均密度，$\rho = 2\ 500\ \text{kg/m}^3$。

故 $p = 9.8 \times 8 \times 3.5 \times 2\ 500/1\ 000\ \text{kPa} = 686\ \text{kPa}$。

综上所述，本工作面支架的支护强度应大于 686 kPa。ZF8000/23/38 型综放支架工作阻力为 8 000 kN，支护强度 850 kPa＞686 kPa，符合要求。

9.2.2.3 采煤机参数

本次设计 9105 放顶煤工作面设备沿用王庄煤矿已有装备，设计仅作校核。

为保证 9105 工作面 3.0 Mt/a 的生产能力，工作面日产量应为 9 091 t 左右。据资料统计，国外安全、高效工作面开机率一般在 70% 以上，最高达 95%；国内高产工作面的开机率平均先进水平在 40% 以上。设计按照国内平均先进水平，确定综采机组每班开机率为 55%。采用"四六"制作业方式，每天 3 班生产，1 班检修。

（1）采高

采煤机的采高应与煤层厚度的变化范围相适应，根据 3# 煤层赋存条件和开采技术条件，确定采煤机的采高为 3.0 m。

（2）滚筒直径

双滚筒采煤机的滚筒直径以大于 0.5 倍工作面最大采高为宜。3# 煤层采高为 3.0 m，所以双滚筒采煤机的滚筒直径大于或等于 1.5 m 即可满足使用要求。根据采煤机滚筒直径系列，取滚筒直径为 2.0 m。

（3）采煤机截深

截深的选取与煤层厚度、煤层硬度、顶板岩性以及支架移架步距有关，因此应该综合考虑以确定采煤机的截深。目前国内普遍采用的截深为 600～800 mm，考虑到本矿井设计生产能力及管理水平，采煤机截深为 800 mm。

（4）工作面日循环数

工作面日循环数可用下式计算：

$$N = Q_r/(KLHB\rho C)$$

式中　Q_r——工作面日产量，3# 煤层采掘工作面年产量为 3.0 Mt/a，按 330 d 计算，$Q_r = 9\ 091\ \text{t}$，其中采煤机割煤量 $Q_{rc} = 4\ 720\ \text{t}$；

　　　K——工作面正规循环率，$K = 0.8$；

　　　L——工作面有效长度，$L = 340\ \text{m}$；

　　　H——工作面采高，$H = 3.0\ \text{m}$；

　　　B——循环进尺，$B = 0.80\ \text{m}$；

ρ——煤的密度，$\rho=1.35$ t/m³；

C——工作面采出率，$C=95\%$。

$N=4\ 720/(0.8\times340\times3.0\times0.80\times1.35\times0.95)=5.64$，取 6 个。

（5）采煤机割煤方式

采煤机在工作面的进刀方式将直接影响工作面的工时利用率以及采煤机效能的发挥。为减少工作面人员的工作量，设计采用端部斜切进刀方式，进刀割煤长度为 30 m。

工作面采用 4 班作业，3 班生产，1 班准备。

① 采煤机割煤速度：

$$v_c = n(L+30-L_c)/(K_cT_d-nT_c)$$

式中　v_c——计算采煤机割煤速度，m/min；

　　　n——工作面日循环数，$n=6$；

　　　L——工作面长度，$L=340$ m；

　　　L_c——采煤机总长，$L_c=15.6$ m；

　　　30——进刀割煤长度，m；

　　　K_c——采煤机平均日开机率，$K_c=0.55$；

　　　T_d——工作面日生产时间，$T_d=1\ 080$ min；

　　　T_c——采煤机进刀停顿时间，$T_c=2$ min。

　　　$v_c=6\times(340+30-15.6)/(0.55\times1\ 080-6\times2)=3.65$ （m/min）

② 采煤机循环时间：

$$T = (L+30-L_c)/v_c + T_c$$

式中　T——采煤机循环时间，min；

　　　L——工作面长度，$L=340$ m；

　　　30——进刀割煤长度，m；

　　　L_c——采煤机总长，$L_c=15.6$ m；

　　　v_c——计算采煤机割煤速度，$v_c=3.65$ m/min；

　　　T_c——采煤机进刀停顿时间，$T_c=2$ min。

　　　$T=(340+30-15.6)/3.65+2=99.0$ （min）

③ 采煤机最大割煤速度：

$$v_{max} = Kv_c$$

式中　v_{max}——采煤机最大割煤速度，m/min；

　　　K——采煤机割煤不均衡系数，取 1.2；

　　　v_c——计算采煤机割煤速度，3.65 m/min。

　　　$v_{max}=3.65\times1.2=4.38$ （m/min）

④ 采煤机最大生产能力：

$$Q_{max} = 60BH\rho v_{max}$$

式中　Q_{max}——采煤机最大生产能力，t/h；

　　　B——循环进尺，$B=0.80$ m；

　　　H——工作面采高，$H=3.0$ m；

　　　ρ——煤的密度，$\rho=1.35$ t/m³；

v_{max}——采煤机最大割煤速度，4.38 m/min。

$$Q_{max}=60\times0.80\times3.0\times1.35\times4.38=851.5 \text{ (t/h)}$$

⑤ 采煤机装机功率：

$$N=Q_{max}H_w$$

式中　　N——采煤机装机功率，kW；

Q_{max}——采煤机最大生产能力，$Q_{max}=851.5$ t/h；

H_w——采煤机能耗系数，按长治、晋城等城市的矿区实测数据，$H_w=0.50\sim0.85$ (kW·h)/t，由于王庄煤矿 $3^{\#}$ 煤层属于中硬煤，取 $H_w=0.55$ (kW·h)/t。

$$N=851.5\times0.55=468.3 \text{ (kW)}$$

根据以上计算，并考虑煤层的硬度和夹矸情况，结合目前采煤工作面设备配置，采煤机利用已有的 MG400/930-WD 型采煤机，其主要技术参数见表 9-2。在选择配套刮板机、转载机、顺槽可伸缩带式输送机等运输设备时，考虑了生产矿井实际使用情况和计算的生产能力。

表 9-2　采煤机技术特征表

型号	采高/m	电动机功率/kW	滚筒直径/m	截深/mm	牵引速度/(m/min)	机面高度/mm	质量/kg
MG400/930-WD	2.8~3.5	2×400	2.0	800	7.7(正常值)，12.8(最大值)	1 570	68 000

9.3　超长综放面回采工艺

9.3.1　合理的劳动组织方式

（1）采煤机进刀、割煤方式：端头斜切进刀，留三角煤，单向割煤。

（2）放煤工艺：一采一放双轮顺序放煤，放煤步距 0.8 m，3 位放煤工放煤，平均分为 3 段，每位放煤工放一段，第一轮放完后返回第一轮放煤的起点开始放第二轮。

（3）工艺流程：拉后溜→割煤→移架→放煤→返空刀→推前溜。

现以采煤机在机尾开始斜切进刀为例说明工艺流程：

（1）采煤机在机尾处，超前采煤机 20 m 开始拉后溜，采煤机从机尾开始向上斜切进刀，进刀段距离 30 m 左右，滞后采煤机后滚筒 4~6 架开始移架，放煤工滞后移架工 10 架开始放煤，分 3 段双轮顺序放煤。

（2）进刀结束后，采煤机向上开始正常割煤，始终保持超前采煤机 20 m 拉后溜。

（3）采煤机割至机头后返回割底煤，割完底煤后采煤机下行返空刀扫底煤，滞后采煤机不小于 18 m 开始推前溜。

（4）返空刀至距机尾 30 m 处，开始割三角煤，然后进入下一割煤循环。

实行"三八"制工作制度，每天 2 班半生产，半班检修。工作面正规作业循环图如图 9-2 所示，人员安排见劳动组织表（表 9-3）。

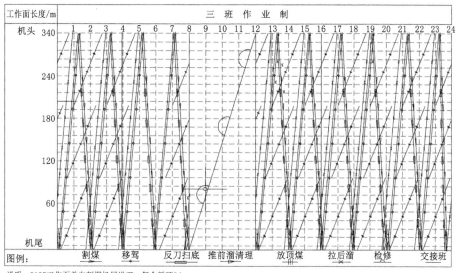

说明：9105工作面单向割煤机尾进刀，每个循环2h。

图 9-2　9105 工作面正规作业循环图

表 9-3　劳动组织表

工种		工种定员				合计
		0点班	6点班	12点班	检修班	
直接工种	机组司机	3	3	3		9
	支架工	3	3	3		9
	放煤工	4	4	4		12
	端头尾维护工	3	3	3		9
	大溜、转载机司机	2	2	2		6
	清煤工	3	3	3		9
	班组长	3	3	3		9
辅助工作	泵站工	1	1	1		3
	带式输送机司机、维护工	2	2	2		6
	电器维护工	1	1	1		3
	抽水工	1	1	1	1	4
	支架检修工				4	4
	刮板输送机检修工				2	2
	采煤机检修工				2	2
	带式输送机检修工				2	2
	电气检修工				3	3
	泵站检修工				1	1
	检修班长				2	2
	工具员、验收员	1	1	1	1	4
	巷道维护工				4	4
	送干粮	1	1	1	1	4
	瓦斯检测员	1	1	1	1	4
	抽采工	2	2	2	2	8
其他	队干					4
	井上机电检修工					4
总计						127

9.3.2 合理的采煤机割煤方式

综放工作面一般采用双滚筒采煤机。为了适应采高及煤层底板等高线的变化,有利于采煤机装煤和采煤机司机的安全,双滚筒采煤机一般采用前滚筒割顶煤、后滚筒割底煤的方式。特殊情况时,如采煤机过断层、煤层有硬且厚的夹矸和薄煤层,可采用前滚筒割底煤、后滚筒割顶煤的方式。

采煤机沿工作面的割煤方式有单向割煤和双向割煤两种。

单向割煤为采煤机单程割煤,往返一次进一刀,即采煤机上行(或下行)割煤,下行(或上行)清理浮煤。单向割煤有工作面端部进刀全程单向采煤和工作面中部进刀分段单向割煤,即∞形割煤;双向割煤为采用端部进刀,往返一次进两刀的作业方式。

工作面端部进刀单向割煤作业方式,其工艺流程为:① 采煤机下行(上行)割煤至端头后调换滚筒位置,前滚筒下降,后滚筒上升,反向上行(下行)清理浮煤,推移输送机;② 当采煤机反向清理浮煤距端头 20~30 m 处,进刀割透下行(上行)割煤时留下的三角煤,至工作面端头;③ 调换滚筒位置,反向沿输送机下行(上行)割煤至工作面端头,进入下一循环。采煤机往返一次进一刀,采煤机有一趟空刀的过程。采煤机的有效开机率低,如采用滞后支护式支架,综采支架不能及时支护,会造成采煤机割煤后顶板悬露面积大、悬露时间长,从而工作面顶板维护困难。但单向割煤工作面各工序之间相互干扰少,可以以最大的割煤牵引速度和空载速度装煤,采煤机装煤效率高,机道浮煤少,底板平整,推移输送机阻力小,能保证采煤机的有效进尺。根据大雁一矿、峰峰万年矿的实测统计数据分析,单向割煤切割一刀的平均速度与双向割煤切割一刀的平均速度之比 $k=1.08$~1.20。单向采煤工作面内支架的移架时间间隔相等,有利于支架保持基本一致的工作状态,避免支架连续多次的支卸作用对顶板造成的破坏,有利于工作面的顶板管理,减少顶板事故的发生。如采用下行割煤、上行清理浮煤的单向割煤方式,采煤机的割煤牵引阻力小,工作面吨煤能耗少,采煤机牵引部故障少,工作面上行单向推移输送机,有利于防止工作面输送机等设备的下滑,但采煤机司机和移架工的吸尘量大。如果采用上行割煤、下行清理浮煤的作业方式,采煤机司机和移架工均处于新鲜风流中,吸尘量少,因而劳动环境好,有利于保证工作质量,减少人为事故的发生。

工作面中部斜切进刀单向割煤方式,其工艺流程为:① 采煤机割煤至工作面上端头后调换滚筒位置,反向清理浮煤至工作面中部;② 沿工作面中部弯曲段进刀并进行工作面下半段割煤至工作面下端头,其间从工作面中部向上端头依次推移上半段输送机;③ 采煤机转向,调换滚筒位置,上行清理下半段浮煤至工作面中部;④ 沿工作面中部弯曲段进刀并进行工作面上半段割煤至工作面上端头,其间从工作面中部向下端头依次推移下半段输送机进入下一循环。该作业方式除具有单向割煤端部斜切进刀的特点外,由于其进刀过程在工作面中部进行,工作面端头空顶面积小,端头工序得到简化,采煤机端头停机等待时间短,有利于工作面端头的维护和管理,可缩小工作面上下平巷尺寸,有利于平巷的维护。但是由于工作面始终不是一条直线,不利于工作面工程质量的管理。

工作面端头斜切进刀双向割煤方式,其工艺流程为:① 采煤机割煤至端头后调换滚筒位置,前滚筒下降,后滚筒上升,反向沿输送机弯曲段割入煤壁,直至完全进入直线段;② 采煤机停止运行,等工作面进刀段推移输送机及端头作业完毕,调换滚筒位置,反向割三角煤至端头;③ 调换滚筒位置,清理进刀浮煤,并割煤至工作面另一端,进入下一循环。采煤机往返一次进两刀,采煤机运行效率高。其主要优点与工作面单向割煤端部斜切进刀和单向割煤中部斜切进刀方式相反。上述采煤机工作方式在技术上各有特点,选择采煤机工作方式与综采工作面长度、采高、上下平巷尺寸、煤层倾角、硬度、瓦斯条件、顶底板条件、工作面设备的配套等有关,应根据条件灵活运用。目前我国综采双滚筒采煤机工作方式大多数为双向割煤作业方式。随着采煤机割煤和空行速度的增大,采用单向割煤工作方式的工作面逐渐增加。

9105 综放工作面长 340 m,工作面管理与维护困难,同时由于煤层厚度较大,放煤时间较长,为实现采放平行作业,利于管理,采煤机单向割煤,往返一次割一刀煤,下行割煤。

9.3.3 合理的进刀和端头作业方式

斜切进刀方式是目前综放工作面常用的采煤机进刀方式。斜切进刀又可以分为工作面端部斜切进刀和中部斜切进刀。端部斜切进刀根据顶、底板条件和循环作业方式又有留三角煤端部斜切进刀和不留三角煤端部斜切进刀两种。

三种采煤机斜切进刀方式在技术上各具其优缺点和使用条件:

① 不留三角煤端部斜切进刀方式:采煤机转向割三角煤必须等工作面输送机机头(机尾)前移处理完毕才进行,因而采煤机进刀过程停机等待时间长,但是能实现工作面的双向采煤,是我国最常用的进刀方式。

② 留三角煤端部斜切进刀方式:采煤机在工作面端头只需转向一次,端头移机头(机尾)工序与采煤机反向清理浮煤工序平行作业,采煤机端头等待时间少,但采煤机只能进行单向采煤。

③ 工作面中部斜切进刀方式:采煤机进刀在工作面中部进行,人为将工作面分为两段,有利于工作面端头管理和工作面上下平巷的维护和管理,但采煤机往返一次只能进一刀,适用于工作面长度较短、上下平巷尺寸小、端头维护困难、工作面采用单向割煤循环作业方式的综采工作面。

9105 工作面采煤机单向割煤,为了减少采煤机端头等待时间,采煤机的进刀方式采用端部斜切进刀留三角煤。

9.3.4 回采工序与设备配套的协调性研究

分析各作业工序与配套设备的协调性,以期回采工序与设备配套的协调一致,以便形成超长综放开采设备配套与开采工艺的关键技术体系。

9.3.4.1 割煤高度实测结果分析

工作面采高沿面长方向的分布如图 9-3 所示。在统计的样本中,沿工作面面长方向 150# 支架处平均采高最小,为 3.17 m;80#、160#、170# 支架处平均采高最大,为 3.32 m;从整体来看,工作面中下部采高较大,上部采高较小。

表 9-4 为工作面采高实测值,采高频率分布如图 9-4 所示。在 210 个采高样本中,工作面采高整体分布趋势为正态分布,采高主要集中在 3.2～3.5 m 之间,平均采高 3.32 m。

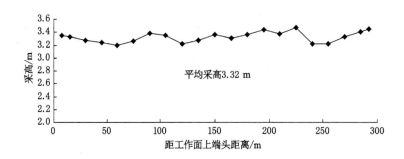

图 9-3　工作面采高沿面长方向的分布

在开采过程中,支架能够保持顶煤完整性,只是在周期来压期间煤壁出现小面积的片帮,但不影响工作面的正常推进,说明目前工作面的采高是合适的。

表 9-4　工作面采高实测值(2018 年)

班次 架号	7月 16日 中班	7月 18日 中班	7月 18日 中班	7月 18日 夜班	7月 19日 中班	7月 19日 夜班	7月 20日 中班	7月 20日 夜班	7月 20日 夜班	7月 21日 夜班	平均值 /m
5#	3.31	3.50	3.43	3.39	3.40	3.30	3.20	3.40	3.21	3.35	3.35
10#	3.20	3.52	3.50	3.44	3.39	3.36	3.18	3.43	3.18	3.08	3.33
20#	3.30	3.40	3.30	3.08	3.41	3.15	3.29	3.39	3.29	3.09	3.27
30#	3.24	3.27	3.30	3.07	3.20	3.33	3.30	3.15	3.27	3.28	3.24
40#	3.19	3.17	3.08	3.15	3.20	3.25	3.30	3.16	3.22	3.27	3.20
50#	3.31	3.34	3.21	3.25	3.31	3.22	3.30	3.17	3.22	3.29	3.26
60#	3.37	3.52	3.43	3.35	3.47	3.37	3.34	3.15	3.32	3.46	3.38
70#	3.34	3.48	3.53	3.24	3.43	2.98	3.34	3.38	3.40	3.33	3.34
80#	3.47	3.10	3.15	2.94	3.44	3.03	3.24	3.34	3.24	3.24	3.22
90#	3.21	3.23	3.26	3.11	3.24	3.10	3.30	3.37	3.42	3.43	3.27
100#	3.24	3.17	3.25	3.09	3.50	3.38	3.56	3.49	3.50	3.38	3.36
110#	3.50	3.07	3.18	2.92	3.37	3.24	3.47	3.43	3.46	3.39	3.30
120#	3.19	3.19	3.25	3.35	3.50	3.38	3.48	3.30	3.48	3.41	3.35
130#	3.44	3.48	3.45	3.40	3.57	3.31	3.47	3.43	3.44	3.40	3.44
140#	3.33	3.37	3.33	3.17	3.45	3.10	3.45	3.47	3.65	3.42	3.37
150#	3.47	3.38	3.40	3.37	3.56	3.50	3.55	3.47	3.56	3.44	3.47
160#	3.22	3.21	3.26	3.01	3.17	2.99	3.27	3.47	3.30	3.28	3.22
170#	3.67	3.10	3.13	2.92	3.28	2.94	3.25	3.30	3.21	3.37	3.22
180#	3.42	3.27	3.38	3.16	3.30	3.20	3.36	3.33	3.27	3.51	3.32
190#	3.12	3.33	3.42	3.15	3.35	3.49	3.54	3.50	3.57	3.58	3.40
195#	3.39	3.30	3.45	3.09	3.37	3.47	3.55	3.67	3.59	3.54	3.44
总平均值											3.32

9.3.4.2　采煤机开机率实测结果分析

(1) 采煤机的割煤工序

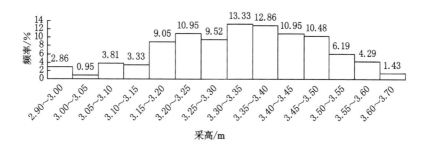

图 9-4　工作面采高频率分布

王庄煤矿 9105 工作面选用 MG400/930-WD 型采煤机,进刀方式为留三角煤端部斜切进刀,单向割煤,其工序如图 9-5 所示。

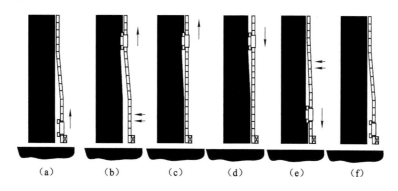

图 9-5　采煤机割煤工序图

其工序如下:采煤机初始位置如图 9-5(a)所示,采煤机向上端头推进滚筒斜切割入煤壁,完成进刀时如图 9-5(b)所示。采煤机完成进刀后,将弯曲段的溜子推直[图 9-5(c)],采煤机继续向上推进[图 9-5(d)],采煤机割到上端头往回返空刀,滞后采煤机推溜[图 9-5(e)],割完三角煤后,完成一个采煤循环采煤机回到初始位置[图 9-5(f)]。

(2)观测结果

采煤机开机情况的实测结果见表 9-5。在 2018 年 7 月 16 日至 7 月 22 日期间,对 9105 综放工作面每天的中班和夜班进行跟全班观测,通过对 21 个循环中采煤机的运行情况的观测,得出采煤机各种工序中的运行速度如图 9-6 至图 9-9 所示,运行时间如图 9-10 至图 9-13 所示,采煤机循环割煤时间如图 9-14 所示。

实测采煤机斜切进刀的速度最大值为 8.50 m/min,最小值为 5.00 m/min,平均值为 6.50 m/min;正常割煤速度最大值为 7.3 m/min,最小值为 4.25 m/min,平均值为 5.82 m/min;返空刀速度最大值为 22.88 m/min,最小值为 11.13 m/min,平均值为 15.52 m/min;割三角煤速度最大值为 9.00 m/min,最小值为 4.25 m/min,平均值为 5.6 m/min。

采煤机下端头进刀所需要的总时间(包括端头处理时间和清浮煤时间)平均为 13 min,采煤机上端头割煤所需的总时间(包括端头处理时间、清煤割底时间和清理浮煤时间)平均为 15 min;上端头的处理时间较长,原因是上端头支护需要人工用单体支柱支护顶板。影响上端头停机等待的主要因素有端头工人挂网、清理浮煤、推溜等。

表9-5 实测采煤机工况

班次	支架	循环	端头割三角煤时间/min	端头处理时间/min	端头割底煤时间/min	端头清理浮煤时间/min	斜切进刀时间/min	正常割煤时间/min	割煤故障时间/min	割煤故障原因	端头割底煤时间/min	端头清浮煤时间/min	端头处理时间/min	跑空刀时间/min	跑空刀故障时间/min	跑空刀故障原因	循环开机时间/min	循环故障时间/min	每班开机时间/min	每班总时间/min
7月16日中班	82-202-1-82	第1个	5	17	1	3	5	46	51	停电、片帮	1	4		33	3		98	71		480
	82-202-1-82	第2个	4		2	4	4	57	12	停溜、停电	1	3	2	18			93	14	275	480
	82-202-1-83	第3个	4		1	3	4	52	10		1	3		16	2	停电	84	10		480
7月18日中班	10-202-10	第4个	3		4	2	4	52	27	片帮、停电、停溜	2	8		24	2	停溜	99	29		480
	10-202-10	第5个	3		2	4	2	42	10	闭锁、停溜	2	3	2	20	25		78	37	250	480
	10-202-10	第6个	3		1	2	3	41	0		1	3	101	19		胶带停	73	101		480
7月18日夜班	10-202-10	第7个	3		2	4	3	66	74	胶带停	2	4	2	16	35		100	111	100	480
7月19日中班	184-10-202-185	第8个	6	24	1	3	3	49	17	闭锁、停溜	1	6	5	15			84	46		480
	184-10-202-185	第9个	5	19	1	2	4	55	5	停前溜	1	3		12			83	24		480
	184-10-202-185	第10个	6		1	3	5	51	27	停溜、停电	1	6		12			85	27	306	480
	187-26	第11个			0	0	0	54	15	停溜、闭锁	0	0					54	15		480
7月19日夜班	10-202-10	第12个	6		2	5	6	59	80	停溜、胶带停、停电	1	6	2	24	6	停溜	109	88	109	480
7月20日中班	136-10-202-135	第13个	8		1	8	6	42	117	溜煤眼堵塞	1	3		16	5		85	122		480
	136-10-202-135	第14个	7		1	5	5	39	50	煤仓满	1	3		16	1		77	51	235	480
	136-10-202-135	第15个	7		1	4	4	37	6	胶带停、停溜	1	3	10	16			73	6		480
7月20日夜班	75-10-202-74	第16个	8		1	3	9	38	136	溜煤眼堵塞	1	6		17	20		83	156		480
	75-10-202-74	第17个	7		1	5	5	47	16	煤仓满	1	3		18	6		87	22	198	480
	75-10-202-74	第18个						28	19	胶带停			12				28	19		480
7月21日夜班	10-202-10	第19个	7		1	6	9	38	73	停溜、煤仓满	1	5		19	28	停溜	86	101		480
	10-202-10	第20个	7		1	3	6	47	34	煤仓满、停溜	1	4	2	18	3		87	37	206	480
	10-202-10	第21个	7		1	3	5	17	44	闭锁、煤仓满							33	44		480

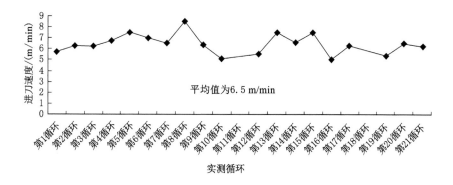

图 9-6　采煤机斜切进刀速度

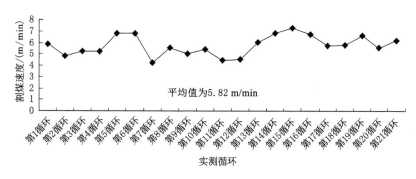

图 9-7　采煤机正常割煤速度

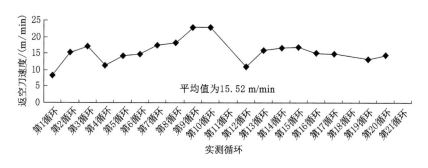

图 9-8　采煤机返空刀速度

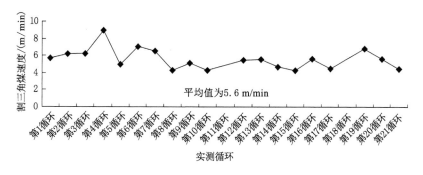

图 9-9　采煤机割三角煤速度

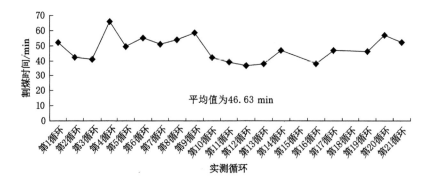

图 9-10　采煤机正常割煤时间

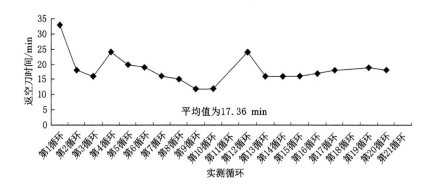

图 9-11　采煤机返空刀时间

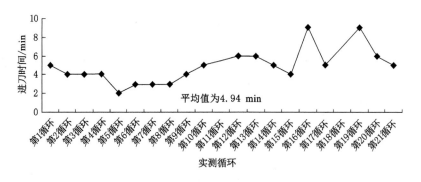

图 9-12　采煤机斜切进刀时间

采煤机完成一个割煤循环所需要的时间最长为 239 min,最短为 79 min,平均为 145.4 min。

表 9-6 为根据实测的采煤机工况计算出的采煤机工作参数。对各个生产班内采煤机的开机率实测分析表明:开机率最大值为 63.75%,最小值为 20.83%,平均值为 43.72%。影响采煤机开机率的主要因素有采煤机顶电、前部刮板输送机的稳定性差、主胶带过载、煤仓满、溜煤眼堵塞、端头支护等。

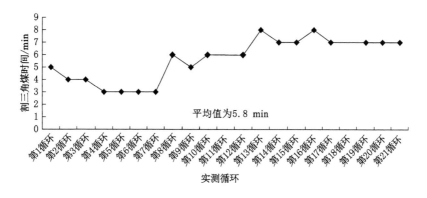

图 9-13 采煤机割三角煤时间

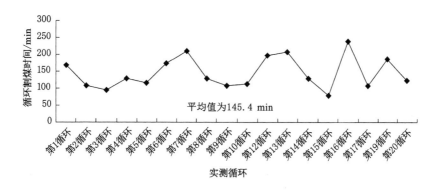

图 9-14 采煤机循环割煤时间

9.3.4.3 支架移架工序实测结果分析

(1) 移架工序

工作面移架采取分组移架及时支护顶板方式,移架滞后采煤机后滚筒 4～6 架进行。特殊情况时,例如基本顶来压、顶板破碎、片帮冒顶,应追机移架,支架滞后前滚筒 1～2 架,必要时停机移架,移架步距为 0.8 m。

(2) 实测结果

移架速度观测收集了两种数据:连续(组内)移架单架移架时间(包括支架工换位时间)和单架移架时间(不包括支架工换位时间)。为了减小误差,一般连续记录至少 10 个支架以上,表 9-7 为实测支架移架时间。

由实测数据分析可知:单个支架降、移、升各阶段时间分别为 5.1 s、5.0 s、5.1 s,移架各个阶段时间差不多。单架移架时间最短为 6 s,最长为 75 s(移架时漏矸较严重,顶煤比较破碎),平均为 15.2 s。

连续移架时平均每架用时 27.7 s(包括支架工换位时间),支架工换位时间平均为 12.5 s。

连续移架时,按 27.7 s/架计算,折合移架速度为 2.17 m/min,2 个支架工同时移架,每个循环移架时间＝工作面支架数×连续移架单架平均移架时间/移架工人数＝202×27.7/2 s＝2 796 s＝46.6 min。

表9-6 实测采煤机工作参数

班次	支架	循环	斜切进刀时间/min	割三角煤时间/min	正常割煤时间/min	正常割煤距离/m	正常割煤速度/(m/min)	返空刀时间/min	返空刀距离/m	返空刀速度/(m/min)	循环开机总时间/min	循环故障总时间/min	循环总时间/min	班内开机率/%
7月16日中班	82-202-1-82	第1个	5	5	46	272	5.90	33	272	8.23	98	71	169	
	82-202-1-82	第2个	4	4	57	275	4.82	18	275	15.28	93	14	107	57.29
	82-202-1-83	第3个	4	4	52	275	5.29	16	275	17.19	84	10	94	
7月18日中班	10-202-10	第4个	4	3	52	273	5.25	24	273	11.38	99	29	128	
	10-202-10	第5个	2	3	42	285	6.79	20	285	14.25	78	37	115	52.08
	10-202-10	第6个	3	3	41	279	6.80	19	279	14.68	73	101	174	
7月18日夜班	10-202-10	第7个	3	3	66	281	4.25	16	281	17.53	100	111	211	20.83
7月19日中班	184-10-202-185	第8个	3	6	49	275	5.60	15	275	18.30	84	46	130	
	184-10-202-185	第9个	4	5	55	275	4.99	12	275	22.88	83	24	107	63.75
	184-10-202-185	第10个	5	6	51	275	5.38	12	275	22.88	85	27	112	
	187-26	第11个			54	242	4.47				54	15	69	
7月19日夜班	10-202-10	第12个	6	6	59	267	4.53	24	267	11.13	109	88	197	22.71
7月20日中班	136-10-202-135	第13个	6	8	42	255	6.07	16	255	15.94	85	122	207	
	136-10-202-135	第14个	5	7	39	267	6.85	16	267	16.69	77	51	128	48.96
	136-10-202-135	第15个	4	7	37	270	7.30	16	270	16.88	73	6	79	
7月20日夜班	75-10-202-74	第16个	9	8	38	255	6.71	17	255	15.00	83	156	239	
	75-10-202-74	第17个	5	7	47	269	5.71	18	269	14.92	87	22	109	41.25
	75-10-202-74	第18个									28	19	47	
7月21日夜班	10-202-10	第19个	9	7	38	252	6.63	19	252	13.26	86	101	187	
	10-202-10	第20个	6	7	47	261	5.55	18	261	14.50	87	37	124	42.92
	10-202-10	第21个	5	7							33	44	77	
平均值			4.84	5.58	48	268.58	5.73	18.28	270.06	15.61	79.95	53.86	133.81	43.72
最大值			9	8	66		7.30	33		22.88		122	239	63.75
最小值			2	3	37		4.25	12		11.13		6	47	20.83

表 9-7   单架移架时间观测结果

组内平均单架移架时间/s	单架平均移架时间/s	移架各阶段平均时间/s		
		降	移	升
27.7	15.2	5.1	5.0	5.1

9.3.4.4   各回采工序与设备协调性分析

根据前面的实测分析,9105 超长综放工作面各工序循环所需时间见表 9-8。

表 9-8   实测各工序循环时间

工序	平均循环时间/min
割煤	145.4
移架	23.3
放煤	113.8

移架滞后采煤机后滚筒 4～6 架,按 6 架计算,采煤机正常割煤速度取平均值 5.82 m/min,则移架滞后割煤的时间为 $6 \times 1.5/5.82$ min$=1.55$ min。

放煤滞后移架 15 m(10 个支架),连续移架单架平均移架时间为 27.7 s,则放煤滞后移架的时间为 10×27.7 s$=277$ s$=4.62$ min。

放煤滞后割煤的时间为 $1.55+4.62$ min$=6.17$ min,放煤滞后割煤时间与完成一个放煤循环时间之和为 $113.8+6.17$ min$=119.97$ min,而采煤机完成一个割煤循环所需的总时间平均为 145.4 min,从时间上来看,采煤机完成一个割煤循环后顶煤能够完全放出,采煤机不需停机等待放煤,能够实现采放平行作业。

因此,建议 9105 超长综放工作面实施综放开采采取的放煤工艺及要求如下:按一采一放分段双轮顺序放煤:放煤步距 0.8 m,平均分 3 组单口放煤:5#～69# 支架为一组、70#～134# 支架为一组、135#～198# 支架为一组。第一轮放煤时间控制在 40 s 左右,第二轮见矸关窗,放煤滞后移架 15 m 左右。

9.4   井下工作面工业性试验

9.4.1   工作面前期准备

王庄煤矿自 2015 年年底开始对工作面巷道进行掘进,2017 年年初工作面正式形成,并组织设计安装,2017 年 3 月设备安全到位调试,并具备正式回采条件。

9.4.2   工作面回采情况

9105 工作面在 8 月底回采结束,目前工作面回采 900 多万吨。

9.5 超长工作面顶板活动规律

顶板活动是工作面矿压显现的根本原因,其活动规律是工作面顶板管理的基本依据。通过分析 9105 工作面 3 个测区安设在支架上的支架压力采集仪所采集的支架压力,分析工作面上覆岩层的活动与顶板来压规律。

9.5.1 工作面上部支护阻力随工作面推进的循环变化规律

图 9-15 为工作面上部支护阻力随工作面推进的循环变化规律,其分析结果见表 9-9。上部基本顶压力显现具有明显的周期性,来压步距最大值为 35.2 m,最小值为 8 m,平均值为 18.18 m。工作面上部平均动载系数为 1.65。来压期间支架最大工作阻力为 7 578.125 kN,平均值为 5 061.15 kN,分别占额定工作阻力的 108.3% 和 72.3%,来压期间支架支护能力得到了较大的发挥,但富余量较小。

9.5.2 工作面中部支护阻力随工作面推进的循环变化规律

工作面中部来压特征见表 9-10。图 9-16 为工作面中部支护阻力随工作面推进循环变化规律。来压期间支架最大工作阻力为 7 805.1 kN,平均值为 6 463.4 kN,分别占额定工作阻力的 111.5% 和 92.3%。中部来压步距最大值为 24.8 m,最小值为 8 m,平均值为 16.62 m。工作面中部平均动压系数为 1.63。

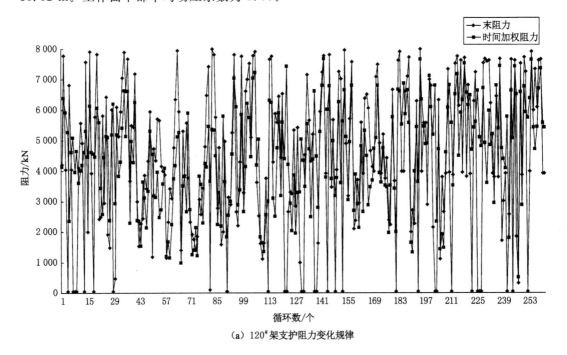

(a) 120#架支护阻力变化规律

图 9-15 工作面上部支护阻力随工作面推进循环变化规律

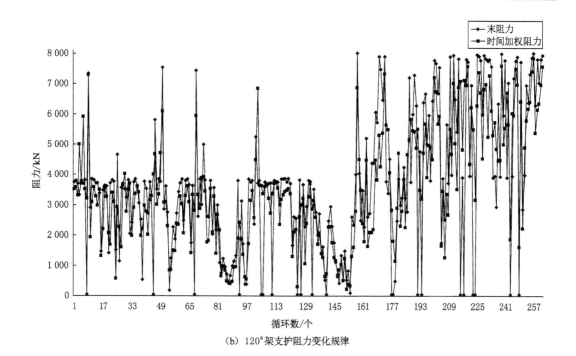

（b）120#架支护阻力变化规律

图 9-15（续）

表 9-9 上部（运顺侧）顶板来压特征

来压性质	来压步距 /m	影响范围 /m	工作阻力				动载系数		
			非来压期间		来压期间		按 P_m	按 P_t	平均值
			P_m/kN	P_t/kN	P_m/kN	P_t/kN			
周期来压 1	17.6	8	2 970.9	2 486.2	3 663.2	3 869.1	1.23	1.56	1.39
周期来压 2	16	4	2 786.5	2 959.4	3 572.9	3 112.2	1.28	1.05	1.17
周期来压 3	18.4	5.6	2 584.6	2 355.8	4 427.1	4 006.9	1.71	1.70	1.71
周期来压 4	23.2	8.8	1 332.5	1 176.3	3 674.2	3 268.5	2.76	2.78	2.77
周期来压 5	12	5.6	2 350.3	3 412.7	3 794.6	3 702.5	1.61	1.08	1.35
周期来压 6	35.2	7.2	1 808.0	1 669.0	3 718.2	3 335.1	2.06	2.00	2.03
周期来压 7	8	2.4	3 307.3	2 565.8	5 355.9	4 720.8	1.62	1.84	1.73
周期来压 8	16	8	2 698.3	3 419.3	6 555.1	4 681.0	2.43	1.37	1.90
周期来压 9	10.4	4	4 088.5	4 547.0	6 104.2	5 346.9	1.49	1.18	1.33
周期来压 10	20.8	4	4 553.6	4 958.5	7 229.2	6 003.8	1.59	1.21	1.40
周期来压 11	22.4	6.4	5 110.7	5 229.6	7 578.1	6 381.0	1.48	1.22	1.35
平均值	18.18	5.82	3 053.7	3 161.8	5 061.2	4 402.5	1.75	1.54	1.65

表 9-10　中部顶板来压特征

来压性质	来压步距 /m	影响范围 /m	工作阻力				动载系数		
			非来压期间		来压期间		按 P_m	按 P_t	平均值
			P_m/kN	P_t/kN	P_m/kN	P_t/kN			
周期来压 1	18.4	7.2	2 833.0	3 683.0	6 373.7	5 696.5	2.25	1.55	1.90
周期来压 2	8	3.2	2 938.4	4 106.0	4 837.2	5 033.6	1.65	1.23	1.44
周期来压 3	28	1.6	2 997.2	3 234.7	7 278.6	3 819.2	2.43	1.18	1.80
周期来压 4	20	1.6	2 580.4	2 344.9	6 250.0	4 428.6	2.42	1.89	2.16
周期来压 5	12.8	4.8	3 640.6	3 816.6	6 940.1	5 893.6	1.91	1.54	1.73
周期来压 6	13.6	3.2	3 421.5	3 163.1	6 686.2	5 055.0	1.95	1.60	1.78
周期来压 7	18.4	7.2	2 784.6	2 730.0	5 564.2	5 131.5	2.00	1.88	1.94
周期来压 8	11.2	4	3 469.3	2 960.7	5 859.4	5 019.7	1.69	1.70	1.69
周期来压 9	8.8	4	4 544.3	3 418.1	6 145.8	4 662.1	1.35	1.36	1.36
周期来压 10	17.6	4	3 828.1	3 636.6	6 447.9	5 562.5	1.68	1.53	1.61
周期来压 11	24.8	3.2	5 219.9	5 205.0	6 634.1	5 524.9	1.27	1.06	1.17
周期来压 12	22.4	7.2	5 238.5	5 103.4	7 202.0	6 006.5	1.37	1.18	1.28
周期来压 13	12	5.6	5 765.0	5 078.1	7 805.1	7 245.9	1.35	1.43	1.39
平均值	16.62	4.37	3 789.3	3 729.2	6 463.4	5 313.8	1.79	1.47	1.63

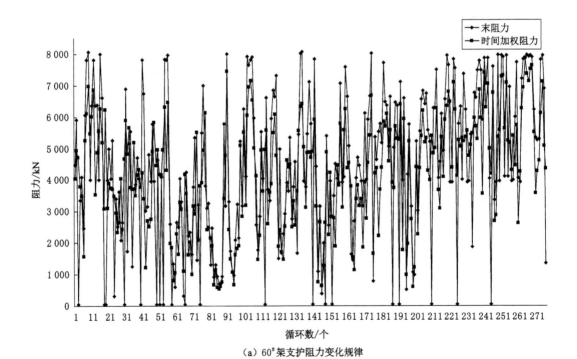

（a）60#架支护阻力变化规律

图 9-16　工作面中部支护阻力随工作面推进循环变化规律

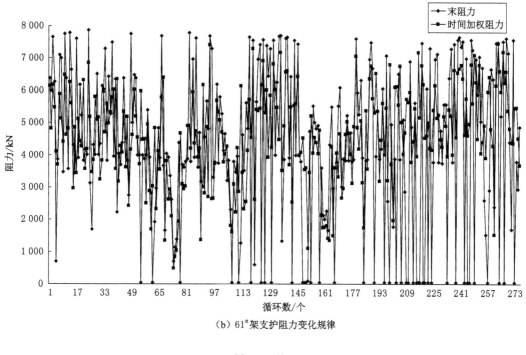

（b）61#架支护阻力变化规律

图 9-16（续）

9.5.3 工作面下部支护阻力随工作面推进的循环变化规律

图 9-17 为工作面下部支护阻力随工作面推进的循环变化规律。下部来压特征见表 9-11。来压期间支架最大工作阻力为 6 996.5 kN，平均值为 5 158.9 kN，分别占额定工作阻力的 99.94% 和 73.98%。下部来压步距最大值为 28.8 m，最小值为 8 m，平均值为 18.13 m。工作面下部平均动压系数为 1.66。

9.5.4 超长综放工作面顶板来压特点

从前面的分析可以看出：9105 工作面上部、中部和下部三个部位统计所得的来压步距最大值不同，但平均来压步距相近，可判断工作面的周期来压步距为 17 m 左右。工作面三个部位统计所得动载系数相近，平均值为 1.65。

统计结果表明：9105 工作面非来压期间支架工作阻力偏低，需通过加强支护操作管理，提高支架初撑力等使工作面顶板支护质量进一步提高，为工作面的生产提供更有利的安全保障。

9.5.5 工作面面长方向的压力分布

受煤层倾角、开采边界条件、回采工艺、煤岩赋存条件及支护质量等因素的影响，工作面沿面长方向的压力有所不同。实测得到工作面来压期间和非来压期间沿面长方向的压力分布如图 9-18 所示。

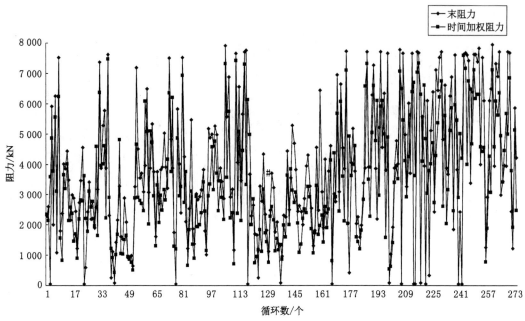

（a）10#架支护阻力变化规律

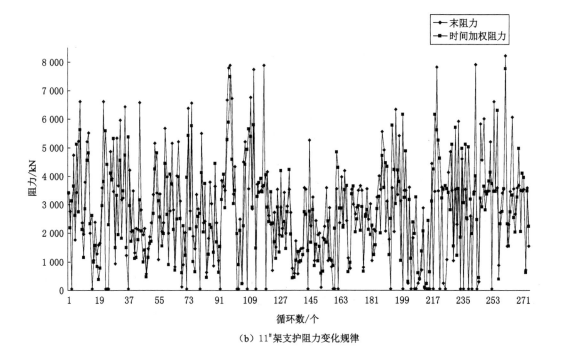

（b）11#架支护阻力变化规律

图 9-17　工作面下部支护阻力随工作面推进循环变化规律

表 9-11 下部顶板来压特征

来压性质	来压步距 /m	影响范围 /m	工作阻力				动载系数		
			非来压期间		来压期间		按 P_m	按 P_t	平均值
			P_m/kN	P_t/kN	P_m/kN	P_t/kN			
周期来压 1	22.4	4	2 650.6	2 455.4	4 218.8	4 666.2	1.59	1.90	1.75
周期来压 2	17.6	4.8	1 595.1	1 512.9	5 638.0	4 771.4	3.53	3.15	3.34
周期来压 3	15.2	5.6	3 665.4	3 088.1	4 639.1	3 809.1	1.27	1.23	1.25
周期来压 4	26.4	7.2	3 373.5	2 672.8	4 195.6	4 092.6	1.24	1.53	1.39
周期来压 5	28.8	10.4	2 096.9	1 984.1	5 422.7	4 158.9	2.59	2.10	2.34
周期来压 6	15.2	4	2 886.9	2 180.9	4 088.5	3 074.0	1.42	1.41	1.41
周期来压 7	8	5.6	1 944.4	2 700.6	3 768.6	2 405.1	1.94	0.89	1.41
周期来压 8	13.6	4.8	2 781.7	3 152.5	5 468.8	4 503.7	1.97	1.43	1.70
周期来压 9	15.2	4	4 071.8	3 625.1	5 812.5	4 950.2	1.43	1.37	1.40
周期来压 10	16.8	4.8	3 788.2	5 120.7	4 956.6	5 045.0	1.31	0.99	1.15
周期来压 11	13.6	4.8	4 010.4	4 522.2	6 701.4	5 136.7	1.67	1.14	1.40
周期来压 12	24.8	7.2	5 073.4	4 404.1	6 996.5	6 104.3	1.38	1.39	1.38
平均值	18.13	5.60	3 161.5	3 118.3	5 158.9	4 393.1	1.78	1.54	1.66

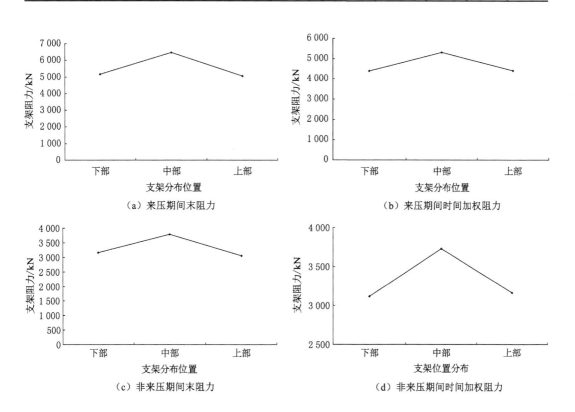

（a）来压期间末阻力　　　　　　　（b）来压期间时间加权阻力

（c）非来压期间末阻力　　　　　　　（d）非来压期间时间加权阻力

图 9-18 顶板压力沿工作面面长方向分布情况

经分析,来压期间和非来压期间工作面顶板压力沿工作面方向都呈现两端压力低而中部压力相对较高的现象,如来压期间,中部末阻力分别是上、下两端末阻力的1.28倍和1.27倍。两端头相比,下部比上部压力略大。由此可知:工作面顶板管理的重点是切实加强对中部顶板的控制,防止片帮和冒顶的发生,保证工作面小结构的稳定。

由以上分析可知 ZF8000/20/38 型支架工作阻力是可以满足要求的。工作面初撑力普遍较低,这样难以对顶板形成有效的支护,不利于顶板下沉、顶板离层和煤壁片帮,所以应适当采取措施提高初撑力。

9.6 瓦斯抽采试验与效果分析

根据本课题组对瓦斯抽采参数的研究,同时结合 9105 工作面的实际布置情况,设计确定采用本煤层瓦斯预抽与边采边抽、高抽巷道抽放采空区及上隅角瓦斯、埋管法抽采已封闭采空区瓦斯等综合措施来治理工作面瓦斯。

(1)工作面采前预抽

工作面采前预抽采用本煤层顺层钻孔抽采,具体抽采钻孔布置情况如图 9-19 所示。

工作面沿回风巷道和运输巷道向工作面煤壁施工双层钻孔,上层钻孔垂直于煤壁布置,钻孔开口距巷道底板 1.8 m;下层钻孔与巷道成 60°夹角布置,钻孔开口距巷道底板 1.6 m。上、下层钻孔呈三花布置,钻孔平均间距为 3.0 m。具体钻孔布置参数见表 9-12。

(2)采空区及上隅角瓦斯抽采

为解决采空区瓦斯涌出量较大及上隅角瓦斯容易积聚等问题,设计 9105 工作面靠近回风顺槽一侧施工顶板高抽巷道,高抽巷道布置在距煤层顶板 11 m 左右的泥岩中,与工作面回风顺槽水平投影距离 19 m。

由于王庄煤矿在之前的生产过程中从未采用高抽巷道治理采空区及上隅角瓦斯的方法,在生产过程中可根据煤层的赋存情况及实际抽采效果对高抽巷道的布置进行适当调整。

(3)钻孔装备及封孔工艺

矿井配备 ZDY3200S 型煤矿用全液压坑道钻机 5 台,钻杆选用直径 73 mm 的外平钻杆,钻头选用金刚石复合片三翼钻头,直径为 113 mm。

为保证封孔质量,建议采用高压囊袋式注浆封孔,一方面能使钻孔周围的裂隙得到充填,消除开孔时形成的漏气通道(裂隙),即消除初期漏气通道;另一方面能使钻孔得到可靠支护,保证钻孔稳定,使钻孔周围不再产生新的漏气通道(裂隙),避免后期漏气通道的产生和发展。

(4)工作面瓦斯抽采能力评估

根据《王庄煤矿＋540 m 水平延深矿井瓦斯抽采工程初步设计优化研究》,9105 工作面预抽时间为 8 个月,根据矿井采掘衔接计划,＋540 m 水平 81 采区采煤工作面接替顺序为:8103 工作面→8106 工作面→9105 工作面,8103 工作面计划于 2015 年 7 月进行开采,8103、8106 工作面预计开采时间均为 8 个月左右。9105 工作面掘进工作预计 10 个月左右时,矿方应合理安排各个工作面的抽、掘、采衔接工作,保证工作面预抽时间。

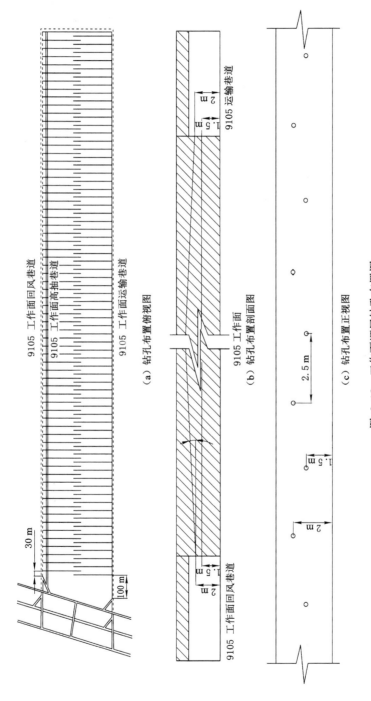

（a）钻孔布置俯视图

（b）钻孔布置剖面图

（c）钻孔布置正视图

图 9-19 工作面顺层钻孔布置图

表 9-12　工作面回风巷道和运输巷道预抽钻孔参数

钻孔	开孔高度/m	钻孔间距/m	与顺槽平面夹角/(°)	钻孔长度/m	钻孔倾角/(°)	钻孔直径/mm
上排钻孔	1.8	6.0	90	185	煤层倾角+2	113
下排钻孔	1.6	6.0	60	185	煤层倾角+1	113

工作面预抽阶段平均瓦斯抽放量约为 12.0 m³/min,则经过 8 个月的预抽,9105 工作面瓦斯预抽量约为 432.0 万 m³,工作面设计可采储量 841 万 t,9105 工作面煤层可解吸瓦斯量为 3.63 m³/t,预抽后可解吸瓦斯含量为 3.13 m³/t,满足《煤矿瓦斯抽采达标暂行规定》要求——瓦斯涌出量主要源于本煤层的工作面,工作面日产量为 8 001~10 000 t 时,工作面前方 20 m 以上范围内煤层可解吸瓦斯含量 $W_j \leqslant 4.5$ m³/t。

(5) 工作面抽采系统接入矿井瓦斯抽采系统情况

根据《王庄煤矿+540 m 水平延深矿井瓦斯抽采工程初步设计优化研究》,王庄煤矿在+540 m 水平回风井工业场地建设地面瓦斯抽采泵站,抽采泵站内安装 2BEC67 型、2BEC60 型水环式真空泵各 2 台,分高、低负压 2 套系统对井下瓦斯进行抽采,王庄煤矿地面瓦斯抽采泵站已经建成投运。

(6) 用于治理瓦斯的工作面巷道布置选择

9105 工作面采用一进一回的 U 形通风方式,同时在工作面顶板靠近回风巷道侧布置高抽巷道,这种工作面巷道布置方式有利于采空区瓦斯的排放,有效防止工作面上隅角瓦斯的积聚。

(7) 保证工作面抽采达标措施

① 矿方应制定长期的采、掘、抽衔接规划图表,严格按照衔接图表进行采、掘、抽作业,保证工作面预抽时间。

② 保证瓦斯抽采钻孔施工质量和封孔质量,提高成孔率,保证瓦斯抽采效果。

③ 加强抽采管路中瓦斯流量和瓦斯浓度监测,如发现抽采管路中的瓦斯流量和瓦斯浓度等有异常情况,应立即查明原因并解决。

④ 加强瓦斯抽采系统的监控管理,及时排除抽采系统中各个环节的故障与隐患,保证瓦斯抽采系统连续、正常运转。

(8) 9105 工作面主要瓦斯防治措施

① 及时封堵处理采煤工作面的进风隅角,减少向采空区的漏风。采煤工作面隅角不能及时冒落的,必须及时处理。隅角金属棚在进入采空区前必须完成回收或退锚工作,进行回棚或退锚时必须经瓦斯员瓦斯检查。

② 回采过程中尽可能减少采空区浮煤,以降低回风隅角处的瓦斯涌出。

③ 后溜机尾链轮处应进行喷雾洒水,防止高温火花。

④ 回风隅角的瓦斯传感器必须安设在高浓度瓦斯部位,距帮大于 200 mm,距顶小于 300 mm。因移动支架等因素影响瓦斯传感器的可靠性时,在安全员的监督下由瓦斯检测员负责回风隅角瓦斯传感器的悬挂,未经瓦斯检测员的同意,其他人员不得随意更改瓦斯传感器的吊挂位置。

⑤ 严禁使用局部通风机处理回风隅角瓦斯。

⑥ 采煤工作面及采空区内严禁出现大面积空顶现象。采空区顶板不能随采冒落的,必须编制安全技术措施并进行处理,否则工作面不得生产。当采煤工作面内和与工作面相连的采空区瓦斯浓度达到 1.5% 时,必须停产处理,否则以瓦斯超限作业查处。

⑦ 工作面过断层、陷落柱时,应加强对风流瓦斯浓度、煤层瓦斯压力等参数的监测,如有异常情况应及时治理,保证安全。

9.7 工作面瓦斯抽采效果分析

9.7.1 瓦斯压力及含量的变化情况

根据河南理工大学提供的 +540 m 水平瓦斯参数测定报告,在测压钻孔施工完成之后,对抽采钻孔施加 15 kPa 的抽采负压,进行瓦斯抽采试验,分别记录每一天各测压钻孔的瓦斯压力的变化情况,分别取每 10 天 6 个测压点瓦斯压力的值,取 6 个值的平均值绘制出瓦斯压力随时间的变化曲线,如图 9-20 所示。

由图 9-20 可知:对抽采第 90 d 和第 60 d 进行比较,瓦斯压力下降不是特别明显。

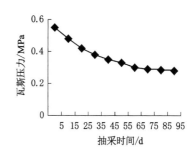

图 9-20 瓦斯压力随抽采时间的变化曲线

工作面瓦斯抽采试验进行到第 60 d 时,瓦斯压力值由初始的 0.55 MPa 下降到 0.29 MPa,煤层瓦斯压力降为煤层初始瓦斯的 52%,符合王庄煤矿瓦斯抽采达标标准所要求的 60% 以下,能够达到预期的抽采效果。

在已知瓦斯压力的情况下,通过式(9-1)可换算出相应的煤层瓦斯压力含量值。

$$X = \frac{abP}{1+bP} \cdot \frac{1}{1+0.31 M_{\mathrm{ad}}} \cdot \frac{100 - A_{\mathrm{ad}} - M_{\mathrm{ad}}}{100} + \frac{10KP}{\rho} \tag{9-1}$$

式中　X——煤层瓦斯含量,m^3/t;

a——吸附常数,试验稳定时的极限吸附量,m^3/t;

b——吸附常数,MPa^{-1};

P——煤层瓦斯压力,MPa;

M_{ad}——水分,%;

A_{ad}——灰分,%;

K——煤的孔隙率,%;

ρ——煤的密度,t/m^3。

经测得王庄煤矿 3# 煤层瓦斯参数见表 9-13。

表 9-13　王庄煤矿 3# 煤层瓦斯参数表

P/MPa	$A/(m^3/t)$	B/MPa^{-1}	$M_{\mathrm{ad}}/\%$	$A_{\mathrm{ad}}/\%$	$K/\%$	$\gamma/(m^3/t)$	$X/(m^3/t)$
0.29	29.15	1.65	3.32	14.45	4.55	1.65	3.6

经过计算可得:测试孔瓦斯压力由 0.55 MPa 下降到 0.29 MPa,对应的瓦斯含量从 6.63 m³/t 下降到 3.6 m³/t,下降幅度为 45.7%。在抽采 60 d 之后煤层中的瓦斯含量降低了 30% 以上,满足抽采要求。

9.7.2 工作面瓦斯抽采纯量试验

分别对 9105 工作面 3# 煤层抽采的瓦斯抽采纯量进行测定,分 2 个阶段:9105 工作面正式回采前和 9105 工作面正式回采后。

(1) 9105 工作面正式回采前

9105 工作面是 2017 年 3 月底正式生产,在这之前对抽采系统每天进行一次读数,读数内容主要为钻孔流量及当时孔内瓦斯浓度,可算出瓦斯抽采纯量。课题组提取其中近 1 年的数据进行分析,9105 工作面瓦斯抽采纯量随时间的变化规律如图 9-21 所示。

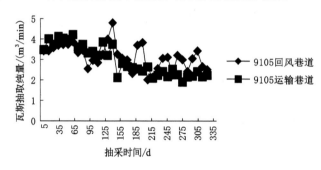

图 9-21　9105 工作面正式回采前瓦斯抽采纯量

工作面正式回采前,煤层瓦斯压力很大,抽出的瓦斯量也比较大。随着煤层中处于游离态的瓦斯不断被抽出,煤层瓦斯含量也随之降低,抽采量逐渐减少,最终趋于稳定。

(2) 9105 工作面正式回采后

由图 9-22 可知 9105 工作面回采后瓦斯抽取纯量将发生明显变化。工作面正式回采前瓦斯纯量大部分在 2 m³/min 以上,而正式回采后,特别是随着工作面推进瓦斯抽采纯量逐渐减少,最后稳定在 1 m³/min 左右。由此可见受采动影响下的抽采效果比较明显。

通过上述工作面回采前、后的对比分析可知 9105 工作面在预期抽采时间内瓦斯抽采取得了很好的效果。

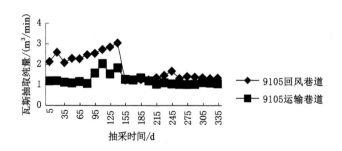

图 9-22　9105 工作面回采后瓦斯抽采纯量

9.8　本章小结

（1）针对低渗透超长工作面的特殊条件，经过计算和分析，提出了 9105 工作面采煤机、液压支架和刮板运输机主要配套设备和相应技术参数。

（2）开展了 9105 工作面运转调试试验。该工作面自 2017 年 4 月正式投产以来已经成功回采 900 多万吨煤。

（3）通过工业性试验验证了工作面矿压显现规律，验证了工作面液压支架工作阻力和初撑力工况合理性，说明该工作面支架选型符合顶板矿压特征。

（4）验证了 9105 工作面放顶煤开采工艺及其劳动组织。

（5）瓦斯抽采试验表明王庄煤矿 3# 煤层抽采效果较好，符合 60 d 抽采效果指标。

（6）对工作面瓦斯纯量分析，发现工作面回采前、后瓦斯纯量发生明显变化：回采前瓦斯纯量均在 2 m³/min 以上，但抽采后瓦斯纯量明显下降，达 1 m³/min 左右。这说明经过回采瓦斯扩散的空间和孔隙增加，同时也表明高抽巷道抽取的瓦斯纯量减少了工作面抽采系统瓦斯纯量，从侧面验证了高抽巷道的合理性。

10 主 要 结 论

本书主要对低渗透高瓦斯浓度煤层主要特征进行分析研究,主要内容包括王庄煤矿地应力场分布规律、超长软煤巷道变形机理及支护技术、超长高瓦斯浓度工作面卸压抽采关键参数确定和抽采技术、超长工作面成套设备及回采工艺等,取得了如下研究成果:

(1) 提出了影响低渗透煤层瓦斯吸附的主要因素。对影响低渗透煤层的主要影响因素,如煤的孔隙结构、裂隙结构、坚固性系数、孔隙率等进行了分析,并分析了王庄煤矿 3# 煤层瓦斯赋存特征,为后续 9105 工作面设计提供了基础数据。对影响瓦斯涌出的主要因素进行了研究,如煤的瓦斯压力、瓦斯赋存规律,提出了工作面瓦斯涌出量预测的具体方法,以及王庄煤矿瓦斯涌出的具体参数。

(2) 王庄煤矿煤层埋藏深度均为 500 m 左右,巷道煤层坚固性系数普遍小于 1,属于软煤巷道,其变形特征与软岩类似。根据观测结果,王庄煤矿最大地应力为水平应力,其侧压力系数 $\lambda = 1.5$。巷道属于松软高侧压力作用巷道,极易产生底鼓。

(3) 王庄煤矿 9105 工作面巷道,煤层基本顶与大巷支护形成大小结构,其大结构为工作面回采断裂的基本顶岩块,小结构为巷道支护结构。工作面的端头巷道还受三角区三角板稳定性的影响。研究表明:为保证王庄煤矿端头三角板稳定,其顶煤厚度应保持在 1.3 m 以上。

(4) 提出了 O 形支护理论与技术,并分析了 O 形支护原理。对于厚煤层软煤巷道,确定锚杆合理间排距为 0.8 m×0.8 m。通过锚杆数值模拟比较分析,确定短、密锚杆合理长度为 2.4 m。基于全断面锚杆支护,采取锚索加强支护,通过数值计算进行比较,ϕ18.9 mm×7 300 mm 的锚索能够较好地调动深部围岩强度,使剪应力向巷道深部围岩延伸转移,使得浅部围岩剪应力集中程度明显降低,控制了浅部岩体的稳定性。

(5) 提出了基于高密度电阻率法的动态覆岩变形破坏探测技术,基于反演电阻率变化率的动态探测方法探测精度和分辨率较高,可以实现对覆岩变形破坏的有效划分。并通过相似模拟试验确定冒落带发育高度为 14~18 m,裂隙带发育高度为 45~60 m。同时通过分段仰孔注水试验进一步验证了 9105 工作面钻探确定裂隙带高度为 40~55 m。

(6) 本煤层钻孔瓦斯抽采量随钻孔与工作面距离的变化呈现明显的 4 个阶段特征——原始抽采阶段、超前影响抽采减弱阶段、超前影响抽采增长阶段和抽采衰减阶段。9105 工作面顺层超前抽采范围为工作面前方 23.4~11.2 m 以内区域,应重点利用此区域抽采钻孔。

(7) 通过对比分析王庄煤矿 U 形通风系统和 U 形通风巷道+高抽巷道通风系统,对低渗透高瓦斯浓度矿井采用 U 形通风巷道+高抽巷道通风方法能有效解决瓦斯抽采和上隅角瓦斯集聚问题。对高抽巷道的层位进行了优化分析,提出王庄煤矿 9105 工作面高抽巷道断面设计为 3 m×2.8 m,采用全锚支护,与 9105 工作面回风巷道顶板垂直距离为 15~20

m,水平距离为 12～16 m,分析工作面采空区瓦斯分布规律表明,采用 U 形通风巷道＋高抽巷道可以有效地解决采空区瓦斯集聚问题。

(8)明确了对超长工作面主要三机配套设备选取的原则,确定了 9105 工作面设备选择的具体参数;9105 超长综放工作面采煤机的割煤方式为单向割煤,往返一次割一刀煤,下行割煤;进刀方式为端部留三角煤斜切进刀。在开采过程中支架能保持顶煤完整性,只是在周期来压期间煤壁出现小面积的片帮,但不影响工作面正常推进,工作面的采高是合理的。实测采煤机斜切进刀的速度最大值为 8.50 m/min,最小值为 5.00 m/min,平均值为 6.58 m/min;正常割煤速度最大值为 7.3 m/min,最小值为 4.25 m/min,平均值为 5.82 m/min;返空刀速度最大值为 22.88 m/min,最小值为 11.13 m/min,平均值为 15.79 m/min;割三角煤速度最大值为 9.00 m/min,最小值为 4.25 m/min,平均值为 5.52 m/min。实测采煤机开机率为 43.75%。影响采煤机开机率的主要因素包括采煤机顶电、前部刮板输送机的稳定性差、主胶带过载、煤仓满、溜煤眼堵塞、端头支护等。

(9)王庄煤矿 9105 工作面根据低位裂隙带抽采技术,设计了 U 形通风巷道＋高抽巷道通风系统以及高抽巷道层位关系。现有的抽采系统数据表明在瓦斯压力和抽取的瓦斯纯量、工作面上隅角瓦斯含量等方面都极大提高了 9105 超长工作面的安全环境,因此该 9105 工作面无论是工作面设备配置和设计的瓦斯抽采系统方面,还是放顶煤回采工艺等方面,均表明该研究项目达到了预先目标,因而 9015 工作面的成功实施为王庄煤矿后续超长工作面的安全、高效开采提供借鉴,具有很高的参考价值。

参 考 文 献

[1] 申晋,赵阳升,段康廉.低渗透煤岩体水力压裂的数值模拟[J].煤炭学报,1997,22(6): 580-585.

[2] 张国华,葛新.水力压裂钻孔始裂特点分析[J].辽宁工程技术大学学报,2005,24(6): 789-792.

[3] 杜春志,王东武,邱文艳.煤层气井多井压裂效果的数值分析[J].矿业安全与环保, 2012,39(6):7-10.

[4] 吕有厂.水力压裂技术在高瓦斯低透气性矿井中的应用[J].重庆大学学报,2010,33 (7):102-107.

[5] 林柏泉,刘厅,杨威.基于动态扩散的煤层多场耦合模型建立及应用[J].中国矿业大学 学报,2018,47(1):32-39,112.

[6] 冯彦军,康红普.水力压裂起裂与扩展分析[J].岩石力学与工程学报,2013,32(增 2): 3169-3179.

[7] 宋晨鹏,卢义玉,贾云中,等.煤岩交界面对水力压裂裂缝扩展的影响[J].东北大学学报 (自然科学版),2014,35(9):1340-1345.

[8] 郭启文,韩炜,张文勇,等.煤矿井下水力压裂增透抽采机理及应用研究[J].煤炭科学技 术,2011,39(12):60-64.

[9] 富向.井下点式水力压裂增透技术研究[J].煤炭学报,2011,36(8):1317-1321.

[10] 李全贵,翟成,林柏泉,等.定向水力压裂技术研究与应用[J].西安科技大学学报, 2011,31(6):735-739.

[11] 徐幼平,林柏泉,翟成,等.定向水力压裂裂隙扩展动态特征分析及其应用[J].中国安 全科学学报,2011,21(7):104-110.

[12] 王耀锋,何学秋,王恩元,等.水力化煤层增透技术研究进展及发展趋势[J].煤炭学报, 2014,39(10):1945-1955.

[13] 张明杰,段亚超,杨硕,等.多点控制水力压裂增透快速消突技术研究及应用[J].安全 与环境学报,2015,15(6):39-44.

[14] 赵振保.变频脉冲式煤层注水技术研究[J].采矿与安全工程学报,2008,25(4): 486-489.

[15] 李波,张景松,姚宏章,等.高压脉动水力锤击煤层注水技术研究[J].矿业安全与环保, 2011,38(2):14-16,19.

[16] 林柏泉,李子文,翟成,等.高压脉动水力压裂卸压增透技术及应用[J].采矿与安全工 程学报,2011,28(3):452-455.

[17] 翟成,李贤忠,李全贵.煤层脉动水力压裂卸压增透技术研究与应用[J].煤炭学报,

2011,36(12):1996-2001.

[18] 冯增朝,赵阳升,杨栋,等.割缝与钻孔排放煤层气的大煤样试验研究[J].天然气工业,2005,25(3):127-129.

[19] 王婕,林柏泉,茹阿鹏.割缝排放低透气性煤层瓦斯过程的数值试验[J].煤矿安全,2005,36(8):4-7.

[20] 林柏泉,张其智,沈春明,等.钻孔割缝网络化增透机制及其在底板穿层钻孔瓦斯抽采中的应用[J].煤炭学报,2012,37(9):1425-1430.

[21] 李晓红,卢义玉,赵瑜,等.高压脉冲水射流提高松软煤层透气性的研究[J].煤炭学报,2008,33(12):1386-1390.

[22] 唐建新,贾剑青,胡国忠,等.钻孔中煤体割缝的高压水射流装置设计及试验[J].岩土力学,2007,28(7):1501-1504.

[23] 刘明举,崔凯,刘彦伟,等.深部低透气性煤层水力冲孔措施防突机理分析[J].煤炭科学技术,2012,40(2):45-48.

[24] 王兆丰,范迎春,李世生.水力冲孔技术在松软低透突出煤层中的应用[J].煤炭科学技术,2012,40(2):52-55.

[25] 朱建安,申伟鹏,郭培红.水力冲孔技术三通防喷装置的改进设计[J].煤矿安全,2010(5):22-24.

[26] 魏国营,郭中海,谢伦荣,等.煤巷掘进水力掏槽防治煤与瓦斯突出技术[J].煤炭学报,2007,32(2):172-176.

[27] 刘锡明,周静.水力掏槽防突措施的安全性分析[J].中国矿业,2009,18(3):92-94.

[28] 王耀锋.三维旋转水射流扩孔与压裂增透技术工艺参数研究[J].煤矿安全,2012,43(7):4-7.

[29] 林柏泉.深孔控制卸压爆破及其防突作用机理的实验研究[J].阜新矿业学院学报(自然科学版),1995,14(3):16-21.

[30] 郑福良.含瓦斯煤体爆破裂隙发展规律的探讨[J].煤矿安全,1997(2):23-26.

[31] 石必明,俞启香.低透气性煤层深孔预裂控制松动爆破防突作用分析[J].建井技术,2002,23(5):27-30.

[32] 蔡峰,刘泽功,张朝举,等.高瓦斯低透气性煤层深孔预裂爆破增透数值模拟[J].煤炭学报,2007,32(5):499-503.

[33] 龚敏,黄毅华,王德胜,等.松软煤层深孔预裂爆破力学特性的数值分析[J].岩石力学与工程学报,2008,27(8):1674-1681.

[34] 曹树刚,李勇,刘延保,等.深孔控制预裂爆破对煤体微观结构的影响[J].岩石力学与工程学报,2009,28(4):673-678.

[35] 褚怀保,杨小林,梁为民,等.煤体爆破作用机理模拟试验研究[J].煤炭学,2011,36(9):1451-1456.

[36] 刘文革,题正义,黄文尧.轴对称聚能药管及其聚能效应[J].辽宁工程技术大学学报(自然科学版),2006,25(增刊):126-128.

[37] 郭德勇,吕鹏飞,赵杰超,等.煤岩冲击变形破坏特性及其本构模型[J].煤炭学报,2018,43(8):2233-2242.

[38] 商登莹,吕鹏飞,于学洋,等.低透气性煤层深孔聚能爆破增透技术及实践[J].煤炭科学技术,2012,40(12):48-51.

[39] 穆朝民,王海露,黄文尧,等.高瓦斯低透气性煤体定向聚能爆破增透机制[J].岩土力学,2013,34(9):2496-2500.

[40] 刘健,刘泽功,高魁,等.深孔定向聚能爆破增透机制模拟试验研究及现场应用[J].岩石力学与工程学报,2014,33(12):2490-2496.

[41] 张英华,倪文,尹根成,等.穿层孔水压爆破法提高煤层透气性的研究[J].煤炭学报,2004,29(3):298-302.

[42] 王耀锋,何学秋,王恩元,等.水力化煤层增透技术研究进展及发展趋势[J].煤炭学报,2014,39(10):1945-1955.

[43] 周超,李飞,刘非非,等.水压爆破防突机理分析及工程应用[J].煤矿安全,2011,42(11):8-11.

[44] 蒲文龙,毕业武.低透气性煤层深孔聚能水压爆破增透瓦斯抽采技术[J].煤炭科学技术,2014,42(5):37-40.

[45] 赵文豪,孙彪,潘旭,等.预置导向缝定向水压爆破增透技术[J].煤矿安全,2015,46(10):73-76.

[46] 夏彬伟,刘承伟,卢义玉,等.缝槽水压爆破导向裂缝扩展实验研究[J].煤炭学报,2016,41(2):432-438.

[47] 蔡永乐,付宏伟.水压爆破应力波传播及破煤岩机理实验研究[J].煤炭学报,2017,42(4):902-907.

[48] 高坤,王继仁,贾宝山,等.高压空气冲击煤体增透技术实验研究[J].矿业安全与环保,2011,38(6):9-11,14.

[49] 曾范永,李成全,孙可明,等.气爆对煤体渗透性影响的实验研究[J].煤田地质与勘探,2012,40(2):35-38.

[50] 李守国,吕进国,贾宝山,等.高压空气爆破低透气性煤层增透技术应用研究[J].中国安全科学学报,2016,26(4):119-125.

[51] 王海东.爆生气体对高应力低透气性煤层深孔爆破增透影响的数值模拟[J].煤矿开采,2014,19(5):82-85.

[52] 周西华,门金龙,宋东平,等.煤层液态CO_2爆破增透促抽瓦斯技术研究[J].中国安全科学学报,2015,25(2):60-65.

[53] 孙可明,辛利伟,王婷婷,等.超临界CO_2气爆煤体致裂规律模拟研究[J].中国矿业大学学报,2017,46(3):501-506.

[54] 曹运兴,张军胜,田林,等.低渗煤层定向多簇气相压裂瓦斯治理技术研究与实践[J].煤炭学报,2017,42(10):2631-2641.

[55] 谢和平,周宏伟,薛东杰,等.我国煤与瓦斯共采:理论、技术与工程[J].煤炭学报,2014,39(8):1391-1397.

[56] 杨仁树,孙中辉,佟强,等.静态破碎剂膨胀作用下试件裂纹扩展试验研究[J].工程爆破,2010,16(3):7-11.

[57] 李忠辉,宋晓艳,王恩元.石门揭煤静态爆破致裂煤层增透可行性研究[J].采矿与安全

工程学报,2011,28(1):86-89.

[58] 张超,林柏泉,周延,等.本煤层深孔定向静态破碎卸压增透技术研究与应用[J].采矿与安全工程学报,2013,30(4):600-604.

[59] 翟成,武世亮,汤宗情,等.基于静态爆破的煤层致裂增透技术研究[J].煤炭科学技术,2015,43(5):54-57.

[60] 谢雄刚,刘锦伟,王磊,等.静态膨胀剂膨胀开裂突出煤层的测试研究[J].煤炭学报,2016,41(10):2620-2625.

[61] 李瑞超,唐一博,薛生,等.低渗透煤层钙基材料静态压裂增透技术实验研究[J].煤矿安全,2016,47(12):4-7.

[62] 张嘉勇,崔啸,周凤增,等.煤层钻孔静态爆破致裂半径数值模拟[J].煤矿安全,2017,48(12):146-149.

[63] 周云涛,石胜伟,张勇,等.静态控制爆破破岩断裂贯通机制研究[J].爆破,2017,34(3):120-125,150.

[64] 王金贵,张苏.煤岩静爆致裂微震活动规律及频谱演变特征[J].煤炭学报,2017,42(7):1706-1713.

[65] 戴星航,张凤鹏,邱兆国,等.静态破碎剂的轴向膨胀力学性能实验研究[J].东北大学学报(自然科学版),2016,37(2):248-252.

[66] ZHOU Y B,ZHANG R L,HUANG J L,et al.Influence of alkaline solution injection for wettability and permeability of coal with CO_2 injection [J]. Energy, 2020, 202:117799.

[67] DEY S. Enhancement in hydrophobicity of low rank coal by surfactants-A critical overview[J]. Fuel processing technology,2012,94(1):151-158.

[68] OSASERE ORUMWENSE F. Estimation of the wettability of coal from contact angles using coagulants and flocculants[J]. Fuel,1998,77(9-10):1107-1111.

[69] ZHOU Y B,LI Z H,YANG Y L,et al. Improved porosity and permeability models with coal matrix block deformation effect[J]. Rock mechanics and rock engineering, 2016,49(9):3687-3697.

[70] ZHOU Y B,LI Z H,YANG Y L,et al. Evolution of coal permeability with cleat deformation and variable klinkenberg effect[J]. Transport in porous media,2016,115(1):153-167.

[71] 郑爱玲,王新海,刘德华.注气驱替煤层气数值模拟研究[J].石油钻探技术,2006,34(2):55-57.

[72] 陈新忠,张丽萍.温度场对注气驱替煤层气运移影响的数值分析[J].采矿与安全工程学报,2014,31(5):803-808.

[73] 吴金涛,侯健,陆雪皎,等.注气驱替煤层气数值模拟[J].计算物理,2014,31(6):681-689.

[74] 方志明,李小春,李洪,等.混合气体驱替煤层气技术的可行性研究[J].岩土力学,2010,31(10):3223-3229.

[75] 杨宏民,冯朝阳,陈立伟.煤层注氮模拟实验中的置换-驱替效应及其转化机制分析

[J].煤炭学报,2016,41(9):2246-2250.

[76] 王兆丰,李炎涛,夏会辉,等.基于 COMOSOL 的顺层钻孔有效抽采半径的数值模拟 [J].煤矿安全,2012,43(10):4-6.

[77] 林海飞,黄猛,李志梁,等.注气驱替抽采瓦斯技术在高瓦斯突出矿井煤巷掘进中的试验[J].矿业安全与环保,2016,43(3):10-12,17.

[78] 王惠宾,汪远东,卢平.煤层注水中添加湿润剂的研究[J].煤炭学报,1994,19(2):151-160.

[79] 王青松,孙金华,金龙哲.基于 VC 环境的煤层注水参数设计系统的开发与实现[J].工矿自动化,2004,30(5):1-4.

[80] 于岩斌,程卫民,杨子祥,等.低孔隙率煤层高压注水技术[J].煤矿安全,2011,42(10):32-34.

[81] 吴金刚,郭军杰,李守振.特殊条件煤层注水防尘钻孔布置方式及效果研究[J].煤炭科学技术,2013,41(8):65-67.

[82] 金龙哲,傅清国,任宝宏,等.煤层注水中添加粘尘棒降尘试验[J].北京科技大学学报,2001,23(1):1-5.

[83] 胡斌,张景松,高飞,等.采用高压脉动水锤注水法防治采煤工作面粉尘[J].矿山机械,2013,41(1):16-18.

[84] 刘奎,郭胜均,龚小兵,等.疏水性煤尘高风速综采工作面湿润剂喷雾降尘试验[J].矿业安全与环保,2013,40(3):10-12.

[85] 吴智博,张宏图,黎宝.孤岛工作面煤层注水工艺技术研究[J].煤炭技术,2014,33(7):154-156.

[86] 董跃文,胡国忠,许家林,等.超前支承压力对煤层注水速率影响试验研究[J].煤炭科学技术,2013,41(11):47-49.

[87] 聂文,粟才泉,程卫民,等.高地压低孔隙率煤层注水工艺设计[J].煤炭科学技术,2011,39(3):59-62.

[88] 聂百胜,何学秋,冯志华,等.磁化水在煤层注水中的应用[J].辽宁工程技术大学学报,2007,26(1):1-3.

[89] 谢丹,姜福川,王嘉瑞.煤层脉冲注磁化水防尘应用研究[J].煤炭技术,2015,34(9):231-233.

[90] 马德翔,金龙哲,陈绍杰.压力水溶液中煤体湿润性能试验与研究[J].煤炭工程,2014,46(5):110-112.

[91] 姜耀东.巷道底臌机理及控制方法的研究[D].徐州:中国矿业大学,1993.

[92] 兹包尔什奇克 МЛ.巷道底板岩层突然隆起及其防治措施[J].吉林煤炭科技,1981,3(4):67-70.

[93] 利特维斯基 ГГ.准备巷道底臌机理[J].井巷地压与支护,1987,4(2):41-44.

[94] 切尔尼亚克 ИЛ.巷道底臌的预防[J].煤炭科研参考资料,1980,1(63):1-6.

[95] 奥顿哥特 М.巷道底臌的防治[M].王茂松,译.北京:煤炭工业出版社,1985.

[96] HARAMY K. Floor heave analysis in a deep coal mine[C]//Proc. of the 27th U. S. symposium on rock mechanics. Rotterdam:Alabama,1986.

［97］ AFROUZ A,HASSANI F P,SCOBLE M J. Geotechnical assessment of the bearing capacity of coal mine floors［J］. International journal of mining and geological engineering,1988,6(4):297-312.

［98］ CHUGH Y P,CAUDLE R D,BANDOPADHAY C. Analysis of soft floor interaction in underground mining at an iuinoif basin coal mine［C］//Proc ISRM symposium on design and performance of underground excavations. Cambridge：ISIM, 1984: 383-390.

［99］ GYSEL M. Design of tunnels in swelling rock［J］. Rock mechanics and rock engineering,1987,20(4):219-242.

［100］ WILSON A H. Stability of tunnels in soft rock at depth［J］. International journal of rock mechanics and mining sciences & geomechanics abstracts,1977,14(5-6):A86.

［101］ WILSON A H. A method of estimating the closure and strength of lining required in drivages surrounded by a yield zone［J］. International journal of rock mechanics and mining sciences & geomechanics abstracts,1980,17(6):349-355.

［102］ ROCKAWAY D J. Investigation into the effects of weak floor conditions on the stability of coal pillar［R］.［S. l.：s. n.］,1979.

［103］ 姜耀东,赵毅鑫,刘文岗,等.深部开采中巷道底鼓问题的研究［J］.岩石力学与工程学报,2004,23(14):2396-2401.

［104］ 马念杰,侯朝炯.回采巷道围岩整体下沉及其力学分析［J］.煤炭学报,1993,18(2):11-18.

［105］ HOU C J,MA N J. The integral sinking of surrounding rocks of actual mining roadway and its mechanics analysis［C］//The 2nd International Symposium on Mining Technology and Science. Xuzhou：CUMT Press,1991.

［106］ 马念杰,侯朝炯.采准巷道矿压理论及应用［M］.北京:煤炭工业出版社,1995.

［107］ 王卫军,侯朝炯.回采巷道底鼓研究新进展［J］.湘潭矿业学院学报,2003,18(1):1-6.

［108］ 侯朝炯.深部巷道围岩控制的关键技术研究［J］.中国矿业大学学报,2017,46(5):970-978.

［109］ 潘一山.有限元数值分析方法分析巷道底臌问［C］//第一届中苏采矿学术交流会论文.泰安:山东矿业学院,1991.

［110］ 康红普,颜立新,郭相平,等.回采工作面多巷布置留巷围岩变形特征与支护技术［J］.岩石力学与工程学报,2012,31(10):2022-2036.

［111］ 索永录,商铁林,郑勇,等.极近距离煤层群下层煤工作面巷道合理布置位置数值模拟［J］.煤炭学报,2013,38(S2):277-282.

［112］ 张春雷,张勇.近距离煤层同时开采巷道布置优化研究［J］.煤炭科学技术,2014,42(10):53-56,78.

［113］ 闫帅,陈勇,张自政.高瓦斯多巷系统回采巷道布置方法研究［J］.煤炭学报,2013,38(9):1557-1562.

［114］ 邹永德,言仁玉.深部软岩硐室反拱形底板锚杆和浇灌底鼓控制技术的探索与应用［J］.煤矿开采,2014,19(3):90-92.

[115] 王其洲,谢文兵,荆升国.巷道底板锚杆(索)高效施工装置研制及应用[J].采矿与安全工程学报,2015,32(6):973-977.

[116] 贺永年,何亚男.茂名矿区巷道底臌实测与分析[J].岩土工程学报,1994,16(4):40-46.

[117] 林业,马春德.底角锚杆在深部软岩巷道底鼓控制中的应用研究[J].中国矿山工程,2011,40(1):35-39.

[118] 王兴库.锚杆注浆加固技术在回采巷道底臌治理中的应用[J].煤炭技术,2008,27(5):104-105.

[119] 林海峰.长平矿回采巷道注浆加固方案研究[D].阜新:辽宁工程技术大学,2012.

[120] 马士亮.动压下硐室群底鼓控制技术研究[D].沈阳:东北大学,2003.

[121] 薛顺勋,聂建国,姜光杰,等.软岩巷道支护技术指南[M].北京:煤炭工业出版社,2002

[122] 石红星,郭相平,李瑾.注浆加固技术在永久硐室底底臌治理中的应用[J].煤矿开采,2010,15(6):54-56.

[123] 张建威,占春到.自钻式中空注浆锚杆在巷道底鼓治理中的应用[J].建井技术,2009,30(3):13-14.

[124] 常聚才,谢广祥.深部岩巷底鼓机理及底板超挖锚注回填技术[J].采矿与安全工程学报,2011,28(3):361-364.

[125] 唐芙蓉,刘娜,郑西贵.直墙半圆拱U型钢封闭支架控底力学模型及应用[J].煤炭学报,2014,39(11):2165-2171.

[126] 李学彬,杨仁树,高延法,等.大断面软岩斜井高强度钢管混凝土支架支护技术[J].煤炭学报,2013,38(10):1742-1748.

[127] 魏建军,蒋斌松.钢管混凝土可缩拱架承载性能试验研究[J].采矿与安全工程学报,2013,30(6):805-811.

[128] 郑文翔,胡耀青.高应力作用下锚杆-混凝土反拱结构底鼓控制技术研究[J].煤炭工程,2017,49(3):36-39.

[129] 侯朝炯,何亚男,李晓,等.加固巷道帮、角控制底臌的研究[J].煤炭学报,1995,20(3):229-234.

[130] 李中超,高书钦,赵新法,等.钻孔卸压技术在观音堂煤矿的应用[J].中州煤炭,2009(3):45-46.

[131] 张东升,吴鑫,张炜,等.大倾角工作面特殊开采时期支架稳定性分析[J].采矿与安全工程学报,2013,30(3):331-336.

[132] 张东升,李文平,来兴平,等.我国西北煤炭开采中的水资源保护基础理论研究进展[J].煤炭学报,2017,42(1):36-43.

[133] 康红普.邻近开巷卸压法维护软岩大断面硐室的研究与实践[J].岩石力学与工程学报,1993,12(1):20-27.

[134] 康红普.岩巷卸压法的研究与应用[J].煤炭科学技术,1994,22(5):14-17.

[135] 康红普.浅析维护巷道和硐室的卸压法[J].煤矿开采,1994(1):6-9.

[136] 孙国文,陈素娟.高应力软岩条件下煤矿巷道支护研究与实践[J].矿业安全与环保,

2008,35(1):33-35.

[137] 左建平,史月,刘德军,等.深部软岩巷道开槽卸压等效椭圆模型及模拟分析[J].中国矿业大学学报,2019,48(1):1-11.

[138] 周宗敏.锚杆网索注浆联合支护法的数值模拟与应用[J].煤炭科技,2012(3):91-93.

[139] 姚强岭,李学华,瞿群迪.富水煤层巷道顶板失稳机理与围岩控制技术[J].煤炭学报,2011,36(1):12-17.

[140] 严红,何富连,段其涛.淋涌水碎裂煤岩顶板煤巷破坏特征及控制对策研究[J].岩石力学与工程学报,2012,31(3):524-533.

[141] 赵阳升,胡耀青,赵宝虎,等.块裂介质岩体变形与气体渗流的耦合数学模型及其应用[J].煤炭学报,2003,28(1):41-45.

[142] 梁冰,章梦涛,王泳嘉.煤层瓦斯渗流与煤体变形的耦合数学模型及数值解法[J].岩石力学与工程学报,1996,15(2):135-142.

[143] 刘建军,刘先贵.煤储层流固耦合渗流的数学模型[J].焦作工学院学报,1999,18(6):397-401.

[144] 孙可明,梁冰,王锦山.煤层气开采中两相流阶段的流固耦合渗流[J].辽宁工程技术大学学报(自然科学版),2001,20(1):36-39.

[145] 孙可明,梁冰,潘一山.流固耦合作用下注气开采煤层气增产规律研究[J].科学技术与工程,2006,6(7):802-806.

[146] 李祥春,李忠备,张良,等.不同煤阶煤样孔隙结构表征及其对瓦斯解吸扩散的影响[J].煤炭学报,2019,44(S1):142-156.

[147] 王惠芸,刘勇,梁冰.煤层气在低渗透储层中传输非线性规律研究[J].辽宁工程技术大学学报,2005,24(4):469-472.

[148] 李小春,袁维,白冰.CO_2地质封存力学问题的数值模拟方法综述[J].岩土力学,2016,37(6):1762-1772.

[149] 冯启言,周来,陈中伟,等.煤层处置CO_2的二元气-固耦合数值模拟[J].高校地质学报,2009,15(1):63-68.